# THE REVOLUTION OF 1525

## THE GERMAN PEASANTS' WAR FROM A NEW PERSPECTIVE

# 1525 年革命

## 对德国农民战争的新透视

[德] 彼得·布瑞克 著

陈海珠 钱金飞 杨 晋 朱孝远 译

广西师范大学出版社
·桂林·

The original edition was published under the title

**Peter Blickle，Die Revolution von 1525**

© 1975, 4<sup>th</sup> ed. © 2004 by Oldenbourg Wissenschaftsverlag GmbH, München

Chinese edition © 2008 by Guangxi Normal University Press

版权登记号:20－2007－115 号


**图书在版编目(CIP)数据**

1525 年革命:对德国农民战争的新透视/(德)布瑞克

著;陈海珠等译. 一桂林:广西师范大学出版社,2008.1

ISBN 978－7－5633－7112－9

I. 1… Ⅱ.①布…②陈… Ⅲ.德国农民战争(1524～1526)－研究

Ⅳ.K516.32

中国版本图书馆 CIP 数据核字(2007)第 200301 号


广西师范大学出版社出版发行

（桂林市中华路 22 号　邮政编码:541001）

（网址:www.bbtpress.com）

出　版　人:肖启明

全国新华书店经销

发行热线:010－64284815

山东人民印刷厂印刷

(山东省泰安市灵山大街东首　邮政编码:271000)

开本:965mm×690mm　1/16

印张:18.75　字数:230 千字

2008 年 1 月第 1 版　2008 年 1 月第 1 次印刷

印数:0 001～6 000　定价:35.00 元

如发现印装质量问题,影响阅读,请与印刷厂联系调换。

# 目 录

## 第三部分 革命的结果:恢复和合作

# 布瑞克教授和他的农民学研究学派(代译序)

朱孝远

　　谁试图把布瑞克(Peter Blickle)教授的名字同那些只用经济利益来解释农民运动起源的学说区分开来,并且试图把农民的形象永久地雕刻在现代政治制度的发展史上,那么,谁就算是真正理解布瑞克农民学研究学派的伟大意义了;谁试图回忆布瑞克教授为农民运动所做出的千百次的、天使般的辩护,谁就会首先想到布瑞克慷慨激昂言辞下的农民团体、农民的道德使命,以及千千万万的农民是如何自下而上地推动了现代政治制度的发展。

　　布瑞克教授是我们当今世界把农民作用提高到最高程度的历史学家之一,他是一位德国教授,却服务于瑞士的伯尔尼大学。更重要的是,他是服务于一个崇高的使命:正确阐述农民对于缔造现代社会的作用。为此,他几乎穷尽地研究了有关十五六世纪德国农民的所有原始文献,包括各式各样的农民的怨情陈述书、各式各样的农民运动的纲领、各式各样的农民乡村组织的史料。布瑞克教授一丝不苟地工作着,一天接着一天,一年接着一年。在他那硕大无比的伯尔尼大学的工作室里,布瑞克这位德国历史学家开展研究,直到1975年的某一天,《1525年革命:对德国农民战争的新透视》正式出版了。一个布瑞克农民学研究学派脱颖而出,一个让世界震惊的结论向世界宣告:创建近代民主政治的真正英雄,并不是什么舞刀弄剑的帝王将相,而是百姓,一个以农民、矿工、城市平民组成的普通人阶层,他们在特定的时刻联合起来,自下而上地推动了现代政治的发展。历史潮流滚滚向前:封建主义、君主专制在他们面前纷纷分崩离析,一部由公社、议会和共和国三个乐章组成的交响乐在欧洲大陆奏响。欧洲的农民,普通的百姓,只要起来奋斗,始终是有能力、有条件地去建立这样的丰功伟绩,创造出建立现代国家这样惊天动地的人间奇迹。

## 重新评价农民运动

无法否认,布瑞克教授对我个人学术发展的影响无与伦比。早在 1987 年,当我准备以伟大的德国农民战争作为我的博士论文题目起,布瑞克这个名字就开始与我相伴。因此,我必须先简明扼要地说说是什么情况使这位伟大教授的研究在我眼中变得可敬的。

1524—1526 年间,一场波澜壮阔的人民运动在神圣罗马帝国的南部地区蓬勃高涨。从西面的阿尔萨斯到东边的斯蒂里亚,从南面的蒂罗尔至北部的图林根,遍燃着战争烽火。成千上万的农民、市民、雇工、矿工、手工工匠、下层僧侣、小贵族和政府的秘书、公务员等联合起来,他们高举神圣的《福音书》,英勇抗击贵族领主的残暴压迫。当城堡、宫殿、修道院和诸侯住宅被付之一炬时,德意志民族的神圣罗马帝国显得那样软弱无力,僧俗贵族在农民面前被迫逃亡,帝国统治势力不得不为生死存亡而斗争。不久,当农民们被诸侯的雇佣军打败、屠杀和审判时,农民的一方显得单薄无助。当乡村中的农场、农民的房屋被火焰吞没时,那些关于基督教世界的美好向往,那些对兄弟之爱、友善、平等、正义和公正的追求,那些以《福音书》和基督教神法为指南、要求建立基督教人间天国的政治构思,似乎也与起义者崇高的斗争理想一起烟消云散了。但是历史却永远铭记了这场人民的革命运动。事件发生不久,一个同时代的人就称它为一场"史无前例的普通人的伟大起义";革命导师恩格斯称它为"德意志人民最壮观的革命之举";德国历史学家马克斯·施泰因梅茨断言它是"1918 年 11 月革命以前德国人民最重要的具有革命性的群众运动”；而德国学者布瑞克则称它为“普通人的大革命”。

1525年的伟大运动虽然一直活在世界人民心中，这个运动却没有很好地为人们所理解。首先，起义者不是人们通常所想象的罗宾汉式的"绿林好汉"。起义者们有很好的纪律，他们佩带宝剑，身着盔甲，扛着军旗，敲着军鼓，是一支支颇有军纪的队伍。这些队伍没有随意抢劫的习惯，而起义也不是为了一时的劫富济贫。他们的领袖中不乏受过正规军事训练的职业军人。这些纪律和军事风范告诉人们起义者不是捣乱的强盗，他们是为实现《福音书》上所说的真正的友爱、和平、忍耐、和谐而作战的真正的军人和基督教徒。他们要反对的是福音的死敌，要制止的是不敬神者的反基督行为。他们所具有的使命感、道德感和正义性，使他们完全不同于绿林兄弟。他们自称是基督教兄弟，肩负着重大的政治和道德使命。

第二种通常的误解是把起义看成一种单纯反对剥削的经济斗争，如认为起义者都是清一色绝对贫困的农民或农奴，这些人没有政治头脑，只是在遭受压迫情况下为寻找经济上的出路才揭竿而起的；他们没有推翻领主、诸侯封建统治的愿望，整个起义都是一种经济斗争。

这些有关起义的误解不仅仅存在于群众的观念之中，就是在专业的学术圈子里，也充满了对起义的奇谈怪论。早在起义结束后不久，就有两个同时代的作家断言是马丁·路德反对教会的福音运动诱发农民起来反对他们的合法领主；农民们的起义仅仅是为了一些经济上的改善；这些农民非常残暴，他们滥杀无辜；除此之外毫无结果。这些观点直到20世纪还有人在不断地重复着。不过，21世纪的大多数的学者对此持相反意见，他们认为：参加1525年运动的那些农民是老百姓中有责任心的人们，而绝不是罪犯；起义是有组织有纪律的活动；起义者们没有滥用暴力；革命有重要意义和积极后果。起义是下层人民的一次政治行动，而不仅仅是一场经济斗争。起义显示了人民大众对于社会、经济、政治和宗教的变化的看法和改变历史进程的企图。在宗教方面，有的学者对农民起义是路德改革运动精神的产儿的说法提出异议，指出农民信仰的不是路德教，而是他们自己的基督教。

正是在这样的一幅扑朔迷离的图像中,我接触到了布瑞克教授的名著《1525 年革命:对德国农民战争的新透视》。1975 年布瑞克提出了"普通人大革命"的新解释。布瑞克认为 1525 年革命的原因主要是社会转型时期的农业秩序危机。封建贵族为补偿他们在 14 世纪农业危机时受到的损失,加强了对农民的剥削,引起农民起义。他指出:"农民为参加政权而发动起义,希望用革命手段来克服封建主义的危机。"为此目的,他们成为现代国家积极建造者。农民自下而上推动国家建设共分三个阶段——公社阶段、议会阶段和共和阶段。这种发展路线同自上而下的王权专制主宰的发展正好形成鲜明对比。布瑞克把农民革命的政治目标解释成了克服封建主义的危机的斗争、议会斗争和建立共和政治。布瑞克的解释是一种大的综合:他把马克思主义史学家关于经济社会分析和阶级斗争说同德国历史学家弗朗茨和布塞罗两人所建立的"政治运动说"的解释相结合,建立了对德国农民战争比较复杂的解释。布瑞克的解释比较全面,他既关注农业危机的影响,如关注农民和贵族为争夺产品分配额的斗争,又把这场革命引申为一场由百姓来建立现代民主政治的斗争。布瑞克这样论述 1525 年革命的目标:"革命的社会目标是建立'基督教共同体'、实现'兄弟之爱'。从消极意义来看,这意味着限制特权等级的特权和权力。革命的政治目标是(在小政权林立的地方)谋求建立合作制的联邦制度;在大的领地政府管理的地方,谋求建立一种国会体制。由于改革力量的不足,革命最终失败,但却使农业经济得到解放(各地情况十分不同);法律上有了安全保证;农民的政治权利走向制度化和稳定化。"

这是何等的气魄和胸怀!因为布瑞克的使命就是本着博爱的精神将关于德国农民运动的分析牢固地建立在农民的真正需求和农村制度改革的层面上,进而阐明了这种改革对构建现代欧洲民主政治的作用。尽管布瑞克用的词句是"普通人的大革命",实际上他是解答了恩格斯所说的"宗教改革和德国农民战争是第一次早期的资产阶级革命"这个命题。把路德宗教改革说成是资产阶级的革命这很可以理解,但如何理解德国农民战争也是"资产阶级革命"呢?布瑞克的解释就是:农民的运动和城市的运动是具有联系和同步进行的;农村的公社和城市的公社异质同构,成为当时人民的一种政治性的组织,在此基础上通过公社、议会和共和国,自下而上地发展出了现代民主政治。布瑞克以令人信服的智慧和汗牛充栋的原始文献,为欧洲最重要的农民运动——1525 年德国农民战争进行了重新评价,不仅赋予其政治的性质,而且发掘出了它推动欧洲现代化、特别是推动现代社会民主政治的深层内涵。

# 不存在脱离农民需要的现代化

如果我们要用一句话来概括布瑞克学派的要点,那就是:"不存在脱离农民需要的现代化。"现代化运动是一种客观的存在,对此,就需要深入了解在社会人口总额中占有很大比重的农民的要求。**布瑞克认为,现代化的源头要从农民的需要、农村社会经济结构的变化和农村社会组织的结构中去寻找。换言之,现代化不是以牺牲农民为代价而发展起来的城市化过程,相反,它是农村和城市的互动,因此,农村的现代化,正是现代化的基础,不可能脱离农民的需要来谈论现代化的问题。**

## 一、农民的需要是什么?

布瑞克首先强调的是,农民的需要是同 16 世纪德国经济、社会和政治变化的背景相关的。在社会进入新的发展时期,农民也不再仅仅是"做工的",而已经发展成为具有政治觉悟的新阶层,农民要求改革农村的农业秩序。农业秩序一词,首先是从制度层面来说的,它的存在不以单个农民是否改善了其经济地位(如减少租税额度、废除农奴身份),而是要建立起一种新的机制,用来缓和德国社会变化带给农民的压力。近代早期国家的出现、大诸侯加紧收缩领地、地方上的小领主加紧对农民的剥削,以及通过货币地租和领主自己对不动产剥削的发展,这些都最大限度地剥削了农民农业劳动的剩余。领主扩大自己凌驾于普通人之上的特权,加重赋税(dues)和劳役,并削弱农民的财产权。这种举措的一种方法就是农奴制(serfdom)。在这种制度的帮助下,农民遭受的剥削自 15 世纪以来就不断加剧。农民的经济状况非常可怜,到 1525 年更糟。正是这样的背景,农民开始行动起来。**布瑞克不同意把农民的行为完全看成是一种对于社会变化的被动应付,而是强调农民具有改革农村经济的主动性,强调农民具有高度政治觉悟和政治智慧,具有改革农村秩序的能力。**

然而,这种农业秩序的改革仅仅是农民要为自己在经济分配上争得一个更为有利的份额吗?在回答这个问题上,布瑞克持否定态度。在他看来,农业秩序的危机是旧封建体制瓦解时加重了对农民的压迫(如再版农奴制)和近代早期体制出现时完全忽略农民利益这两个原因引起的,因而1525 年的德国农民运动就具有特殊的背景,有别于历史上那些仅为解决温饱问题而爆发的农民起义。事实上,布瑞克在这里想要揭示的是:离开农民需要来建立现代农村秩序,实际上只是一句空话。当时德国的状况是:一方面,旧有的封建体制正在崩溃,新的经济体制正在兴起(如市场经济、土地、森林水泽等的财产所有权的确立、帝国和诸侯领地小邦赋税制度的完善和加强);另一方面,这种体制转变却给予农民更多的贫困和更多的不自由(如不再能使用公地和在森林里捕鱼打猎;缴纳更多的赋税)。在封建经济向近代市场经济的转型时出现了诸多问题:领主土地所有权的强化,使农民(乡村自主的公社)无法再自行经营农业生产;公用的森林和公地现在成为有价之物,农民们无法再无偿使用公地,或在森林水泽中自由地打猎和捕鱼;尽管农民的身份已经是佃农,但劳役(services)和强制性劳动依然存在;随着近代早期国家的出现,不仅领地税和军事税不断增加,佃农现在还要以国家属民的身份向帝国缴税。这一切,都说明了在农村经济秩序转型时,农民的生活水平反而是在大幅度地下降,这就使得农村成为各种危机粘合起来的火山口,在这样的形势下,农民不得不组织起来,发动了伟大的德国农民战争,即 1525 年革命。

这里,我们已经涉及“农民与现代化”这个概念了。

### 二、那么,农民改革的性质又是怎样的? 它与社会的转型之间的区别和关系又是怎样的?

根据布瑞克的看法,经济问题还不是农民运动的起因,它只是农民运动产生的前提和诱发者。只有现代化和农村经济改革充分考虑农民的需要、采纳农民的意见时，转型和改革才是可能的；也就是说，农村经济秩序改革和一个国家的现代化只有在农民以主体的身份参与时，它才有可能真正地被完成。布瑞克有一句常常被人引述的名言："我们将农民最主要目标视为重组领地政体，如果我们的判断不错的话，那这只是再一次证实我们的发现，即早些时候在领地国家这一层次上获得政治经验的农民，最易清楚地表述政治概念。"因此，农村经济秩序改革在性质上显然正是按照农民的要求来建立新的农村社会。布瑞克指出：

> 在政治结构的具体问题之外，普通人的要求中存在着一些基本的要素：在"公共利益"的口号下减轻普通人的经济负担；在"基督教和兄弟之爱"的口号下破除各等级之间的法律和社会的藩篱；在确保没有人为添加物的纯粹福音（通过民众选举教职人员来保障）的原则下谋求社区自治；以及以"神法"为依据建立一个崭新的社会联合体的政治和法律秩序。1525 年的空想家试图将这些要素纳入理论上可接受的、有内在连贯性的体系中。

现在我们来看看布瑞克怎样总结出这些目标的两个特征。首先，布瑞克是把农民运动放在现代化的框架里来探讨的，因此就凸显了农民在建立新体制方面的作用。其次，农村社会的内容范围很广，涉及政治、经济、法律、制度、教育、社会平等各个方面。换一个说法，如果说农民运动的作用是要在建立新的社会体制时发出农民自己的声音的话，那么，根据农民的要求来重新考虑社会改革的方方面面，就是一个伟大农民革命的最根本的目标。

农民革命与现代化这两者处于互相制约、相辅相成的关系中。**没有一个农民参与的新型农村社会制度，现代化就无从产生，也就不能被理解；而没有一个现代化的进程，农民运动也就会始终停留在为自己争取一点经济利益的传统框架里，而无法反映出其现代特征。**布瑞克因此把以古法（为自己争取权利习惯法）为依据的运动与以神法（即不加修饰的"上帝之言"，被用来争取社会平等）为理论的运动区分开来：前者是封建社会里农民保卫自己权益的运动,后者是在"基督教兄弟之爱"的原则下实现农民和市民的大联合,直至建立反映人民要求的人民民主社会,即建立"人间天国"。

### 三、那么,农民又是如何实现自己这些目标的呢?

布瑞克认为实现目标的途径就是:通过普通人的大联合、自上而下地推动社会的民主化。布瑞克提出这样的问题:既然农民运动"领地城市、帝国城市的平民和矿工都卷入了,那么普通人这一概念的适用范围到底有多广泛呢?称这场战争为普通人的革命是否真的更恰当呢"?具体地说,就是要在全国的范围内来考虑普通人的需要,因为农民和市民是联合在一起的,况且农村的公社组织和城市的公社组织也具有类似性。农民运动和市民运动因此可以放在一起来考察(普通人的大联合),正是普通人的行动,推动了欧洲的现代化,尤其是通过公社、议会和共和国三个阶梯,自下而上地推动了近代民主政治。

在布瑞克那里,现代化的人民性质(或称民主性质)就这样被规定了:在他的著作问世前,少数领主、贵族和资产阶级利用改进社会体制为自己谋取利益的行为也被当做一种了不起的进步来渲染;与此完全不同,布瑞克的农民学研究学派在伯尔尼出现,告诉人们:真正的、完整意义上的现代化只能是那种由人民直接参与和推动的、根据人民需要来完成的现代化。即使 16 世纪的德国民众尚未能够完成这个使命,但是,他们无疑是缔建现代社会的先驱,他们的伟大之处,应当为世人所发现。

# 良师、益友和思想家

现在,我明白了,为什么人们要说"如果你想了解德国的农民,到德国的南部和中部的绿色牧野和森林里去。如果你想了解德国农民运动的意义,那你要到瑞士的伯尔尼大学去"这句话。如果你是在南部德国,如果你是在莱茵—法耳茨州旅行,那么,看看昔日选帝侯的宫邸和素有葡萄酒之路之称的极为美丽的莱茵河谷,你就会知道那片土地上的人们有多么质朴纯真了。士瓦本人、法兰克尼亚人和其他地区的德国人一样,都是德国理性精神孕育出来的英华。南部德国其实离瑞士的首都伯尔尼不远，你乘高速国际列车，越过德国和瑞士的边境线，就到了瑞士的苏黎世，再从苏黎世出发，不过几个小时，你就到了瑞士的伯尔尼。由于瑞士在独立之前历史上曾隶属于神圣罗马帝国，况且苏黎世、伯尔尼说的都是德语，所以德国人在瑞士工作是一件非常正常的事。在 1998 年我在德国南部巴登－符腾堡州的蒂宾根大学访学时，我就是乘着这样的国际火车去伯尔尼寻找布瑞克教授的。我此行有两个目的：一是来听听这位著名的历史学家（我的博士生导师托马斯·布雷迪［Thomas A. Brady, Jr.］教授是布瑞克《1525 年革命》一书的英译者）的教海，二是要征求一下布瑞克教授的意见，是否同意我把他的那本名著《1525 年革命》翻译成中文，以便让占世界人口五分之一的中国人了解他的农民学研究学派的意义。

**布瑞克教授是那种热情、友好、机智、幽默并且极富感染力的人："你要研究农民，你就首先需要知道农民要的是什么。"在一个充满阳光的下午，我们的谈话就这样无拘无束地展开了。**知道我是他的好友布雷迪教授的学生，又是从北京大学来的一名教师时，布瑞克显得格外高兴。我于是告诉他我对他著作的批评意见：他的《1525 年革命》写得过于理性、系统化了，似乎完美到无懈可击的地步，这恰恰是有点可疑，因为 16 世纪的德国农民，是无法具有这样的理性头脑的。我接着问："自 1975 年《1525 年革命》出版，至今已经二十几年过去了，你是否认为你书中的有些观点需要部分修正？""不，"布瑞克说，"我的观点始终没有变，因为随着我现在研究的深入，我愈发感到自己探索的方向并没有错。"在这里，布瑞克表明了自己的旨趣：人必须不断向前走去，不断去发现去解决新的问题，而不必作茧自缚似的把精力放在修正自己以往的观点上。在布瑞克看来，一本著作不过是作者留下的一个脚印，只要前进的大方向是正确的，那就不必强求每个脚印都标准化，因为那恰恰是极其危险的。理性本身就是一种运动，它有时会像丁香的花瓣般透出阵阵芳香，但若无率真的态度赋予它新的生命力，它也就会枯萎，因为它难以满足人们那种要在更深刻的层面上来理解真相的迫切要求。

我记起那天的整个下午，我都参加了布瑞克教授的研究生讨论课。布瑞克的学生来自世界各地,其中有德国人、瑞士人、美国人、日本人、韩国人。作为一个世界级的学术大师,布瑞克正在世界范围内探讨公社推动现代民主的意义。布瑞克的上课是启发性和研究性的,这里常常是笑声不断——一个重要的学派,一个致力于研究现代经济和现代政治复杂关系的研究团体,就这样在伯尔尼大学讨论课的教室里产生。但是,不同的是,布瑞克特别注重民间文化和民众的需要。可以说,正是从这两个基本的出发点上,布瑞克学派独辟蹊径,把农民的作用提高到奠基欧洲现代化的高度,比单纯地论述农民怎样与封建主浴血奋战,来得更加妥善,也更加深刻。

那晚,难忘的是我在教授家里同他的彻夜畅谈。那天,教授是特别地高兴,居然把我带到了他的家里,开始讨论起瑞士、美国、德国和中国历史研究不同的风格来了。我们是越谈越高兴,布瑞克下面对我说的这段话,比较清晰地概括了他想对我们中国学者说的话:

> 我要告诉你,你千万不要模仿我们西方作者的风格。你是从中国来到美国,又从美国来到德国,今天你又来瑞士看我,并向我请教治学之道。而我所要说的,就是你一定要用中国人的眼光去看世界、看欧洲、看西方文明。要记住,如果你单纯地模仿我们,要写出像我们这样的文章,像我们西方人那样的著作,你这一辈子注定是没有出息的——因为你并不如我们熟悉我们西方的传统,你也写不过我们的那些博士,他们从小在西方长大,又完全熟悉我们大学的培养体制(说句实话,实际上这样的博士生在我们这里不是太少,而是太多了)。相反,你一定要去做开拓性的事情,你要从中国人的眼光,来看我们西方文明的缺点,来看我们学术研究上的缺点。那样的话,你就会发现许许多多的我们西方人看不到的东西。如果你愿意那么干,我希望马上同你合作;相反,如果你只拘泥于向我们学习,单纯地模仿我们,那么,我一定不同你合作……你此行的目的,是要把我的作品向伟大的中国人民开放。但是,那不过是一种介绍,介绍我们西方人目前所做的一些粗浅的研究心得。但是,你还有更加重要的事情去做,你要去为你

自己祖国的现代化作出贡献,要帮助中国实现学术上、文化上的现代化;你也要为世界学术作出贡献,这就不仅仅是去翻译几本书,而是要习惯于向我们挑战,你来挑我们的毛病,指出我们研究上的不足。那样的话,你就帮助了我们,也帮助了我们的西方人。因为,你所从事的,是一种我们西方学者无法完成的事情,是具有开拓意义的事情,是帮助和拯救我们西方文明的事情。

我相信,同我如此直白对话的布瑞克,实际上是一位思想家。当他在书房中沉思农民的需要的时候,当他站在世界学术之巅思考人类命运的时候,或者当他满怀敬爱的惊奇关注着中国的现代化的时候,他就有一首生命的诗在灵魂的深处震颤。他的农民学研究,他对我的谆谆教诲,都显示出了他那种特有的喜欢与强有力的命运进行挑战的骑士风度。这,正是人的精神的最可贵之处。在伯尔尼逗留的几天里,我尚未完全理解享誉世界的布瑞克农民学派的精粹,但我却还是领悟了一些道理:经济、金融业的进步是完全离不开政治、社会和文化整体进步的;现代化是无法也从不脱离农民的基本需求的;经济改革是同政治的、社会的、文化的改革息息相关、同步发展的;欧洲的现代民主政治是由百姓们自下而上推动的;真正意义的现代化是人民民主的现代化……这样,我就在伯尔尼那里看到了绿色:那片春天里的草地,天空,树林,田野。我是说,我们有时竟能如此轻易地去接近一个伟大学派内在的秘密。换言之,与其说我在这里是要陈列布瑞克教授的一切头衔、荣誉称号、求学经历和学术贡献,毋宁说我是要在这里给大家介绍一幅"普通人"布瑞克的素描。记住,这是一位用毕生精力为农民的现代化争取发言权的人。让我们翻开他亲手写下的每一本书,仔细去阅读他的每一行字,以便亲眼看看曾经站在世界学术之巅的一代思想家,是如何把经济和政治、农民和现代化、财政与社会进步有机结合,产生出一个重要学术体系的。我能把布瑞克包括在当代少数的最杰出的学者之列,不是他创作了世界上公认的经典学术著作,而是他通过逻辑上的努力,通过对农民的挚爱,即通过一种完整的有意识的学术劳动,在我们前进的路上放上了一块指示牌。当我们在自由和枷锁之间进行方向选择时,那种只为精英阶层发展服务的现代化逐渐消逝了。与此同时，普通人即人民民主的现代化进程却起步了：不仅是在美丽的莱茵河畔，而且也在中国，勇敢并且是永不停顿地起步了。

布瑞克《1525 年革命》的翻译工作是由北京大学历史系世界古代史教研室朱孝远主持的。此外，先后参与翻译的有陈海珠、钱金飞、杨晋、余浚、何正清、许伟中、霍训根、左方等人。全书最后由钱金飞进行了统稿和校审，花费了大量的精力。最后，由朱孝远阅读了全稿，并最后校阅了一遍。用集体的力量翻译德国史上的经典著作还是初步尝试。译文方面有不妥当的地方，还希望读者和专家们多提意见。

# 引言：各种解释、存在问题和全新的概念

1848 年革命前夕以及革命进行期间，学术界乃至一般民众才开始注意 1525 年德国农民战争，因此人们是在一种紧张的政治氛围中来看待这场战争的，而这一政治紧张是由德国国家和社会的各种问题引发的。列奥波德·冯·兰克誉之为"日耳曼民族历史上最伟大的自发事件"[①]。弗里德里希·恩格斯誉其为"德意志人民最壮观的革命之举"[②]。而对于德国的第一个现代历史学家——威尔海姆·戚美尔曼来说，这场农民战争不啻是"一场自由对非人道压迫、光明对黑暗的战斗"[③]。上述引言均表明了农民战争所具有的伟大意义。这一意义迄今仍为联邦德国和马克思—列宁主义历史学界所认同。例如，斯特凡·斯卡尔魏特说农民战争"就像一场自然的灾害

---

① 列奥波德·冯·兰克(Leopold von Ranke)：《宗教改革时期德国史》(*Deutsche Geschichte im Zeitalter der Reformation*)，第 2 版，第 165 页。

② 弗里德里希·恩格斯(Friedrich Engels)：《德国农民战争》(*Der deutsche Bauernkrieg*)，第 409 页。

③ 威尔海姆·戚美尔曼(Wilhelm Zimmerman)：《伟大的德国农民战争通史》(*Allgemeine Geschichte des grossen Bauernkrieges*)，第 1 版，第 5 页前后。

一样,仍然被掩盖在一种无法解释的迷雾之中"①。而在马克斯·施泰因梅茨眼中,它则是"1918 年 11 月革命以前德国人民最重要的具有革命性的群众运动"。②

兰克、恩格斯、戚美尔曼——这些名字已成了对农民战争看法各异的象征。1848 年对农民战争所作出的最初学术性研究经常遭到曲解,有时甚至陷入政治事件的泥潭。在反击维腾堡(Württemberg)国王威廉(Wilhelm)武力驱散于斯图加特(Stuttgart)召开的法兰克福议会会议之后,觉醒的民众们不再容忍这样的观点:农民战争是一场革命。那些一直作为一个激进的民主主义者——威尔海姆·戚美尔曼的信仰而宣扬的根本的东西,现在已经声名扫地了。一旦国家和社会问题"自上而下地得到解决",恩格斯根据阶级冲突和民族国家兴起的原则来解释农民战争的努力也几乎引不起更进一步的注意了。取而代之的是,史学界开始转向兰克所开辟的研究道路。兰克把农民战争打上了"自发事件"(natural event)的标签,因为在他的《宗教改革史》(*History of the Reformation*)一书内所考察的当时政治和宗教之网中,他不能为农民战争找到合适的历史位置。他相信起义的发生是因"对农民日益残酷的压迫"而爆发的,但那只是 1525 年前几年的情形;他还认为农民战争在某种程度上是一种对反宗教改革倾向所作出的反应(a reaction to Counter-reformation tendencies),在某种程度上是背叛路德的牧师们所举之事。兰克把农民战争变成了一个背离了宗教改革史这条主线的问题(a topic peripheral to the main lines of Reformation history),并力图避免让学者们认为,是宗教之外的因素激发了农民战争。

在 19 世纪下半期,对农民战争的研究并没有完全停止,我们把这种研究的不停顿归因于急速开辟的地区史研究领域。不过所作的研究大部分是描述性的,多限于事实的累积和史料的出版。在意识形态上保持中立的

---

① 斯特凡·斯卡尔魏特(Stephan Skalweit):《帝国和宗教改革》(*Reich und Reformation*),第 179 页。

② 马克斯·施泰因梅茨(Max Steinmetz):《早期的资产阶级革命》(*Die frühbürgerliche Revolution*),第 43 页。

历史学家，例如因斯布鲁克的赫尔曼·沃博夫内尔（Hermann Wopfner of Innsbruck）和罗伊特基尔希的弗朗茨·路德维希·鲍曼（Franz Ludwig Baumann of Leutkirch）发表了许多新史料，从而使更为细致深入地研究农民战争成为可能。但是只有随着京特·弗朗茨（Günther Franz）和马克思主义学者 M. M. 斯米林（Smirin）（他二人的思想都溯源到 19 世纪中期著作）广泛而实证的研究，我们才看到一种得以恢复的、对农民战争进行解释和把它置于一个更为广阔的历史背景中的那种考虑。

起初，弗朗茨站在宗教改革历史编纂学的传统角度，原本打算通过农民战争来探讨宗教改革。他对欧洲中世纪晚期农民起义的比较研究使得他深信，德国的起义是这一庞大农民运动系列中最后的、也是最伟大的一次。由于这一发现松弛了农民战争和宗教改革之间的联系，因而弗朗茨在前辈史学家们的观点上取得了更为重大的进步。他对德国农民战争以前的历史所进行的研究表明，那些暴动中包含了威克里夫（Wycliffite）和胡斯（Hussite）的思想。而这些思想在"鞋会起义"（Bundschuh revolts）和"神法运动"（movements for the godly law）中的影响与日俱增。弗朗茨逐渐认为，农民在司法和行政上享有部分自治权与正处于日渐巩固阶段的领地政府之间的紧张冲突引发了这场农民战争。他把领地政府定义为一种摒弃了中世纪的法律观念、宣称自己拥有立法权的政府，而先前的法律只有经过所有受法律约束之人的同意才能公布和修改。弗朗茨所作的努力对解释农民战争产生了深远的影响。首先，由于他松弛了农民战争和宗教改革之间的联系，从而大大削弱了宗教改革作为农民战争起因的作用；其次，他主张农民战争发轫于领主制和德国社区的政治原则之间的冲突（the clash between the political principles of lordship and community in Germany），从而使得来自城市的参与者和社会经济因素变得不那么重要了。

斯米林的俄国学派的研究则完全不同。由于受恩格斯的经典论述的影响，这种先入为主产生了可以想象得到的后果，即斯米林把农民战争置于更为广阔的历史背景之中进行研究，无论在相关事件还是在时间方面的考察都比弗朗茨的来得广。对斯米林而言，农民战争社会基础不仅限于农民，在时间上也不仅限于 1525 年；它同资产阶级的作用以及宗教改革有着密切的联系。宗教改革是一场必然发生的反对教皇教会的反封建之举,正如它努力的那样,旨在国家的统一,这种统一势必削弱阻碍资本主义力量和资产阶级发展的各种障碍。这些障碍,以前一直由小的领地压迫者维护着,后来由于新生的资本主义生产关系同既存的封建社会秩序之间的冲突而产生。站在总揽全局的高度,就不难理解斯米林对总的政治发展和领地政治结构以及它们所特有的转型所进行的关注远不如弗朗茨那样。

资产阶级的和马克思—列宁主义者的历史观所造成的旨趣各异的解释,这在弗朗茨和斯米林的著作中表现得十分明显;近几十年来一直被双方争论不休,在西方比东方尤甚,尽管这种争论并没有太多地跨越意识形态障碍。另一方面,尽管这种争论对 1525 年革命的传统实证研究触动甚微,但近年来出现了一股东西方合流的趋势。在托马斯·尼佩代(Thomes Nipperdey)1966 年的关于农民战争的论文中,最早表明了这一趋势。由于西方学者的研究严重顺从弗朗茨,而马克思—列宁主义研究学派依附于斯米林,这使我们能够比较考察这两种研究。如果我们分别考察革命的原因、目标和结果,那将更为容易地展示这场革命。

1. **原因** 最近,弗朗茨再一次加强了他一贯的观点,即"农民战争并不是主要起因于经济或宗教的原因"[①],而是发端于领主统治权(territorial sovereignty)的兴起。在这一点上,西方史学家一般都接受弗朗茨的观点,并且直到最近也没有人认真关注农民战争和宗教改革之间的联系——或许是因为以前的学术作品使得人们厌倦了这一课题。唯一的一场争论,但并不激烈,是有关 1525 年社会经济前提的争论。低估经济因素,弗朗茨并不显得草率,因为当时的编年史普遍将农民描述得很富裕,而且富有的农民显然充当了革命的领导者。瓦斯(Waas),紧随其后的吕特格(Lütge)和路茨(Lutz)将这一观点又推进了一步,使得农民的富庶成了革命的一个诱因。他们把革命看做是农民要求在政治上取得与其经济地位相称的一种努力。尽管恩德雷斯(Endres)已论证了在法兰克尼亚(Franconia)这种怀疑是很有根据的,近期学者当中只有特罗伊厄(Treue)对 16 世纪早期农民

---

① G. 弗朗茨(G. Franz):《农民战争的领袖们》(*Die Führer im Bauernkrieg*),第 1 页。

是否如普遍描述的那样富裕提出疑问。这种现象表明了一种与传统的历史编纂的联系，因为最近的、强调农民战争的经济原因的、非马克思主义的历史学家只有卡尔·兰普雷希特（Karl Lamprecht）和他的支持者埃伯哈德·戈泰因（Eberhard Gothein）。

兰普雷希特认为，是社会经济的原因引发了农民战争。这样的倡导注定会遭到失败。这一点并不是偶然，因为他所有的成果都成了德国人"方法之战"（War over method）的牺牲品。这是一场在兰普雷希特和成名的学院派历史学家之间的激烈争论。两代史学工作者都深信诸如马克斯·伦茨（Max Lenz）和乔治·范·贝洛（Georg van Below）等学院派人士的权威，这些人给兰普雷希特的论著贴上了由于缺乏严密论证，因此对农民战争的社会经济前提这个问题是"只见树木、不见森林"的标签。京特·弗朗茨也规避了研究经济状况的义务。他在所撰的书的前言中毫不含糊地表示："我们绝不可能对早几个世纪农民经济状况作出清楚的、没有争议的解释。"①赫尔曼·沃博夫内尔已经批驳了这一绝对的说辞，并且，和弗朗茨相反，他相信，对史料的认真分析能产生有用的结论。然而，事实上，所有地区性的基础性研究都没能产生一个新的观点，甚至没能对既有的解释作出部分的修订。故而当凯尔特（Kelter）（1941）着手于经济状况研究，试图将农民战争解释为是农村以及城市的"穷康拉德"②运动时，几乎没激起什么反应。

由于采用不恰当的方法，这场争论最终毫无结果，必然走进死胡同；唯一的出路在于一种新型经济史的建立，这种经济史能够以历史事实检验经济原理，进而发展出一种新的研究史料的方法。在德国，威廉·阿贝尔（Wilhelm Abel）和他的弟子们取得这样的成果。虽然他们并没有将其成果直接应用于卷入1525年革命的地区，但是他们的著作在很大程度上和中世纪晚期相关联。是达维德·萨贝安（David Sabean）把这种研究方法应用于农民战争研究的。他的一项研究尽管在地域范围上不广，但在方法上

---

① G. 弗朗茨：《德国农民战争》（*Der deutsche Bauernkrieg*），第9版，第ix页，从第1版到第9版他都留下了这样一个不变的观点。

② "穷康拉德"具体指1514年在维腾堡爆发的一次起义，一般用来指穷人。

却有说服力,这项研究表明,不能忽视社会经济因素来简单把握农民战争。萨贝安将原因归结为乡村内部冲突,主要是经济冲突,诸如农奴税、军事税、各种使用权的丧失等。这诸多的冲突加在一种已经被推到了极限的——至少是可以觉察到的极限——农业之上,这种极限是由足以引起混乱的人口增长所引起的。

斯米林(此处只是概述他对领主和农民关系的分析)认为,通过货币地租和领主自己对不动产剥削的发展,社会经济因素在一定程度上已经成型了。"为了最大限度地剥削农民农业劳动的剩余"(用他的话),封建领主扩大自己凌驾于普通人之上的特权,加重赋税(dues)和劳役,并削弱农民的财产权①。这种举措的一种工具就是农奴制(serfdom)。在这种制度的帮助下,农民遭受的剥削自 15 世纪以来就不断加剧。农民的经济状况非常可怜,到 1525 年更糟。斯米林的著作发表之后,再没有人深入分析领土和农民的关系了,大概是因为,无论在苏联还是在民主德国,讨论越来越多地集中到农民战争和宗教改革的"资产阶级"或"早期资产阶级"特征之上了;而早期资本主义的问题也渐渐成了实证主义研究的主题。我们也许可以在马克斯·施泰因梅茨 1960 年所提交的那篇论文中发现更新的和较旧的解释之间互相关联的契合点:资本对生产领域的介入导致了工业资本(矿业和纺织业部门)、资本主义的生产关系(即产出体系)和资本主义的剥削(即原生无产阶级)的形成。另一方面,通过实物地租转变为货币地租和"再版农奴制"(Secondly serfdom)的形成,货币—实物的组合对农业(以及手工业)生产领域的介入,加剧了农民所受的封建剥削。"国家的进一步分裂……成为更多的……世俗的和教会的领地",最终使德国成为教皇教会的盘中大餐。施泰因梅茨认为这一危机的三个关节点,是一个"全民族性危机"中仅有的互相支撑的几个方面,成为接踵而至的革命的导因。②

京特·福格勒最近总结了民主德国关于农民战争的研究,他们的研究更具有比较意义,他们认为所有前工业社会的、资产阶级性质的革命前提

---

① M. M. 斯米林:《宗教改革前的德国》(*Deutschland vor der Reformation*),第 47、50、74 页,第 92 页之后。

② 施泰因梅茨:《早期的资产阶级革命》,第 45 页之后。

都是"资本主义生产关系及相应阶级结构的发展",而这种发展和封建生产关系相冲突。通过宗教改革,这一冲突遍及"整个"德国,具有"全国范围"的特点。它以"对福音的社会革命式的注解形式",为阶级斗争提供了总的指导思想。福格勒在两项广泛为人理解的研究中阐明了这一观点。一项是对革命前起义的研究,另一项是对于城市发展的研究。在福格勒看来,由于和英法两国不同,15 世纪德国农村的阶级冲突不能在封建剥削中得到缓解,因而德国爆发革命起义完全是可能的。实际上,正如 1525 年农民和矿工的合作所证实的那样,由于包含有资本主义的生产方式,封建剥削加剧了,在德国更是如此。此外,由于诸多小自治领地政府的兴起,君主制不能发展成为一个"中央集权的封建君主制",这又导致了对教皇越来越多的依赖。[①]

2.**目标**  如果我们直接回到马克思—列宁主义学者们眼中的革命目标,我们就比较容易掌握整幅图景的和谐性。然而,马克思主义学者阵营对于这一问题也存在观点上的分歧。在此我们不一一罗列,仅仅局限在几种重要的观点之上。继斯米林之后,施泰因梅茨将这一早期资产阶级革命的直接目标理解为"自下而上地创建一个统一的民族国家"。[②] 最近,福格勒对各方面已经开始的、批评施泰因梅茨的观点的作了一个综述。他承认,克服那种不顾整体而只注重地方利益的个体主义在"客观上"是必要的,在"主观上"也是得到一些人拥护的,因此他那篇本来是平衡双方分歧的文章(balance sheet)确实帮助了施泰因梅茨。然而他的观点和大多数民主德国历史学家们的看法,可以表述成这样一个问题:"扫除封建生产模式对私有财产和资本积累的封建的限制以及源于宗教思想的意识形态的障碍",是否真的没有建立统一的民族国家重要。[③] 对民主德国学者而言,这是有关革命目标的一个基本问题:资本主义通过推翻封建主义,包括推翻封建意识形态,而获得解放。

---

① G. 福格勒(Günther Vogler):《马克思、恩格斯及其概念》(*Marx, Engels, und die Konzeption*),第 197 页之后。

② 施泰因梅茨:《早期的资产阶级革命》,第 53 页。

③ 福格勒:《马克思、恩格斯及其概念》,第 193 页。

对于农民战争的目标,马克思主义学者和资产阶级学者几乎不能取得任何共识,除非人们赞成海因茨·安格迈尔(Heinz Angermeier)的看法:农民中央集权的发展趋势构成了一个统一国家的计划。弗朗茨确确实实地在政治领域中探求过农民纲领,但直到最近他还是倾向于强调地区性的差异,"因为农民没有一致的目标"。[①] 从这一角度来看,农民战争就有被分解为一系列地方性小冲突的集合的危险;而这也就意味着弗朗茨,不管是有意还是无意,将自己置于批评之外。1974 年在自己的一本书评里,弗朗茨第一次把"通过农村和城市的公社,而不是通过国家,来勾勒和构建帝国"看成是革命的目标之一。[②] 如果人们认定弗朗茨持这种观点(尽管他书中并未对此予以证明),农民战争的目标就将是以农村和城市公社(甚至有可能排除领地国家)为基础来改造帝国。不过,对弗朗茨而言,经济、社会和宗教因素只是停留在背景之中,这也是事实。根据霍斯特·布塞罗(Horst Buszello)的论著,我们会对弗朗茨及其支持者——瓦尔特·彼得·富克斯(Walter Peter Fuchs)和阿道夫·瓦斯(Adolf Waas)一贯以牺牲共同性而强调特殊性的做法提出质疑。虽然布塞罗接受弗朗茨确定的政治前提,但是他也发现农村和城市运动统一于一个共同目标——即更大的公社自治。除了这个统一的根本目标之外,按照起义是继续局限于一个领地还是以某种跨领地的形式组织继续进行,起义者建立了两个基本的"宪政方案"。后一种情况下,起义者旨在成为一个自由的帝国等级[③]和组成一个联邦;前一种情况下,起义者(主要是城市市民)旨在通过等级议会政府对领地诸侯权力实行更大的"监督"(supervision)。这样一来,表面上的多元的目标就减少为几个跨地区的、追求统一的纲领。

3. **影响** 尽管学术界对农民战争起因的理解莫衷一是,但对其影响的看法却出人意料地一致。除了短期的影响,例如人口损失和因战争赔款而造成的财政负担,弗朗茨把这场失败了的农民战争的主要后果认定为诸侯

---

① G. 弗朗茨:《德国农民战争》,第 1 版,第 468 页。

② G. 弗朗茨:《农民战争的领袖们》,第 2 页。

③ 因为当时神圣罗马帝国的等级中有选帝侯等级、诸侯等级、城市等级,但没有农民等级。——译者注

领地国家的胜利——那就是说，诸侯领地的掌权者以帝国、领地贵族和修道院为代价，增强了自己的力量。在弗朗茨看来，这是一个重要的事件，"农民在我们的民族生活中消失了将近了 3 个世纪之久。他们不再上演任何政治角色。尽管他们的经济和法律地位并没有太多的变化，但农民已沦为受人奴役的野兽般的地步了"。①

阿道夫·瓦斯在其著作中常大段重复弗朗茨的结论，他认为："自农民战争结束到 19 世纪，农民失去在德国社会和政治生活中全部的积极影响。"②富克斯则谨慎地认为这一观点适用于图林根（Thuringia）；哈辛格（Hassinger）、里特尔（Ritter）、斯卡尔魏特以及厄斯特赖希（Oestreich）采纳了弗朗茨和瓦斯的解释。唯一对这种判断提出疑问的是赫尔穆特·勒斯勒尔，他以让人想起奥斯瓦尔德·施彭格勒（Oswald Spengler）的相对主义方式提出了一个温和的问题："为什么农民一直并且在任何一个地方都没有对政治发展施加过有效的影响？"③

在坚持马克思—列宁主义的学者中，农民战争和宗教改革之间紧密、甚至是相互依赖关系意味着，施泰因梅茨可以坚持认为，这一场失败的革命实际上加强了诸侯领地国家，至于 1525 革命，在他看来，有助于建立领地性质的教会，促使教会财产世俗化。由于诸侯的军事胜利，"资产阶级的宗教改革获得了恰如其分的支持，成为路德教诸侯统治下小领地政府在意识形态上的完美表达"。④ 不过这当然不是最后的结论，福格勒又重新挖掘了许多基本性问题，其中之一是："德国早期资产阶级革命是如何影响整个

① G. 弗朗茨：《德国农民战争》，第 9 版，第 299 页，参见第 280—300 页。弗朗茨在那篇登载在《农业职业学校》1968 年第 18 期第 1 页之后那名为《农民战争的后果——如今还能体会得到？》（"Folgen des Bauernkriegs—noch heute spürbar?" *Die Landwirtschaftliche Berufschule*）的鲜为人知的小论文中，修饰了他的观点。然而，在 G. 弗朗茨的《德意志农民史》（*Geschichte des deutschen Bauernstanddes*）第 145 页之后，他简单地重复了自己的看法，对 1933 年的观点没有任何的更正或修改。对于这一观点的来历，参见：F. 施纳贝尔（F. Schnabel）的《德意志历史的起源》（*Deutschlands geschichtliche*），第 199 页；F. L. 鲍曼（F. L. Baumann）的《档案集》（*Quellen Akten*），第 iii 页。

② 阿道夫·瓦斯：《战斗中的农民》（*Die Bauern im Kampf*），第 259 页。

③ 赫尔穆特·勒斯勒尔（Helmuth Rössler）：《关于 1525 年革命的影响》（*über die Wirkungen von* 1525），特别是第 111 页

④ 施泰因梅茨，《早期的资产阶级革命》，第 44、54 页。

欧洲发展的？"[①]

现将各种观点概述如下：

1. 一方认为：似乎是资本主义和封建主义的对抗，也在意识形态层面上（宗教）得到反映，引起了宗教改革和农民战争之间的那些紧密交织的现象。另一方认为，似乎是诸侯的最高统治权和公社联盟之间的对抗引起了农民战争。农民战争受到"神法"激励，即使不是宗教改革的一项根本原则，"神法"也仍然是宗教改革所孕育的一个战斗口号。

2. 一方认为，统一和进步的目标似乎是扫除抑制资本主义发展的一切障碍。另一方认为，目标似乎是维护和加强社区各项权利，因而具有保守性；而且由于各地目标不统一，因此这些目标仅具有潜在的进步意义（弗朗茨）或改良意义（布塞罗）。

3. 1525 年革命的影响：是以牺牲帝国和它较弱的势力（施泰因梅茨、弗朗茨）以及剥夺农民的政治权利为代价（弗朗茨），来帮助领地国家的兴起。

尽管马克思主义的革命理论经受了检验且在早期资产阶级革命的基础上有所发展，但很清楚的是，它的许多方面仍然缺乏实践检验的证据。但这一理论至少坚持把农民战争置于一个理论框架之内，这一框架几乎是不适用于"资产阶级"学者的。因此，农民战争是否得到了正确的理论阐释仍有待证明。具体说来，这意味着马克思—列宁主义理论可以用来冲破和批判地考察那些为一般通史和教科书奉为经典的、业已僵化的观念。

如果说联邦德国关于农民战争的研究基本上已经停滞不前了，近 40 年来都只是重复弗朗茨的模式（萨贝安和布塞罗的作品除外），这毫无疑问是因为学者们相信，放弃传统的学术史，采用一类被忽略的史料——怨情书，他们能得到相当完整的农民战争的历史图景。但在此过程中，他们忽略了用 40 年来的经济和地区史的成果来理解农民战争。假如阿贝尔和吕特格的作品——仅提两个名字——教给我们一些东西的话，那是因为政治领域并不是能够独立的。通过布伦纳（Brunner）、迈尔（Mayer）、博斯尔（Bosl）和施莱辛格（Schlesinger）（几个名字就够了）的著作，我们得知，复杂

---

① 福格勒：《马克思、恩格斯及其概念》，第 189 页。

的历史现象可以从对一个特定的地理空间实体进行结构分析中得到解释。我研究的目的旨在从新的方法(in new ways)提出问题,得出农民战争的其他的影响。以下是我认为比较重要的问题。

1. 作为一种主权力量的领地诸侯国家的兴起能否准确地解释农民战争? 或者换一种说法,简单地赞同弗朗茨把具体的经济方面的怨情陈述解释为(农民)主观意愿的反映,这样做是否就已经足够了?

2. 农民战争的目标地区差异如此之大,除了地方公社自治的愿望之外,就没有一种归纳是有效的? 如果不是这些目标给予农民战争内部的一致性(its inner coherence),那么是什么给予了这种一致性?

3. 近年来的领地史研究表明:领地政府的不断成熟是从中世纪盛期开始,到专制主义时代结束,这一过程在 1525 年并没出现什么转折点。据此,我们是否可以挑战这一传统看法:农民在那一年被褫夺了政治权利?

这些问题现在是,并且将来仍然是核心的问题,即使是这本书发表以后仍然如此,因为在这本书 1975 年初版中也开辟了许多新的观点(new perspectives)。

这些新观点——首先必须在 1975 年为庆祝农民战争 450 周年纪念的大量著作中为人们所认识,[①]由于它们确实有用,也由于它们在一般性的研究中可能需要的变化,例如将农民战争诠释为"普通人的革命",因此就必须对它们进行公正的评价。除了相对通俗的一般叙事性作品(这是一种民主德国人比联邦德国人写的多得多的体裁),[②]除了关于农民战争艺术和文学那宽泛得令人吃惊的研究,较为狭义的历史研究已经提出两个新问题或者是开辟了两个新视野。一方面,通过运用"农民社会"或"农民经济"的那些理论模式,学者们已经寻找出一种全新的、研究乡村社会结构和发生冲突的潜在因素的方法。另一方面,从教会史或者神学史的基础上开始,学

---

① 参见乌尔里希·托马斯编的内容翔实的参考书目,在这本书目中,他列了自 1974 年以来出版的 500 多种书目。这本著作精简了所有那些额外的不必要的书目。

② 如 A. 劳贝、M. 施泰因梅茨和 G. 福格勒等民主德国历史学家写出了给人留下深刻印象的插图本的《德意志早期资产阶级革命史》(*Illustrierte Geschichte der deutschen frühbürgerlichen Revolution*)。G. 福格勒也出版了一本名为《权力应逐渐分配给普通大众》(*Die Gewalt soll gegeben werden dem gemeinen Volk*)的小书。

者们重新展开了宗教改革和农民战争之间的互动关系的问题。

在对"早期资产阶级革命"的观点进行的有益的讨论中,赖纳·沃尔法伊尔引入并使用了把农民战争作为一种"社会制度冲突"的新观念。尽管对这一术语的表述仍然是一种建议性和不明确的,但是沃尔法伊尔仍然努力地把这种制度冲突的观点解释为:它是"一个思想、目标和行动的组合体,它有时是这一制度的组成部分,有时是这一制度的破坏因素。在这一制度内,很显然的是,它作为这一制度的组成部分的那种现象是占突出地位的"。① 即使在那些甚至援引这一术语作为标题的著作中,这一观点也没有得到进一步的阐述,也许这就是萨贝安将它归为一种"相当松散的定义拙劣的理论"的原因。②

汉斯·罗森贝格(Hans Rosenberg)近来着力于给这种社会制度冲突的观点添加些实质性内容的工作。他开始坚决反对使用革命这个概念,不管是西方学者使用的还是马克思主义学者使用,都是如此。罗森贝格声称,看来历史学家"在字面上已达成一致",认为"农民战争在本质上是一场政治运动,并夸张地将它归到'革命'这一重要概念之下,而对'革命'这一概念,他们从未仔细考察过,也从未加以解释……因此,不管他们的工作多么热情,不管他们提出的理论多么诱人,他们却已经走入了一个历史研究的死胡同,陷入了一个唯名派的玻璃珠游戏中和华丽的抽象的陷阱之中"。③

罗森贝格进而解释,为什么在他转向自己认为的 1525 年革命"重要和基本事实"时摒弃革命这一概念的原因,他想用"冷静"代替"虚构的神话"。他发现三个基本事实:参加农民起义的人是文盲;他们首先关心"降低各种赋税和劳役,改善自身的物质生存状况和在生活中创造更多的机会";像

---

① 赖纳·沃尔法伊尔(Rainer Wohlfeil):《施佩耶尔帝国议会》(*Der Speyrer Reichstag*),第 8 页。

② 可参见 J. 比金(Bücking)所言的"作为社会制度冲突的农民战争"(*Der Bauernkrieg... als sozialer Systemkonflikt*),在那里,在没有进行任何说明的情况下就使用了这个概念。萨贝安的批判在其"农民战争——一种文学报告"(*Der Bauernkrieg—ein Literaturbericht*)一文第 228 页。

③ H. 罗森贝格:《从社会史的角度看德国农民战争》(*Der deutsche Bauernkrieg in sozialgeschichtlicher Perspektive*),第 9、16、13 页。这本著作只是以手稿的形式而存在,但是罗森贝格教授非常好心地复制了一份让我编入这本书的第二版中。

"千禧年主义"(chiliastic notions)这样的伟大思想,"并不是他们的目的,这也大大超出了他们囿于乡土的狭隘的经历和想象"。①

那么是什么使农民战争成为一个"社会制度冲突"的呢? 罗森贝格认为这种说法包括各个发生冲突的集团间在维护制度、改变制度和推翻制度上的各种紧张关系。制度本身被理解为一种流动的结构,其相关元素为"各种经济和社会因素的综合"、"行动所涉及的政治和制度范围"以及"得到认可的、人们行动准则的法律和伦理体系"。② 作为这种意义上制度的一部分,变化可以通过作为"制度本身的一部分"的某种动力而发生(一种在制度本身含有的、在发生变化时维持制度本身的动力),也可以通过"制度内的冲突"而发生(一种通过必要的结构变动来改变系统的内部冲突),或者,最后还可以通过"反对现存制度的冲突"(一种破坏现有制度的对抗性冲突)而发生。农民战争属于这几类中的"制度内部冲突"的那一种。这是因为如下几个理由:农民起义军的主要物质利益是实实在在地减少地主(landlord)和司法领主(judical lords)所榨取的农村社会劳动产品的份额。罗森贝格认为这必将会"削弱农民作为乡村最基本政治力量的那种地位"。③ 农民战争"旨在推行一次强制性的改革,这种改革根源于宗教、但本质上是世俗的、基本上是物质的;这次'改革'定会给现存基本社会经济秩序带来一个相对激进的变化"。④ 为了使论证更完备,罗森贝格补充说农民也"想在乡村中赢得最大可能的自治和通过公社自我管理的权利",或者他们也想整合到所在领地的、具有集团性质的等级会议(the corporate estates of their territory)中去。⑤ 他们使用武力威胁现存制度;唯一的具有毁灭现存制度的特别行动就是主张没收教会财产者的极端反教权主义——这点罗森贝格没有实质性的探讨。特别是由于领地政府至上的原则没有受到挑战,等级会议的集团性组织没有被废除,因此,1525 年革命并不是整个制度的根本性破坏因素。相反,罗森贝格将这场运动描述为"基本上是退步

———————

① 罗森贝格:《从社会史的角度看德国农民战争》,第 17—18 页。
② 同上,第 24 页。
③ 同上,第 26 页。
④ 同上,第 27 页。
⑤ 同上,第 29 页。

的"(mainly regressive)，因为其目的"不在于激进地推翻现存的政治权力结构，而仅在于建立一种稍许改变现存制度的新秩序，给已被贵族、教士、市民排挤到幕后的'穷人们'以政治上的认可"。①

尽管论文涉及面十分广泛，但是罗森贝格认为时机尚未成熟到可以"勾勒一幅完全连贯的、详细的和客观公正的历史画面"，相反，他呼吁研究者"务必采用科学的和定量的方法，对当地的和地区性的问题进行细致研究"。"当受过历史训练的政治学家、社会学家、社会心理学家以及人类学家也从事这一课题研究时"，一切就会清楚了。②

这些研究策略很好地表明了农民战争研究的最新动向。但是，近来的学术研究逐渐分为两个方向或者两种研究方法：(1)地区性的和地方性的研究；(2)与社会学和人类学的理论和学科(disciplines)联系更加密切的研究。就方法而言，地区性的和地方性的研究仍属传统史学，没有符合罗森贝格所要求的标准。然而所有人仍然相信这类研究揭示了大量的关于农民经济负担、人口变化、农村财富结构、乡村下层阶级以及许多别的方面的详细资料，所有这一切都使得农民战争的历史画面更加清晰。即便如此，新资料也没有丰富到要求对关于这一历史事件现有的一般解释进行根本修正的地步。况且，新研究的精确性(thoroughness)和质量差异太大。客观地说，多亏了鲁道夫·恩德雷斯的著述，法兰克尼亚成了研究得最好的地区。研究得同样好的地区有图林根、萨克森(Saxony)以及阿尔萨斯(Alsace)的一部分；③而一方面，上莱茵河(Upper Rhine)的右岸地区、维腾堡和整个阿尔卑斯山地区几乎全被忽略了，只有一个显著的例外是蒂罗尔(Tyrol)，在那里米夏埃尔·盖斯迈尔(Michael Gaismair)最受瞩目。在这种情况下，似乎应当大力强调对这一拼图的各个组成部分进行研究的重要价值，例如考察部队名单以得悉人口变化，或者考察土地登记册以得悉他们对农村各种负担的看法，或分析乡村纠纷案件处理以查明一个村子里的社会分层情况。我认为上述强调是有必要的，因为

---

① 罗森贝格：《从社会史的角度看德国农民战争》，第 31 页。

② 同上，第 14—15 页。

③ 存在着许多非常优秀的研究。参见布拉什克、佐克、劳贝、施瓦茨和施特劳贝著作；对于阿尔萨斯地区的研究，参见沃尔布勒特(Wollbrett)的论文"Guerre des Paysans"。

在 20 世纪 70 年代，关于农民战争的讨论是在一个如此之高的理论水平上展开的，以至于传统的历史学研究方法几乎无时不被认为是过时的。"实证的"研究者"一定会忽视史料上所未记载的东西"①，这样的指责最终会导致否认传统历史所具有的说服力。

新的研究方法主要来自理论性更强的学科（disciplines），如社会学、伦理学和人类学，"（它们）与传统的解释模式相比，开辟了一些新的空间"，将"关于农民战争的探讨带出人们熟悉的轨道而驶进尚未开拓的领域"，其目的是"构建"关于农民战争的"历史理论"。②

为理解他们农民战争研究工作的含义，有必要简略概述一下这些研究农民社会冲突的学者们的思想。他们以几个基本的假设和考察开始。传统社会的农民基本上是自给自足的；他们同乡村之外的社会联系（比如市场或政府）相对较弱；因而农民主要关心他们自身的家庭经济以及农村里家庭经济的组合。③ 基于这些情况组织起来的农村社会阶层，当他们被整合进入市场，整合进在层次上高于乡村的组织，例如政府或高一级的文化，它们就要遭到急剧破坏。④ 这些变化使乡村内部产生新的社会差别。产生出了要么能赢要么就输的集团，由于他们熟悉和适应市场能力的不同，特别是"中农"在这一过程中感受到威胁最大，因为他们适应市场的过程使得他们对城市或国家的经济危机的应变极其脆弱。

中农阶级成为反对变化、捍卫地方传统、试图维系乡村社会结构的领导。因而据此看来，显然农民起义是为了寻求维持经济、社会和政治现状，

---

① D. 萨贝安：《农民战争——一种文学报告》，第 228 页。

② 海德·文德尔（Heide Wunder）：《萨姆兰的农民起义》（Der samländische Bauernaufstand），第 151 页；J. C. 施塔尔纳克尔（J. C. Stalnaker）：《对德国农民战争的社会性解释》（Towards a Social Interpretation of the German Peasant War），第 38 页；J. 比金：《作为社会制度冲突的农民战争》，第 168 页。

③ E. 沃尔夫的研究是这些的基础，参见《农民们》（Peasants）第 91 页，但也可以参见出版较早的，由 A. 查杨诺夫（A. Chayanov）所著的《农民经济的原理》（The Theory of the Peasant Economy）。

④ T. 沙宁（T. Shanin）：《农民经济的本质和逻辑》（The Nature and Logic of Peasant Economy）；T. 沙宁：《那个尴尬的阶级》（The Awkward Class），第 81 页。

他们追求落后的而非进步的目标，更不用说什么乌托邦的理想了。[1] 当农民运动偶尔超出乡村的藩篱，他们就需要一个中介阶层提供与市场（工匠、酒店老板）、或者政府（中下层官吏）、或者高级文化（中下级教士）之间的必要联系。

由于缺乏一个乡村社会或农民革命的理论，为了将研究推进一步，学者们在对农民战争的探讨中产生的各种理论进行了考察。比如说，达维德·萨贝安就戏剧性地将农民战争解释为农村日益分化为两个阶级（农民及日佣工[day laborers]）的结果，而阶级的分化的原因是日益增多的人口和不断增强的市场的融入。农民战争在第一阶段是由乡村寡头领导的运动，其目标是维护乡村自治（以反对各种佣工）。当它进一步发展后，运动就失去了"农民起义"的特征，而农民也将领导权拱手让给市民和贵族。[2]

J.C.施塔尔纳克尔接受农民和日佣工之间存在对立的观点，但认为这仅仅起到了加剧冲突的作用。他基本上将起义解释为"'两个新兴阶级'的冲突：雄心勃勃的领主和富裕的、充满自信的农民"。[3] 这种假设基于1450之后经济得到扩张这一假定的前提之上的，他将这场冲突解释为一场为了市场份额而进行的战斗。

海德·文德尔的著作引入了其他一些理论因素。[4] 她强调对市场依赖程度是乡村社会分层的标准。这一点同萨贝安和施塔尔纳克尔一致，但她同时也强调政治关系以及语言、方言在塑造乡村社会方面的作用。她还介绍了"组成文化"（part culture）和"亚文化"（subculture）之间的区别，但这或许只在她研究的地区——普鲁士的萨姆兰（Prussian Samlancl）——具有重要意义。

即使泛泛地了解这里提到的理论、假说和解释，也会使人以为它们确

---

① E. 沃尔夫：《农民战争》，第 290 页；H. A. 兰斯贝格：《拉丁美洲的农民运动》，第 36 页；H. A. 兰斯贝格：《乡村的抗议》，第 21 页。

② D. 萨贝安：《市场、起义和领导权》(*Markets*, *Uprisings*, *and Leadership*)，第 17 页；《1800 年以前起义的共同的基础》(*The Communal Basis of Pre-1800 Uprisings*)和《德国的农业制度》(*German Agrarian Institutions*)。

③ J.C.施塔尔纳克尔：《对德国农民战争的社会性解释》，第 36 页。

④ 特别是文德尔的：《起义农民的心理》。

实是研究的新方向。在另一方面，这些说法在理论上缺乏灵活性以及在实证上缺乏证据，但这样的不足不会给人们太多的印象。萨贝安的关于农村内部的冲突是革命的关键因素的论点已不具备多少说服力，因为他在农民怨情书中找不到这一观点。施塔尔纳克尔关于两大集团为争夺市场而爆发冲突的假设也难以让人接受，除非它能提供证据表明 1450 年后确实产生了农业上的繁荣——可目前恰恰就是这一点得不到证实。文德尔的研究分析对象主要是萨姆兰参加起义的各个集团（德国农民、普鲁士自由民和普鲁士农民），但她的结论并没有在弗朗茨关于革命的讨论上更进一步，弗朗茨也考虑过这三个集团。

尽管像萨贝安这样的"理论家"批评像恩德雷斯和劳贝（Laube）那样的"实证主义学者"使用了不能够分析农民战争的方法，他们也应该自问一下自己的理论是如何推进 1525 年革命事件分析的。稍作归纳人们就可发现，具体的考察要么过于概括，像萨贝安和比金的著作所反映的那样，要么就置于一个没有得到证明的总的框架（a general framework）之内（如施塔尔纳克尔）。从历史的角度出发，他们的理论被一再证实为模棱两可。但这并不意味着，作为一种激发分析和提出新问题的手段，这些理论本身就再也毫无价值，但如今对于方法论弱点的指责，假如真的要进行指责，那么这种指责也应当落在两个层面之上，即实证主义研究者和理论家都应当挨板子。

由于坚持阶级冲突和社会普遍性危机的看法，马克思主义学派的早期资产阶级革命理论肯定有助于西方反对性的社会制度—冲突理论的形成，也推动了为理解冲突和冲突集团的本质所作的种种努力，由于它们是建立在实证的、来自第三世界的数据之上，因而冲突各派所使用的理论被认为比马克思理论更具有说服力。但是由于在概念上包括了宗教改革和农民战争，早期资产阶级革命理论也向西方神学史和教会史学者们提出挑战，使得他们重新考察宗教方面的改革运动和 1525 年社会方面的抗议运动之间的关系。很显然，讨论将在托马斯·闵采尔（Thomas Müntzer）身上取得突破，这不仅是因为马克思—列宁主义学派的解释将闵采尔置于早期资产阶级革命的顶峰，还因为在闵采尔身上，宗教改革和农民战争之间的联系是很清楚的。近来,在马克思主义学者则满足于重复自己的著名理论时,闵采尔研究成为西方人研究的一个领域。作为一种分析工具,马克思关于(经济)基础和上层建筑的理论的影响变化,使得宗教改革在近年民主德国学者的研究中几乎没有任何分量了。这种对闵采尔的研究总的成果,一言以蔽之,借用罗伯特·斯克里伯纳的话说,即闵采尔的宗教改革是"以社会为媒介并受其制约"①。对此结论,理查德·范·杜门的著作提供了有力的论证。②

诚然,对闵采尔研究只是教会史学家在研究农民战争问题上普遍兴趣中的一部分。实际上,两家主要的教会史刊物,《教会史期刊》(the Zeitschrift für kirchengeschichte)和《宗教改革史协会会刊》(the Schriften des Vereins für Reformations geschichte),每家都开辟了一期农民战争研究专刊。两家都呼吁更多的、将农民战争作为一场宗教运动的研究,这一观点在 1975 年出版的文献的评论集中得到有力响应。当海科·A. 奥伯曼主张"农民战争要求在教会史中得到和从维腾堡、日内瓦(Geneca)或特伦特(Trent)发生的运动同样的地位"③时,这一呼吁被提到了纲领性地位。然而,在近年的出版的刊物中,人们却了解不到为什么应当这样做的原因。最为重要的是,目前还不清楚农民起义应当处于维腾堡、日内瓦和特伦特之后的"什么位置"。

对神学感兴趣的历史学家以及对历史感兴趣的神学家都关注宗教改革和农民战争之间的联系,其真正原因就在于他们处于完全不同的层面之上。例如,亨利·科恩的论著就认为反教权主义是早期改革阶段转向后来农民战争革命阶段的转折点。④ 在某种意义上,科恩认为反教权主义是这一反抗运动的催化剂。在另一研究领域,马丁· 布雷希特和戈特弗里德·

---

① 罗伯特·斯克里伯纳(Robert Scribner):《是否真的有宗教改革的社会史?》(Is There a Social History of the Reformation?),第 494 页。

② 理查德·范·杜门(Richard van Dülmen):《作为革命的宗教改革》(Reformation als Revolution),第 63—168 页。

③ 海科·A. 奥伯曼(Heiko A Oberman):《社会动荡的福音书》(the Gospel of Social Unrest),第 50 页。

④ 亨利·科恩(Henry Cohn):《反教权主义》(Anticlericalism),《宗教改革运动》(Reformatorische Bewegung)。

马龙在论著中时而明确时而含蓄地重提路德和农民战争这个老课题，强调农民与路德的联系。① 学者们十分注意布雷希特的这一假设，即夏普勒（Schappeler）和洛茨（Lotzer）、十二条款以及"联盟条例"（Federal Ordinance）更多是受惠于路德，而非茨温格利（Zwingli）。总之，这一较新的研究致力于把农民战争和路德教宗教改革联系起来，而以往的研究将二者割裂开来，部分是因为辩解的原因。

即便如此，要阐述宗教改革和农民战争之间的相互依赖关系，学者们尚有许多工作要做。目前缺乏的是一种模式，这种模式能够解释宗教改革神学和宗教改革伦理学中哪些元素在乡村中是有效的，并且它们为何有效。在范·杜门的著作中可以看出这一互动关系模型的若干端倪，而罗伯特·斯克里伯纳对这些概念在城市社会中的应用作了更详尽的探讨。② 只是在乡村社会这方面的研究尚无人问津。

从这些"新视角"中，我们可以得出什么结论呢？任何关于农民战争诸事件的一般性解释肯定都不得不屈从于这样的事实，即：关于"农民社会"和"农民经济"的讨论对于 1525 年革命都不能产生任何实在的、有用的成果。为获得实质性结果，我们需要对分析各个小区域的史料作更详细的研究，因为整合进城市市场问题的研究须求助于土地登记、纳税登记以及其他类似的统计资料，还有城市历史学家的帮助。这些史料能否使我们得出1500 年以前那个时期的可靠数据也许值得怀疑，但更关键的是，这种方法上的收获是否已经很不幸地削弱了我们对农民的理解？不过我个人难以信服一些模式，比如基于 20 世纪拉丁美洲农民的模式能有效地应用到 16世纪的神圣罗马帝国或欧洲。在前面提到的关于 1525 年革命的各种理论研究中，农民莫名其妙地被认为只考虑经济上的利益。

至少那些强调宗教改革和农民战争的联系的作者们没有关闭对乡村社会和农民复杂性的探讨。用一种更为普遍和结论性的方式探讨 1525 年

---

① 马丁·布雷希特（Martin Brecht）：《神学的背景》（*Der theologische Hintergrund*）；戈特弗里德·马龙（Gottfried Maron）：《农民战争》（*Gottfried Maron，Bauernkrieg*）。

② R. 斯克里伯纳：《作为一场社会运动的宗教改革》，在这本书中，人们可以发现他早期在这个课题上所作努力的参考书目。也可以参见 T. A. 布雷迪：《统治阶级、政体和宗教改革》。

诸事件的唯一可能的方式就是借鉴杜门、斯克里伯纳和布雷迪(Brady)所开创的有益的研究成果来探求这些联系。

这样看来,在 1975 列出的三个问题的基础上[①],我应明智地添上第四个。这个问题在本书的第 1 版并未被完全忽略,但似应得到更清楚的阐述:

4. 农民战争和宗教改革之间到底有何联系? 我们能否表明这样一种相互依赖关系,使它不再只是个别人物影响的简单叠加?

① 参见原书第 10 页。

# 第一章　十二条款:1525年革命的宣言

> 你们正在夺取政府的权力,甚至于它的权威———或者可以说,它的一切,一旦政府失去了它的权力,它还能维持什么呢?
>
> ———马丁·路德:《劝告和平:对上士瓦本农民的十二条款的回复》

1525年的农民战争是宗教改革时期德国历史上最不寻常和最为壮观的事件之一。从图林根到蒂罗尔,从阿尔萨斯到萨尔茨堡的诸侯领,农民起义的烽火燃遍了那些贵族的城堡、宫殿、诸侯的驻地和修道院,衬托出凌驾于德意志民族之上的神圣罗马帝国的软弱和无助。农民所到之处,贵族及僧侣领主望风而逃,帝国的统治者们不得不为自己的生存而奋斗。过后,是农民的村庄显得无助,诸侯的雇佣军击败了农民军,大批的起义者遭到屠杀或被处死。当村庄和农场被烈焰吞没的时候,那种对美好的基督教世界的向往,那种众人皆兄弟、邻居相互爱护的理想,也随之逝去了。

没有十二条款,农民战争或许会成为另一种样子。上士瓦本农民的十二条款是集怨情陈述、改革提纲和政治宣言三者为一体的文献①。这些"全

---

① 关于十二条款起源已经不再有争议了。参见 G. 弗朗茨的归纳性著作:《十二条款的产生》(Entstehung der Zwölf Artikel),十二条款是 A. 格策(Götze)所编的《十二条款》(Die Zwölf Artikel),第9—15页。

体农民和受僧俗贵族压迫的佃户正当和基本的要求,使人们认识到自己遭到压迫了的思想",统一了人们的思想,促使 1525 年革命在时间上和内容上成为一个整体的运动。十二条款是革命初期的产物,成文于 1525 年 2 月下旬或 3 月上旬。农民起义军在军事上被击败之后,它们成了 1526 年施佩耶尔帝国议会上政治议程中讨论的一项内容。[1] 在成文之后短短的两个月中,十二条款发行了 25 版,共 25000 册,流行于帝国的大部分地区。那些加入农民某支义军的城市、贵族和教士需要立誓拥护十二条款中的各项内容。

如何解释十二条款令人惊异的成功?在导言中,农民们强烈否认在新教的福音教义与起义之间、在宗教改革和革命之间,存在任何的因果关系。因为根据他们的理解,福音的主要目的是促进和平、爱、团结和宽容,这些新的教义是不可能成为革命的原因的。恰好相反,起义的原因是对爱、和平和团结的破坏和蔑视,简言之,就是对福音和上帝意愿的蔑视。不过,大胆传播这样富有偏激性的观点是出于对上帝坚贞不渝的信仰,出于这种大胆的逻辑,农民们百折不挠,甚至乐观地把自己比喻为埃及的以色列人。解放农民是上帝的意愿和上帝的裁决。上帝的意愿、上帝的裁决、上帝的威严,这些都是具体要求的基础(assumptions behind the concrete demands),具体要求分十二点一一列出。[2]

1. 农民要求在教区拥有召集和撤换教区牧师的权力,只有这样,才能保证这些牧师只传布没有自己解释的、也没有旧教会传统的纯福音教义。这对于一个人要实现人生的终极目标是非常必要的,人生的终极目标就是通过与上帝的融合达到超自然的完善,而上帝将向人们"一点点地灌输信仰和恩宠"。

2. "小什一税"应当废除。"大什一税"应当分配给社区的全体成员,它应当由一个选举出来的委员会进行管理,首先根据牧师的需要,发放给他;其次是村里的穷人;如果有必要的话,再保存部分剩余作为保卫领地的开支,但目的要尽可能减轻农民们的税收负担。[3] 在中世纪晚期,领主权已经

---

① 见本书第十章。

② 见附录Ⅰ:十二条款的全文翻译。

③ "小什一税"是教会对牲畜征收的税收。"大什一税"是对收割的谷物或其他主要的农产品(如酒)所征收的税收。

成了可以转让和买卖的权力了,"什一税"也是如此。很大一部分"什一税"已经被转让到了贵族、上层僧侣、城市和城市团体的手中,只有少数的部分留在教区的手中。农民提出补偿(indemnify)那些能够用文件证明自己确实从社区中购买过"什一税"权的那些"什一税"占有者的权力;但是在别的任何情况下,他们将直接把"什一税"恢复到地方社区的手中。

3. 废除农奴制。但这并不意味着农民拒绝臣服于地方官员或领主。

4. 农民要求拥有自由渔猎的权力,部分是因为农民的庄稼受到那种野蛮游戏(即贵族打猎)的伤害实在是太深了。如果能够证明捕猎权确实是由村里卖出去了,现在捕猎权拥有者与村社之间应当达成一个互相认可的协议。如果不能立即出示购买权证明,那么渔猎权应当归还给村里。

5. 如果村社过去出卖过它的林地和森林得不到证明,那么林地和森林应当归还给村社,以便农民能够采伐到免费的建筑木材和烧柴——但农民们的采伐随时都应当接受由选举产生的村社林业委员会的监督。如果有文件证明林地和森林确实被卖出,就应当和森林购买者们达成友好协议。

6. 应当参照旧例和福音书,把各种劳役减轻到农民能够接受的程度。

7. 应当遵循封建契约上的各项条款。为了使农民能够适当构建自己的农场以及取得适当的劳动收益,不能任意增加劳役。如果领主需要劳役,在不耽误农民自己耕地上的活以及能够得到合适报酬的情况下,农民愿意为领主效劳。

8. 由于土地出租者把土地的税收订得太高,以至于佃农连自己最起码的生计都无法维持下去了,因此土地的出租税应当由"德高望重之人"重新评定。

9. 由于法官们经常使用其立法权任意抬高对"严重罪行"①的罚金,并

---

① "严重罪行"(Great Mischief)并不在高等法官(the high judge)的权限范围之内,这在德国的其他部分也是如此;它指的是对于通常由乡村的低等法庭(low court of the village)审判的、某种具体的违法行为收取的罚金(penalties)。"严重罪行"包括了10镑赫勒(10lb. heller)到10先令赫勒(10 shillings heller)的罚款。根据1498年埃尔新根(Ersingen)的司法条令,"严重罪行"被定义如下:"条款:如果某人打瘸了另外一个人,或者打伤某人使他不得不缠上绷带或缝合伤口,那个犯下这种罪行的人将被罚款13镑5先令赫勒。"("Heller"是德国或奥地利的一种旧的铜币,"lb."是"pfund",即"镑"的缩写形式。它们之间的换算关系如下:1 pfund heller[lb]. = 20 shilling heller = 240 pfennig[芬尼];1古尔盾约等于1.4镑赫勒。——译者注)

且任意作出这种处罚,农民要求将罚金的数量退回到过去法律条文规定的标准。

10. 如果不能提供买卖的证明,过去属于村庄的草地和公地就应当归还给村社。对那些合法转让给他人的土地,就应当达成和平的解决方案。

11. 今后应当废除农奴的死亡税,因为它不公正地加重了农奴继承人的负担,甚至被用来盘剥农民。

12. 第十二条也就是最后一条,重申绪论的主旨,强调了农民们使世俗秩序同上帝之言相和谐的根本愿望。如这些条款中有被《圣经》证明为属于不正当的,那么农民们将删除它们。反之,借此类推,一旦发现有什么符合《圣经》的新要求,他们就会通过并添加上这些要求。

除了选举牧师和关于"什一税"的纲领性条款之外,这些怨情陈述是中世纪晚期和近代早期农业秩序危机的产物。这里的"农业秩序"(agrarian order)指的是一种事关双方关系的结构,一方是封建贵族关于处理诸如土地、农奴以及低级司法的领主权力,另一方是乡村公社或者集体的权力。① 当它们要求减轻地租和劳役时,十二条款就把封建贵族攻击为土地贵族;当他们坚持废除农奴制以及由农奴制本身所产生的劳役和死亡税时,十二条款就把封建主攻击为农奴主;当它们要求在司法裁决中使用惯常的法律(the common law)时,它们就把封建主攻击为司法权力的占有者(holders of judicial rights);最后,当它们否认由领主权、农奴权、司法权发展而出的统治权的时候,它们就把封建贵族攻击为"领地统治者"。

即使不作深入的分析,根据农业秩序的要素把这些抱怨归一下类也将有助于我们理解它们为什么能够得到如此广泛的传播。十二条款反对的是整个封建的、社会的以及政治的秩序,这些秩序几乎完整地保存于各个地区几乎都差不多的农业部门的结构之中。由于农业秩序无论作为一个

---

① 这里和从此之后,打算用"封建的"(feudal)和"封建贵族"(feudal lord)等概念来替代那些令人尴尬的、长期含混不清的拐弯子的说法的简略的缩略语。在一本只是涉及 15 世纪、16 世纪情况的著作中,把"封建的"概念仅限于农民和贵族(lord)之间经济、社会和政治关系的范围是很明智的。因此,在这样的一种制度下,"封建的"法律指的就是土地贵族的统治权(landlordship)、对于农奴的拥有权、低级司法权,以及由这套司法制度衍生出的种种特别的法律。"封建贵族"指的是贵族和高级教士,而不是诸如福利团、城市等集体性质的团体(corporations)。

整体还是作为具体的对土地使用权的修改都依赖于这样的原则,即中世纪晚期意义上的那种领主和农民之间应当相互一致、不能单方面由某个领主将自己的命令强加于人的原则,因而农民现在可以比以往任何时候都更加尖锐地批评整个封建制,因为领主们公然违反甚至于抛弃这种双方应当一致的原则。

十二条款并不仅仅在批判和消极性地抑制领主们权力上就消耗了自己的全部精力。它们在以下两方面具有真正的革命性:实践方面,在关于农奴制、"什一税"和选举牧师的条款;原则方面,把《圣经》作为社会和政治的标准。

至少在上士瓦本地区,起义者提出了彻底废除农奴制,这样的要求是具有革命性的。因为作为乡村和小村落(hamlets)统治者的封建贵族,他们都严重依赖农奴制,而收税、征兵和司法的权力都是从农奴制中衍生出来的。如果废除了农奴制,贵族和教会领主们根本的、在一些地区是关键性的支柱就会倒塌,留下的只是一个政治的真空。农民们非常清楚这一要求的广泛的含义,因为他们非常明白地抗议说,废除农奴制并不是要打算破坏任何一种权威,这只是一项别的任何条款都表述不了的要求。然而十二条款为将来政治权威的形式留下了余地,为许多类型的政治重建留下了空间。

把"什一税"所得收归村社所有将打击封建上层势力的权力。在整个产生十二条款的区域内,"什一税"占封建领主及城市福利机构收入的三分之一甚至是一半。① 拒绝向有权收取这种税的人缴纳"什一税",将导致他们经济的崩溃。不管农民是否真有这样的意图,如果这个要求付诸实施的

---

① 事实上没有什么统计数据来测出(measure)"什一税"的重要性。C. 海姆佩尔(Heimpel)算出了1517—1526年比伯拉赫(Biberach)封建领主税款(seigneurial dues)中每年付给医院的费用为2653"双英担"(double hundred-weight)的谷物,然而"什一税"的数额达到了1598"双英担"。从1522年沃西森豪森(Ochsenhausen)修道院中的数据也可以看出什一税和税款几乎是同等重要的。

| | 税款(in malters) | 什一税(in malters) |
| --- | --- | --- |
| 黑麦 | 526 | 361 |
| 斯佩尔特(一种德国的小麦) | 43 | 334 |
| 燕麦 | 737 | 397 |
| 大麦 | 0 | 26 |

话,十二条款反复捍卫的财产权神圣不可侵犯的声明,将成为一句空话。因为,十二条款来自这样的一个默认的假设:"什一税"、森林使用权、渔猎权以及公地最初都是归公社所有的。人们只是对那些用钱向公社买进并拥有契约的财产权加以承认。究竟这些要求会对封建领主的财政产生怎样的影响还难以断言,但大致说来,有些僧俗领主,例如林道(Lindau)女修道院院长、几乎都没有足够的收入来维持自己的生存的领主①,将重蹈中世纪晚期农业危机冲击下下层贵族的覆辙,走向毁灭。

由人们自己挑选牧师,即使只是为了确保得到纯净的布道,也将毁灭被贵族私人化教会的最后一丝残余。在这种要求下,它将使教会和领主不但失去左右牧师任命的权柄,而且同时也丧失了政治宣传和增加自己经济势力的工具。②

在序言中间接提到、第十二条款中被明确无误地提出的要求,即根据《圣经》建立世俗秩序,并用《圣经》衡量这种秩序是否合法(路德和茨温格利也提出了这样的要求)③,对于身处 16 世纪早期这样一个宗教动乱时代的农民而言,无异于一种获救的福音了。在第十一条款中,农民们用一种责难并且是无奈的语气呼吁:现在必须终止领主们用"剥皮和剪枝"(skinning and trimming)取代"防卫和保护"(guarding and protecting)的行为。努力体会神意、执行上帝公正、发扬上帝权威,在这个世界之上燃起实现世界和平的上帝的希望。福音作为一种法律的准绳合乎逻辑地优越于一切现存的法律准则。可以肯定的是,"惯例"禁止农民们打猎或捕鱼,但是这一惯例并不符合"上帝之言",因此应当取消。当然,农民们确实要求将劳役降低到他们父亲那个时代通行的标准,但是前提是那个标准必须与上帝之言相符。死亡税也是一项"惯例",但是它"违背了上帝之意",因此必须废除。对那些长期延续的惯例,虽然人们不能用上帝之言使之无效,但也尽量用神学作为理论来支持他们的要求。例如,用《圣经》作为依据来公正地确定罚款等。十二条款极力呼吁按上帝之言行事,实质上是要求进行社

---

① 林道(Lindau)女修道院院长记下(set down)她的修道院每年的年收入为可怜的 400 古尔盾。
② 别的地方偶尔举行牧师选举,但这一事实并不能证明 1525 年这一要求缺乏革命性的特点。
③ 许多学者不同意能够从路德的思想中归纳出这一特点。——译者注

会的和政治的变革。①

就像一块镜子一样,十二条款汇集了上士瓦本各个乡村的怨情。它的广泛再版使得整个帝国的农民都意识到了农业秩序的危机。从这些条款所反映的当地的经济、社会和政治背景来理解十二条款,实际上就揭示出这场普通人革命的基本原因。这是我们分析问题的第一步。第二步是考察革命的目标。以《圣经》作为他们要求的基础,十二条款构建了一个可供选择的框架,从而为中世纪晚期的危机指明了一条出路。中世纪晚期的这场危机不仅已经成了一场社会和政治危机,而且也构成了一场农业危机。如何走出危机的道路只有在一些具体的例子中才能得到详尽的勾勒,并且在其他方面则显得灵活而富有弹性,从而为革命的纲领提供了进一步扩展的空间。

---

① 在目前对农民战争进行的研究中,十二条款通常被作为一个适度的改革计划(a moderate program for reform)而提出来。弗朗茨把它们描绘为"严肃的、理由充分的、同时又是可以实行的改革计划"(G. 弗朗茨:《德国农民战争》第1版,第200页。对斯米林而言,由于这些条款留下的是"没有任何触动的封建法律和社会秩序的基础",特别是由于这些条款用"神法作为一项根本的原则"目的只是为了"进行宗教和教会的变革",因此这些条款"并不是变革社会的计划"(M. M. 斯米林:《人民大众的宗教改革》[Volksreformation]第401、516页)。

# 第一部分
# 封建主义的危机和革命的缘起

我们为领主劳动是因为他们保护我们。但是如果他们不保护我们，我们也没有义务为他们劳动。

# 第二章　十二条款及其经济、社会和政治的背景

十二条款的直接目标是克服中世纪晚期农业危机及其农业秩序的危机。假如我们排除头两项条款,即选举牧师和将"什一税"收归村社所有,那么其余的可以分为三类:一,农奴制、死亡税和劳役;二,打猎、捕鱼、伐木和使用公地的权力;三,领主权及其附属的低级司法权和领主捐。十二条款是构筑在上士瓦本地区农民、村庄和领地的怨情之上的;我们的任务就是要弄清楚它们是否以及在何种程度上代表了全体农民的怨情,它们在多大程度上反映了最为普遍性的革命的原因。完成这一任务的最佳途径就是逐一考察和量化各地表格中具体的怨情条款。① 这也将有助于我们整理出农民头脑中最先考虑的问题。② 通过调查这种意识所反映的实际情况的程度,我们就可以开始对引起 1525 年革命的那些因素进行一个相当必要的分析了。

虽然我们不能相当精确地测定十二条款是否只是巴尔特林根(Baltrin-

---

① 以下是建立在对上士瓦本怨情陈述条款的基础之上的分析,这些怨情在附录Ⅱ中得到了很好的描述,也进行了一次试图量化这些问题的讨论。

② 这是京特·弗朗茨在研究农民战争时的一个伟大的发明,他把怨情陈述的条款看做农民主观意识的表现。见弗朗茨:《德国农民战争》,第 1 版,第 xi—xii 页。

gen)农民义军怨情的概括,但可以肯定的是,十二条款出自一个来自上士瓦本地区的佚名作者之手。然而,几乎可以肯定的是,这些条款是由梅明根的一个熟练的毛皮匠塞巴斯蒂安·洛茨(Sebastian Lotzer)所起草的。洛茨的活动范围仅限于上士瓦本地区,并且在起草十二条款的时候还得到了一个叫克里斯托弗·夏普勒(Christoph Schappeler)的传教士的帮助。洛茨与梅明根城市领地上的农民有着十分密切的联系,而且同巴尔特林根的农民起义军也很熟悉。即使十二条款确实出自这支军队的怨情,它们也能够代表整个上士瓦本地区。因为大量的对于整个士瓦本地区怨情陈述的分析表明,巴尔特林根义军所在地某类怨情陈述所出现的频率和整个士瓦本地区该类怨情所出现的频率,几乎是完全一致的。① 然而,地区性分析只有通过定量分析才具有代表性。把各种本地本区域的怨情进行统计分析,就能形成一个"怨情等级表"(a hierarchy of grievances),这张复杂的统计表能够展示出各种抗议条款在整个复杂的怨情表中的分量。从这个角度看,十二条款只是非常有限地展现了这一点。

    无论是数量上还是质量上,对农奴制的抱怨都是最为严重的怨情。有70%的乡村和领地都要求无条件地废除农奴制。如果把那些单个的反对认可税(confirmation fines)、死亡税和对结婚自由的限制包括在内,90%的怨情抗议都含有反对农奴制的内容。在被统计的 25 份抗议书中,有 24 份把反对农奴制列为第一条或者是第二条。在关于反对农奴制的经济和法律后果的抗议条款中,反对死亡税的排在了第一位(占 37%),紧接其后的是反对认可税的条款(占 27%),反对结婚限制的排在第三位(占 24%)。然而,要求废除从农奴制衍生而来的劳役的条款相对较少(只占 11%)。② 具体某项要求的相对重要性部分地解释了为什么十二条款在提出废除农奴

---

① 把具体的怨情根据内容进行分类,除了纯粹语义学上的差别外,巴尔特林根的怨情和上士瓦本地区相对应的怨情平均相差 3%。例如,在巴尔特林根和上士瓦本地区怨情陈述所攻击的目标中,攻击劳役的比例分别为 51.28%和 50%,攻击税收的比例分别为 28.1%和 29.63%,攻击"大什一税"的比例分别为 41.03%和 40.74%,攻击关于破坏禁止渔猎规定而遭到罚款的比例分别为 64.10%和 61.11%。

② 要对劳役在怨情陈述中所占的地位作出评价会遇到一些特别的困难,因为对于这些劳役,并非都能清楚区分出哪些来自土地主人,哪些来自农奴制,哪些来自司法管辖的权力。虽然没有表明但实际上是反对劳役的条款占了大约一半,其中有一些肯定是反对由农奴制衍生而来的义务的。

制的总的要求之外,还特意提出要求废除死亡税。

有81%的怨情条款涉及渔猎权、伐木和使用公地等方面的内容。保护以及扩大农民伐木的权利占有最突出的地位(达到61%),其次是使用公地和草场的权利(占46%)。十二条款中提出了归还公共捕鱼权的要求和地方怨情陈述条款中提出的自由捕鱼和使用公共水域的要求是相对应的。有27%的地方怨情陈述条款要求得到完整的自由捕鱼和自由使用公共水域的权利,有4%的条款要求得到受一定限制的这种自由权利。自由捕鱼和自由使用公共水域即使不完全一致,也是具有相当关联的两项要求。它们合起来占所有条款的52%,其中要求自由使用公共水域的条款占所有条款的26%。有关狩猎权的分量较轻,只有20%的农民要求得到它。如果包括农民对围猎损害庄稼的抗议,这一资料也只略微上升为22%。

一份详尽的反对领主制的怨情统计表表明了危机的另一个焦点:83%的怨情条款提到了领主制。要求减少土地租金和减少农场转让费的条款很多(分别达到了72%和61%),这还没有包括对领主任意增加租金和转让费的抱怨呢。农民普遍抗议土地的租税过高(达39%),以及租税的上涨(占17%),这与农民抗议财产权恶化的条款所占的比例(15%)基本上是接近的。最后,农民们抗议为作为土地贵族的领主所从事的劳动,但是这样的怨情条款所占的分量并不突出(只占总数的5%)。虽然我们不得不承认,在绝大多数情况之下,我们并不能分辨出是哪些明确的领主权(specific rights of dominion)推动了废除劳役的呼声。[①] 这一鉴别上的困难,也许能够说明地方怨情条款和十二条款中对该项内容差别的原因,因为后者对领主劳役的攻击仅次于对高额租税的攻击。

如果我们能够根据它们的陈述的范围和语言剧烈程度来确定某些具体的怨情在十二条款中的分量,那么这些超地区性的条款在三方面所反映出的分量与地方性的怨情条款所反映的基本上是吻合的,这三方面指:农奴制;狩猎、捕鱼、伐木和使用公地的权利;对领主的各项义务。然而,在领主司法权和教会"什一税"方面,二者却有相当的区别。

———————————

① 足有50%的农民抱怨那些没有明确的劳役(unspecified services),但是有5%的农民明确表示劳役应当付给领主,15%的农民明确表示劳役应当付给农奴主。

　　至于司法管理,对于"重大罪行"(major crimes)处以巨额罚款和新的刑法措施,十二条款对此提出的批评相对克制并且十分简洁。而地方怨情陈述条款对整个司法体系提出的批评却重得多,有67％的条款涉及对司法体系的批判。直接抱怨增加罚金的条款相对较少,只达到10％;反对立法行动的条款较为普遍,达到22％;控诉司法管理过程中腐败行为的条款占据了支配地位,达41％。此外,抱怨拒收案件的条款占13％;抗议非法传讯到外地法庭受审的条款占24％,这两项均不见于十二条款,除非我们更为广泛地理解十二条款中所说的对"受罚不是按案情的轻重,而是按那些邪恶的愿望或者审判者的喜怒"的抱怨。人们可以从这句话中看到对拒收案件和不按法定程序行事的抗议。

　　很显然,十二条款中选举牧师的要求并不是出自地方怨情陈述,它是农民军在1525年2月酝酿后的产物。只有13％的地方怨情陈述条款中提及这一主张,若只统计十二条款起草前的条款,这些材料所占的比例还要下降。地方怨情陈述提出了一项传播更为广泛的要求,即传播纯净福音,占所有条款的20％,但这与由各地方自己选举牧师并不是同一回事。

　　在废除"什一税"的问题上,十二条款和各地的怨情陈述是一致的,要求废除"小什一税"的条款占44％;41％的地方性怨情陈述条款要求废除或修正"大什一税",但二者在其他税收的抱怨方面却存在差异。废除其他税收,在地方怨情抗议中是一个重点要求(有30％的条款提到),但十二条款只是模糊地提到这一点。十二条款在修改"什一税"的条款中宣称:"在支付牧师和照顾穷人的费用之后若还有剩余,什一税可充为领土卫戍的储备。"这一修正能减轻农民防务税的负担。在地方怨情抗议中,攻击防务税的条款占28％,攻击并未指明的税收的占13％,攻击消费税(excise)的占2％。

　　有些地方性或地区性的怨情陈述条款与别的要求并不相符,这样的抗议就像是为当地的各种情况量身定做的一样,以至于根本不能把它们归纳为更为普遍性的要求。① 从这种意义上说,十二条款似乎是一份从黑森到莱希河(Lech River),从康斯坦茨湖到多瑙河全部区域内农民们怨情的概

---

　　① 地方怨情陈述中大约有10％的具体条款不能被有效地归类,如那些要求商品自由买卖、明确界定领主在公地上的权利、废除保护猎狗的义务等。

括。当然,在展现一种统一的正当性原则方面,十二条款远远超出了要求以旧的习惯性法律(old laws)和"神法"(godly laws)为依据的地方性的怨情陈述条款。十二条款的政治目标是促进变革后的农业秩序的长期稳定,即通过政治和社会制度的变革,在上士瓦本地区建立领地政府。具体的方式就是把先前纯粹属于统治者的政府机器及其职能公社化(communalization)。这一目标体现了一种替换封建制的方案,虽然不太明确,但却是地方怨情条款中鲜见的内容。[①] 十二条款立论基础坚实,与现实生活联系紧密,使之有别于乌托邦的空想。十二条款无疑来自和代表了广大群众。当然,洛茨等人所擅长的抽象逻辑思维对于十二条款的编订和润色,也是必不可少的。

　　虽然十二条款或许会让人得出这样的结论,即引起革命的各种原因是具有相同分量的,[②]但是在上士瓦本地区,情况并非如此。我们用计量统计来分析地方上各种怨情抗议,就能够更加精确地认识到整个情况。以下我们将在第一节中首先讨论农奴制问题,这无疑是造成对立的最主要的原因。它不但把死亡税和劳役重担强加在农民的头上,从而造成了经济问题,而且还因为它产生了对婚姻的限制,从而引发了社会问题。农奴制减少了农民农场上的净收入,因为农民不得不用自己生产的产品来支付农奴义务。减少租税的要求表明,农民认为他们承担的经济负担太重了。领主制遭到攻击的频率和农奴制所遭到攻击的频率是一样的。但是受痛恨的程度却有所不同。因此,我们不能简单地把这一切称为领主制危机,而应当把它称为农业危机,这也是我们随后要讨论的问题。要求得到森林和公地、捕鱼和打猎权的大量出现,再加上对在分量上仅次于农奴制的劳役的抱怨,表明了农业问题成了危机的真正焦点之一,即使在税收上稍微有所

---

　　① 　地方性怨情陈述条款只是建议恢复或者扩大公社的权力(有 22% 的条款提到了这一点),这主要意味着坚持由公社的权力产生出秩序(有 18% 的条款提到这一点)。

　　② 　先前的学者仅仅满足于在十二条款的基础上增加引起革命的原因。参见弗朗茨综述性作品《德国农民战争》,第 9 版,第 113-127 页;最近,E. 瓦尔德(E. Walder)在他的作品《十二条款的政治内容》(*Der politische der Zwölf Artikel*)中,把十二条款及士瓦本地区的要求作为一个整体理解为诸侯领地政府和公社自治之间冲突的反映,从而把整个问题抨击为范围狭窄的政治紧身衣。在萨贝安的《地主的地产》(*Landbesitz*)中,首先使用了一些具有创造性的方法。

增加，也会激化这种危机的。在第三节中我们要探讨一种转化趋向，即领主把旧式的贵族领地（old-fashioned lordship）转化为小邦（a petty state）、把佃农（tenants）转化为属民（subjects）的趋向。反对领主控制和立法、操纵高级和低级司法的抱怨在数量上几乎等同于抱怨农业危机给农民们带来的经济上的负担。最后，在第四节中，我们将试图阐明隐藏在具体怨情条款之后的结构性问题，并且找出具体领域内的怨情在多大程度上影响了复杂的经济、政治和社会关系整体。

## 农奴制与自由的对抗

到中世纪晚期的时候，虽然农奴制在神圣罗马帝国许多诸侯领地（territories）和贵族领地（lordships）已经衰落了，但是在德国西南部，特别是上士瓦本，农奴制依然是修道院、贵族甚至城市福利团体依附民的一项主要的经济和法律负担。[①] 如果我们只是列举出主人对于他的农奴的权力，那么我们只能得到一幅近代早期那个时代农奴制的一维图画。每年一度的土地使用"认可税"被称为"契约便士"或"契约鸡"，再加上各种形式的死亡税（最好的牲畜和最好的衣服），与缴纳给土地贵族的租金相比，似乎并不过分；对于农奴流动性和"与外人通婚"（和别的领主的农奴结婚）的限制，对于一个一般都认为是相当闭塞的农业社会而言，似乎也算不得什么。因此，只有深入考察 15 世纪农奴制的实际状况，我们才能理解农民们激烈反对农奴制的那份强烈情感。

我们在上士瓦本地区发现的 1525 年左右的农奴制实际上有着同样的形式，这主要是过去一个世纪不断加强的贵族统治的产物。以舒森利特修道院的领地为例，我们可以看到，农奴制发端于 1400 年左右，逐渐取代了较为松散的、早期的依附形式，在早期的依附形式之下，农民们实际上已经

---

① 除了一些并不重要的额外补充之外，这一项分析主要是建立以下的上士瓦本领主的领地基础之上：舒森利特（Schussenried）、魏恩加腾（Weingarten）、沃西森豪森、罗德（Rot）、肯普腾（Kempten）修道院，蒙特佛特（Montfort）和瓦德堡的特鲁赫泽斯（Truchsesses of Waldburg）伯爵们的领地。大体一致的结果证明了这里所提供的总体画面是有效的。

获得了自由流动、自由选择领主和自由选择结婚对象的权力。各地的语言称谓证明了这种松散的人身依附的存在。例如,在 15 世纪的魏恩加腾,农民对于修道院院长和牧师的私人依附并没有被描述为"隶农"(servility)或者"农奴"(serfdom);那个时代的法律文件不偏不倚地把他们称呼为"穷人"(poor folk)或者"属于修道院的穷人"(poor folk who belong to the ab-bey)。第一次把"隶农"这个概念普遍用于魏恩加腾依附民身上是发生在16 世纪。又如沃西森豪森的依附民在 1500 年左右仍然被称为"依附民"(dependents)或者是"属于我们管辖范围的人"(those belonging to our ju-risdiction)。阿尔部(Allgäu)地区的斯陶芬(Staufen)领地上的农民,拒绝他们的主人,蒙特佛特伯爵(the count of Montfort)称呼他们为农奴(serfs);实际上他们是在 1467 年帝国的一个特使裁决之中才首次被称为蒙特佛特的"农奴"的。

　　这些例子并不表明 1400 年以前上士瓦本地区没有农奴制。有些领地习惯法(原文为"domanial customaries"译者怀疑为"domain customaries"之误），如现存于圣·加仑(St. Gallen)和阿勒海利根(Allerheiligen)领地农场(domanial farms)之上的习惯法,证明了农奴制是从古老领地辖区内兴起的。另一方面,14 世纪末到 15 世纪中期的许多涉及农奴制关系的文件都缺乏农奴制这个精确的概念。这表明,从法律上确认农奴制还存在着很大的不确定性。在 15 世纪后半期,诸如"隶属于上帝之家的人"(例如隶属修道院的人)、"穷人"、"普通人"等概念不清的术语已经逐渐被诸如"个人奴仆"、"农奴"等更为清晰的术语所取代。

　　这一概念的转换,标志着农业秩序的结构性变化,这样一来的变化不但和农民的法律地位有关,而且和农民的农耕有关。15 世纪上半期,领主利用一切可能的机会,通过加强各种人身依附形式日益紧密地把"他们的"农民和自己束缚在一起,而不管他们是束缚在土地之上的农奴,还是只属于他们在司法管辖下的"属民"(subjects)。为了推行这种限制人身的政策,他们禁止了农民自由选择领主、废除了农民自由流动的权利、惩罚和其他领主的农奴(serfs)结婚的属民(subjects)。舒森利特修道院在 1400 年前后的半个世纪之内迫使它的男性属民用发誓和书面的形式同意自己今后不会再挑选别的贵族作为他们本人、他们妻儿和他们财产的主人，这就相当于自由流动权和自由选择领主权的丧失。违者将处以没收动产的惩罚，这就剥夺了农民最基本的生存基础。同时逃跑者也不能申请得到世俗领主、城市和其他修道院的法律保护。罗德河畔的罗德修道院的修士住持在租赁土地给农民时附带了如下条件：农民必须自愿放弃自由流动和选择领主的权利。这绝不是独一无二的做法，而是上士瓦本地区许多修道院的普遍手段；上士瓦本的世俗领主也努力阻止农民自由流动，也通过农奴制的方式加强人身依附的办法强化了佃农在物质上的依附，①并且这些努力也得到了德国皇帝和国王们的支持。② 但是，上士瓦本的城市对农奴制几乎一点都不感兴趣。

通过惩罚那些与外族人结婚的农民，加强对农民的自由流动的限制。③自由流动和自由结婚是如此的互相依存以至于后者非常自然的就是前者的结果。另外，与别的领主的农奴结婚对于财产的继承权有着深远的影

---

① 在蔡尔(Zeil)的瓦德堡(Waldburg)领地，把臣民转化为农奴是确保得到土地的先决条件，因此在 1500 年左右，所有的臣民都成了农奴；但是 1526 年的协议暗示着，1500 年左右在瓦德堡其他领地上，农民们仍然拥有限的自由流动的权力。先前的自由农民作为一个整体沦落为农奴的过程在蔡尔地区的资料中反映得最为清楚。尽管资料相对零碎，但是我们还是能够从这些文件中看出瓦德堡的自由农民变成为农奴(bondsmen)的经过，而这主要是通过与蔡尔的农奴们异族通婚而完成的。1525 年前 2/3 的文件是关于把自由农民接纳为农奴的见证。《瓦德堡－蔡尔城市档案总集》[Waldburg-Zeil'ssches Gesamtarchiv Schloss Zeil, Archivkörper Zeil, Urkunden]中关于蔡尔的文档，文件 24、28、29、49、51、53、58－60、62、64、68、69、73、85－87、90、92－96、100、101、109、114、135、140、145、159、161、165、172、176)。非常奇怪的是，几乎没有任何关于瓦德堡邻近地区乌尔察赫(Wurzach)领地上农奴制的资料。参见 P. 布瑞克(P. Blickle)：《肯普腾》(Kempten)第 200 页；F. L. 鲍曼《阿尔部的历史》(Geschichte des Allgäus)第 2 卷，626 页；约瑟夫·佛赫策(Joseph Vochezer)：《瓦德堡早期议会史》(Geschichte des fürstlichen Hauses Waldburg)第 2 卷，第 630 页。

② 西格蒙德皇帝(1410－1437)禁止帝国所有的臣民和城市给各种类型的农奴提供任何避难。1431 年罗德修道院成功地维护了一项特权，即它的农奴、佃户和属民不再被认为是公民。1479 年沃西森豪森修道院得到了一项特权，即，所有的帝国城市和其他领地不得不根据修道院的要求归还属于它的农奴。1434 年和 1496 年，皇帝要求肯普腾市对肯普腾修道院的农奴和佃户提供保护。

③ 穆勒(Müller)在《农奴制的晚期形式》(Spätformen der Leibeigenschaft)一书第 10 页中指出，在阿拉曼尼地区(Alemannic regions)，农奴结婚时需征得同意，这是一项起源于领地和农奴的权力(domanial and servile rights)，很早就被废止了。到 14 世纪的时候，只有得到领主同意才能结婚在任何地方都是一种规则之外的特例。

响。因为士瓦本的法律规定,孩子的社会身份承继于自己的母亲。这样,孩子父亲的主人就会面临丧失对其农奴财产控制的危险,否则他能够以农奴制为基础对这些财产提出要求,有时甚至可以对此收税。如果某个农奴拥有一块来自领主的可以继承的土地,从法律上讲,领主不得不把这块土地租给这位农奴的合法继承人,尽管这位农奴的孩子已经不是他的农奴了。这必将引起与邻近领地的贵族纠纷,因为领主的权力部分来自对农奴的控制,部分来自对土地的控制。

和领地外的人结婚的农奴将被处以没收其动产和不动产的惩罚。1432 年魏恩加腾修道院和它的农奴签订了一项协议,允许修道院在一个男性农奴和女性农奴死后征收其财产的 1/2 到 2/3,还要征收最好的牲畜和最好的衣服,作为普通的死亡税。舒森利特领地上的惩罚更为严厉,因为 1439 年后,凡是同领地外的人结婚的男性农奴,其财产的 2/3 被作为死亡税而征收,这样的农奴也不能继承自己父母的财产。凡是与领地外的人结婚的舒森利特女性农奴,处罚和魏恩加腾一样,也是要把自己财产的 1/3 留给修道院。罗德修道院要求它的农奴为其来自领地外的配偶购买自由,然后把这名新来者也束缚在领地之上。如果农奴无法做到这一点,那么每年都必须向领主缴纳特别的罚金。

对与领地外的人结婚处以如此高额的罚款,在结婚夫妇遭到来自他们可敬的领主的惩罚的情况下,有时候也会导致他们的子女完全失去继承权,所有这一切,不仅加剧了领主与农民的冲突,而且也加剧了乡村之间、家庭之间的冲突。在 15 世纪的上士瓦本的政治结构中,统一领地政府的存在刚刚处于起步的阶段,因而分散的贵族领地仍然处于主宰的地位。这意味着同一个村庄中居住着许多属于不同领主的农奴。那时候,整个村庄的居民同属于一个领主的现象极为罕见。

同领地外的人结婚必将产生家庭内部的冲突,因为每个领主都强迫他的农奴想方设法从另外一个领主那里获得其配偶的自由权。由于这会使可以继承的家庭财产面临被其统治者没收的危险,家庭成员也不喜欢这样的婚姻,因为他们的统治者要求从动产和不动产中得到补偿。这种对私人自由的极大侵犯尤其盛行于教会领地之中,使得婚姻自由成了法律上的一句空话,而实际上,那些惩罚措施成了禁止婚姻自由的条例。这样的做法必然会引起农民们极大的疑惧,并刺激出极大的怨恨。只有当贵族和僧侣统治者经过交换农奴从而合并成单一领主的大农奴制领地,并同时允许这片土地上的农民保留他们自己的财产和住所的时候,和领地外的人结婚才不会遇到什么问题。这一过程,出自领主们建立领地政府的愿望,开始于15 世纪中期。

从 15 世纪早期以来,大量突如其来的证据表明,上士瓦本地区每一个贵族领地都开始禁止农民的自由流动、自由选择领主、自由结婚的权利。我们也许可以断定,在此之前,领主们是不会处理这样的"违法事件"的。这一事实——是早些时候的自由流动本身就合法呢,还是领主只是正在复活一项原有的权力——所带来的法律问题和农民意识到周围的环境并没有任何关系。在他们不得不承担的领主负担之上加上农奴制,只是让他们感觉到来自上层的压力增强了;随着这些压力的增强,它逐渐成了一种不可能避免的事实。就这样,一场真正具有戏剧性的冲突产生了。因为上士瓦本的领主们正在同一场经济的和政治的大灾难抗争,而且只有通过推行农奴制的政策才能消除这场灾难的全部外因。作为对中世纪晚期农业危机的响应,而这场危机本身又由于 14 世纪的黑死病而大大加剧,农产品的价格跌落得如此厉害,以至于领主们遭受到了巨大的损失。因为除了各种地租之外,他们几乎没有任何收入。城市里损失的人口比农村损失的人口要大得多,这不但大量削减了农产品消费者的数量,而且还导致了城市劳动力的短缺,这又造成了工资和工业产品价格的飞涨。城市中挣钱的机会是如此诱人,以至于到 14 世纪末期,农民们以史无前例的数量逃离土地涌向城市。领主们还惧怕更大的损失,因为不仅粮价下跌使他们在收入上蒙受损失,而且他们还面临在自己土地上劳动的劳动力不足的危险。领主唯一可行的办法就是强化对农民的控制,以防止农民逃亡。他们的手段就是农奴制。

在抗衡农业危机时,大量的原来是"属民"的农民移居他乡,具有摧毁世俗贵族和僧侣领主的政治权力的危险。因此,强化农奴制就具有双重的意义:最大可能地保护封建领主的经济基础和维持领主的政治控制。自由流动权利的丧失剥夺了农民改善自己经济状况的机会。如同废除农民自由流动的权利一样，取消农奴自由选择领主的权利和自由结婚的权利都增强了领主对农奴的压力。士瓦本的领主企图以此把农民无条件地束缚在单一的领主之下，并以此把地主制和农奴制发展成为一种对"属民"的绝对主权（属民一词在这个时候才完全名副其实）。韦塞瑙（Weissenau）修道院在1448年和它的属民签订了一份协议，以农奴制的基础，确认了修道院院长要求其属民为其服劳役、绝对服从以及接受惩罚的权利。罗德修道院的农民在1456年宣誓说：身为该院的农奴，他们应当"有用于、心甘情愿于和顺从于"修道院院长及教士团。① 魏恩加腾在哈格瑙（Hagnau）的属民在1523年几乎是无条件地承认了修道院无上的权威，这主要是建立在把它的属民当做农奴的基础之上的。在阿尔部，领主主要通过农奴制来保证他们的头衔和收入，因为他们对土地的直接控制是很有限的。在肯普腾郡，农民的份地早在15世纪就被征税了，这在上士瓦本别的地区尚属罕见；在阿尔部，农奴主拥有绝对的财政、军事和司法的权力。

农奴主对农奴的控制和他的政治权威之间有着紧密的联系，或者具体而言，领主为了维护他们经济和政治利益，在要求得到最高统治权的时候，也提出了农奴制的主张，这样的做法流行于整个上士瓦本地区。然而，即使在上士瓦本，也存在着这样的贵族领地，即它的最高统治权更多地来自对土地、而不是对农奴的控制。1525年的农民对于农奴的控制和政治统治之间的普遍联系（common connection）非常的清楚，封建主也不可能不知道废除农奴制的要求除了是对他们统治基础进行打击之外，不可能是别的任何东西。这就可以解释十二条款中第三条，即坚持要求废除农奴制并不是意味着要废除政府，为什么在本质上只是一种安慰性话语。

各种强化了的人身依附形式不仅令人吃惊地侵犯了人们的私人权利，而且也是贵族谋求更大农产品份额的手段。虽然把经济上的负担增加到大于农民可以忍受的极限时，会迫使农民逃离土地，但还是由于农奴制向领主提供了一种补偿农业危机所带来的损失，因而农奴制的经济剥削变得

---

　　① 《斯图加特国家档案总馆》（*Hauptstaatsarchiv Stuttgart*），B 486，U 154。

具有吸引力了。当领主向农民征收死亡税的时候，实际上就超出了农民所能承担的极限。

在农业危机爆发之后，领主们很有可能把他们征收死亡税的范围扩展到在法律上没有义务缴纳死亡税的属民身上。在魏恩加腾，15 世纪明显都还不是农奴的居民，当一个农民没有孩子或者仅有已婚的子女，就能根据原来的领地习惯法向其征收死亡税：最好的牲畜和最好的衣服，再加上所有财产的 1/3。在哈格瑙，同样的条件下，死亡税鲸吞了 1/2 的财产；蒙特佛特的阿尔艮（Argen）贵族领地和罗德以及沃西森豪森修道院领地的规则更为严厉，如果它们的属民不能证明自己有着比承租土地者（leaseholders）更高的身份，如果他们没有后嗣，他们的所有财产都将充公。如果这种高昂而且不合理的（exorbitant）死亡税是在农民的子女结婚之前就被征收，情况就会更加糟糕。这样的情况存在于舒森利特和肯普腾。在韦塞瑙修道院领地以及瓦德堡别的部分领地之上，在向农民征收死亡税的时候从来不考虑他们子女的情况。就这样，农民的财产，包括他们不能折算为现金的份地，就一代比一代减少了。

沃西森豪森的例子暗示着上述变化都属于最近才有的事情。1453 年一份教皇的饬令表明第一次认可了没收没有合法子女或者孩子已经结婚的农奴的动产和不动产的行动。沃西森豪森的属民的法律地位显然存在争议，因为如果那里的农奴制是毫无争议的话，那么这样的饬令便是毫无必要的了。农民们用这样简明的话语表达了他们对于这一法律地位变化的抗议，即"法律的产生不是来自革新，而是来自习惯"。他们向他们的教会领主说，最好让他们的孩子蓄纳情妇并生出私生子，因为未婚的孩子可以继承财产，而已婚的子女却不能继承财产。

沃西森豪森农民质问他们的教会领主，要求他们消除灵魂追求和攫取世俗权力之间的矛盾。农民的反抗不仅仅只限于言辞，魏恩加腾、舒森利特、罗德、肯普腾、斯陶芬、沃西森豪森和韦塞瑙的农民都因领主加强人身依附而举行了起义，而这些起义在文献中都有记载。正如我们从和平谈判的文献中看到的那样，这些起义都是因为领主在这些地区内推行农奴制所激发的。鉴于农民几乎从来就没有通过起义的方式来解决争端的倾向，也鉴于他们长期以来养成的顺从习惯,已经创造出了一种几乎难以逾越的心理障碍,这样的障碍使他们不能进行任何的、无论是积极还是消极的抵抗。因此,15世纪上士瓦本的起义就是大量的各种人身依附加强的形式的总目录。起义最初的目标就是农奴的死亡税。1439年舒森利特修道院放弃了向农民征收1/2的财产作为死亡税的要求,并从此只征收最好的牲畜和最好的衣服作为死亡税。罗德在1456年、沃西森豪森在1502年、魏恩加腾(为哈格瑙的农奴)在1523年、朗瑙(Langnau)在1524年也把死亡税减少到同样的水平。1496年,蒙特佛特伯爵放弃了没收无嗣农民全部动产和不动产的要求,为的是照顾他们的近亲(the next of kin)。在整个上士瓦本地区,只有肯普腾和魏恩加腾(哈格瑙地区除外)在1525年的时候仍然保持着征收一半的财产作为死亡税的做法。

到1525年的时候,死亡税给农民经济上造成负担的沉重程度相差巨大。在一些地区,如舒森利特,农民和统治者达成了一个实际的解决方案,因此在那些地方1525年的怨情陈述中就没有提到过农奴制的问题;但是在另外一些农奴制造成经济负担十分沉重的地区,如肯普腾,反对加强人身束缚的抱怨成了怨情陈述中的主要问题。

总的说来,在达成协议的过程中,修士和贵族为一方,他们的全部属民为另一方。尽管这些协议没有消除农奴制这个抱怨的目标,但还是给农民们带来了实实在在的解脱。在达成协议的地方,1525年的死亡税通常包括最好的马或者牛、最好的衣服,有时还包括一些现金。但是,由于同时要缴纳死亡税和转手费(transfer fines)以及购买他们兄弟姊妹地产过程中的产权费,因此这些支付对于农民的家庭而言,仍然是相当沉重的负担。但是,在没有达成这样协议来规范死亡税的地方,死亡税的费用还要高得多。这就解释了为什么十二条款中的第十一条的言辞会有那么的激烈,第十一条控诉说,"(领主用死亡税)对抗上帝和所有可敬的人",寡妇和孤儿遭到了"那些本应当保卫和保护我们利益(但是)却用剥皮和剪枝等手段压榨我们的人可耻的抢劫,只要有任何微不足道的合法借口,他们就会抢光我们的一切"。

只有这样我们才能理解,十二条款为什么不仅要求废除农奴制,而且还明确要求废除死亡税,因为死亡税带来了极其严重的经济负担,而且通常都是向否认他们是农奴的农民们征收的。[1]

# 农业经济方面的问题

### 领主土地所有权和农民的财产

当贵族和教会领主使用农奴制追回农业危机时的损失时,虽然进展缓慢,却对整个财产结构产生了重要的影响。因为领主在他们农奴死亡的时候抢走了他们的大部分财产。虽然一个勤奋的农民在 1400 年仍然可以积累起适度的财产传给他的子女,但到了 15 世纪,死亡税已经完全摧毁了这样的家庭财产。当领主向农奴征收 1/3 或者 1/2 的财产作为死亡税的时候,他们也向那些拥有土地占有权的农民征收死亡税,这是农奴认为最不合理的措施,因为这使得农民不可避免地失去了自己的土地。当然,拥有足够现金的农奴可以用向领主支付现金的办法来避免自己的土地被掠夺;但这存在着许多天然的障碍,因为,即使是以市场为中心的农场,也都因中世纪晚期的农业危机而不可避免地遭受到了收入上的损失。无论如何,绝大多数的农民都因他们农场那可怜得多的产量而被排斥在市场之外。[2] 因此,几乎是没有哪一个农奴可以积攒起阻止领主剥夺土地继承权的现金的。

我们对于中世纪晚期农业秩序的危机的理解,在很大程度上是建立在如下判断的基础之上的,即所有农用耕地都是由领主控制的,其实这是一个十分需要修正的观点。[3] 即使到了中世纪晚期,农民们也毫无疑问地拥

---

① 过去一些著作把有关农奴制的条款(即十二条款中的第三条)解释为只是要求废除农奴制这个“概念”,以上事实表明了过去的著作是何其错误啊!

② 根据达维德·萨贝安在他的《地主的地产》(Landbesitz)一书中第 59、81 页的计算,魏恩加腾周围的地区,能够向市场提供剩余的农奴不到总人数的 1/3。

③ 参见达维德·萨贝安的《地主的地产》第 86 页,这是对于十二条款所涉及的地区情况的一个总结;布瑞克的《阿尔部农民的类型》(Bäuerliches Eigen im Allgäu)。要通过材料弄清楚农民自己份地的情况是很困难的,特别是早期的情况,因为只有在它们被卖给修道院、贵族、城市、福利团、城里人或者被抵押给贵族、教士和城市自由民的时候才凸现出来。税务登记手册对于了解现代的情况确实很有帮助,但在 15 世纪还没有这样的登记手册。

有相当分量的土地，当然各个领地的情况是有所差异的。现存的 16 世纪至 18 世纪的记录表明，农民在特特南（Tettnang）拥有 33％、在明德海姆（Mindelheim）拥有 40％、在阿尔部拥有 60％到 70％的土地。无论如何，农民们自己占有土地的百分比在 14 世纪、15 世纪也许还会更高，因为我们知道几乎没有任何把领主土地变为农民份地的实例。

这样高的百分比是农奴制——或者说得更为具体一点就是农民自己土地所占的比例——起到的作用相对较小的地区的情况。虽然近代早期的时候，舒森利特、魏恩加腾、韦塞瑙、沃西森豪森以及罗德修道院领地上，农民几乎没有任何份地了（这个假设仍需证明），[①]这极有可能是中世纪晚期农民份地的大部分被纳入地主控制之下的结果。尽管到 15 世纪中期的时候，领主和农奴已经普遍达成协议，把死亡税减至牲口和衣服，但是这一发展仍然会导致地主所有的土地数量和农民对于地主人身依附程度的大大增加。这意味着地主对于农民土地的掠夺一直持续了五十多年。但是它给经济上造成的影响却持续了更长的时间，因为农民现在控制的没有背上负担的土地（因而更加多产）的数量就减少了，而这些土地过去是可以用来种植附近市场所需要的特殊产品的。[②] 但是，现在农民不得不耕种由领主控制或者不得不向领主缴纳各种税收的土地了。农民家庭平均拥有土地面积的下降使得各种情况更为糟糕。1500 年左右，迅速壮大的计日短工阶层被广泛使用，而地主侵占土地很有可能为此创造了条件。

十二条款只是在两个地方涉及严格意义上的地主的土地所有权（land-lordship）：他们认为领地税（seigneurial dues）是不合理的，而且也是难以容忍的（第八条款）；他们要求将劳役恢复到租约中明确的分量（第七条款）。

---

　　①　因为这类研究相当耗时，因此只分析了一个修道院领地，即罗德河畔的罗德修道院领地的材料。至于梅明根地区的情况，参见布瑞克的《梅明根》，第 351—355 页。

　　②　即使现在我们仍然不清楚上士瓦本的帝国城市在什么地方获取它们生产亚麻布和麻纱布的原材料。在梅明根地区的乡村封建租约记录中，没有提到 1525 年前的亚麻税（flax tax），但是在 16 世纪的下半个世纪之内，所有的农户都必须缴纳这种税收。魏恩加腾的亚麻税情况也不大清楚。这就意味着布匹生产商，他们 1500 年的产量毫无疑问要比 1400 年的产量大得多，是直接从农民那里获取原材料的，也就是说，是从农民份地上获取的。为了保护亚麻和麻纱生产，司法和乡村的条例证明了农民们确实种植了麻类植物。

事实上,租地上的佃农被迫一再地①放弃他们的耕地,因为他们缴不起所有的领地税。② 从 1450 年到 1525 年,这种状况持续发展,许多农民被迫放弃他们的土地,因为尚未支付的税款及其利息已经攀升到 39 马耳他黑麦(大约为 5850 升)和 116 芬尼赫勒。我们偶然还可以发现土地转让费被转化成用实物或者现金支付的年度性税收的证据。这些转化表明了农业所承担的一般性负担是相当沉重的,这又可以被司法和乡村的关于处理利息和租金拖欠的条例所证明。魏恩加腾修道院通过地租的手段挑走了(skimmed off)平均数量为 20% 的农产品,但是这些负担并不是由大家平摊,较小的农场的地租所占其农产品的比例往往要高得多,有时候甚至达到了 40%。在别的地方,如黑格巴赫(Heggbach),谷物税(grain due)的数额至少是根据耕作土地的面积来征收的,因此这些地方向农民征税是较为合理的;然而,即使不包括"什一税"和那些较为不太起眼的税收(lesser dues),单单谷物税就达到了丰收季节收成的 30%。③

如果说 1525 年时的农村负担过重,那么我们需要找出这是因为领主提高了租税,还是因为其他隐匿在怨情抗议之后的别的因素。事实上,直到 18 世纪,法律还是禁止任意提高租税的。领主出租给某个家庭的土地,只要是可以继承的(heritable tenancies),领主就不能随意加租。如果租给农奴的土地的租期是农奴这一辈子或者是某一固定的年限,那么领主便可以根据情况改变租率。④ 就可以继承的租地而言,还没有增加租金的实例。虽然地主可以根据土地市场的行情,利用土地转手费的方式来捞取好处,但是这只是 16 世纪才成为具有真正影响的行动,可就地租本身而言,几个

---

① 由于缺乏 1525 年前的资料,因此要形成具体并且是计量比较精确的论述是极其困难的。因此人们不得不满足于概括性的、描绘主要趋势和倾向的论述。

② 经济上的困难使得在 15 世纪末和 16 世纪初农民们出卖份地和继承权成了一种普遍的现象,也正是通过这种方式罗德修道院才获得了数量可观的领地。

③ 这样计算结果的前提是一个假设,即南部士瓦本地区和北部士瓦本地区每英亩的产量基本上是相同的。根据萨贝安在《地主的地产》一书中第 57 页计算的产量,可以发觉,在梅明根,农民在丰收的时候每公顷可以获得 328.1 公斤燕麦,但是必须缴纳 98.28 公斤的税收。

④ 据我所知,在梅明根,只有一份在 1474 年签订的封建租约插入了这样的条款,即领主可以在租约生效期间增加租金。除此之外,所有的封建租约都规定,在租约有效的期间领主不能增加租金。

世纪内基本上都是稳定的。

即使是终身租地（tenancies leased for life）和租期为某一固定时期的土地，租金在绝大多数的情况下都是不变的，或者即使增加，其幅度也是很小的。① 即使有些地方的地租表面上看似乎增加了许多，如弗里肯豪森（Frickenhausen）一个农场 1495 年的地租是 1474 年的两倍，但是地租的增加却是因为农场面积的扩大。②

因此，1525 年以前的地主并没有从增加租给农民的土地上捞到什么确确实实的好处。农民们正当的、反对负担过重的抱怨必然有着别的原因。首先，如果领主在荒年的时候不但不减免，反而要求农民们缴纳全部的地租，那么对农民的税收似乎就会超出了他们能够忍受的极限，1525 年之前，有好几年都是这样的。无论如何，来自巴尔特林根周围地区的 28％ 的怨情

————————

① 这是一个租金相对稳定的很好的例子，这是贝特岑豪森（Betzenhausen）一个农场的情况。15 世纪的时候，这块土地的主人是梅明根的市民；在 16 世纪的时候，租金必须缴纳给梅明根的慈善机构。

| | 1474 | 1486 | 1494 | 1574 |
|---|---|---|---|---|
| 租地的面积 | | | | |
| 可耕地* | 30 | 30 | —— | 35 |
| 草地✢ | 15 | 15 | —— | 17 |
| 租金 | | | | |
| 黑麦✢ | 6M | 6M | 6M 4 Q | 6M 4Q |
| 燕麦✢ | 3M | 3M | 3M 4 Q | 3M 4Q |
| 草料费 | 4 lb. h. | 4 lb. h. | 4 lb. h. 7 sh. h. | 5 lb. 7 sh. h. |
| 鸡 | 1 | 1 | 1 | 2 |
| 别的家禽 | 6 | 6 | 6 | 6 |
| 鸡蛋 | 150 | 150 | 150 | 150 |
| 亚麻 | | | | 4 lb. |

* 以 jauchert 为单位，每 jauchert 约等于 1.2 英亩。

✢ 以日工作量为单位。

＋ 以 malters（M）和 quarters（Q）为单位。

② 一般说来，封建租约并不反映租地的面积，只有在极少数的情况之下，人们才查询有关耕地的记录。但可以肯定的是，只有在租约中明确声明，租地的面积不变，租地的面积才不会有所变化。但是，租约中很少会作出这样声明的。

条款、上士瓦本地区 24％的怨情条款都要求在庄稼歉收或者遭到暴风雨袭击的年份减免地租。① 更为深入地研究庄园记录（estate documents）和农业记载也可以说明两种能够解释农民对于领主地租的抱怨的变化：即计日短工的迅速增加和一直进行到 16 世纪的新农田的开垦。

这两个变化，再加上偶尔的、得到批准或没有得到批准的农场土地分割，表明了农民们对于土地的强烈要求。很显然，这种要求不是因为追求利润而激起的，因为土地所承受的负担相对沉重。相反，对于土地要求的增加和感到领主的税收太重似乎更有可能是人口的增长所引起的。②

### 森林和公地：打猎和捕鱼

十二条款的第四款和第五款要求逐渐归还村社的公有林地，以便保证农民有足够的用作燃料、建筑或建造栅栏的木材供应，这两款还要求狩猎应当向所有人开放（其中还特别提到了贵族狩猎对于庄稼的危害）。这是一些具有普遍性的要求。木材是中世纪和近代早期最为重要的原材料，在这个时期逐渐匮乏了。上士瓦本地区的帝国城市急需大量的木材，使得建筑用和生活用木材的价格急剧上涨。起初，这引起了大量砍伐森林，但是不久人们就认识到，只有长期保护森林，才能获得持续性的利润。世俗和僧侣贵族对于打猎的热情也激发了要求进一步提高对森林的管理，因为滥砍滥伐森林也影响了贵族的打猎活动。一种增加和保证树木产量的最为容易的办法就是限制农民使用森林的权力。中世纪晚期，通过出售由山榉木烧成的木炭，或者直接出售木材，农民们不时可以获得一些额外的收入，特别是在那些农民租来的、或者他们有权使用的属于自己或者村社的森林靠近交通便利的地方，或者换句话说，就是木材容易运出去的地方，情况更是如此。③ 到 15 世纪末 16 世纪初的时候，农民们几乎再也不能行使这样

---

① 这个问题也许和地主对土地的控制（landlordship）本身一样的源远流长，并且在不同的情况之下有着不同的解决办法。因此，1425 年，罗德修道院不得不接受要求它在战争和庄稼歉收的时候减免它哈斯拉赫（Haslach）属民地租的裁决。

② 见本章第 13—18 页。

③ 可以顺流而下地经过多瑙河（Danube）、伊尔河（Iller）、韦尔塔赫河（Wertach）、埃特拉赫河（Aitrach）、舒森（Schussen）以及其他河流运送木材。

的权力了。① 给农民经济造成更大困难的是对木材进行定额分配，并且还减少了木材定额的数量以及严格限制林区放牧的行为。② 租地上有树林的部分通常被从租地中分离出来，对于使用森林也作出了特别的规定。③ 自1531 年起，阿尔特道夫(Altdorf)的农民只允许砍伐老树和鹅尔枥属科的树木。根据 1454 年的一个协议，舒森利特修道院的属民无权砍伐橡树和山毛榉树，但是对于建筑用的木材，在经过适当的申请之后，可以酌情配给。在乌尔姆(Ulm)附近的扬金根(Jungingen)，为了减少木材消费，发明了一种对使用木材需要交费的方法。④ 在别的地方，木材的配给在量上也有一定的标准。木材供应的日益缺乏也使得对于森林放牧作出了新的限制。因为一直持续到 16 世纪的土地开垦、刀耕火种的农业和为了赚取利润而采取毁灭性的砍伐，上士瓦本地区的森林面积大大减少了，情况严重到了即使是在新开发的地区，也不得不限定到林地放猪的数量。保护森林

---

① 在梅明根帝国城市管理的领地上，只有一份封建地租协议(这是一份关于贝特岑豪森上一块即待开发的土地的地租协议)使农民有每年出卖 5 考得(cord,木材层积单位：美国为 8 英尺×4英尺×4 英尺＝128 立方英尺；英国为 12 英尺×6 英尺×3 英尺＝216 立方英尺。——译者注)木材的权利。通过 1512 年肯普腾修道院领地的农民和奥格斯堡诸侯主教(prince bishop)的农民们成功地维护了他们获得并出售木材以及使用森林和牧场的权利，即使到了 1525 年，肯普腾的农民仍然还可以对于禁止他们出售木材提出了抱怨。偶尔也有一些封建地租协议明确禁止出售木材，就像 1474 年贝特岑豪森一块租地协议一样。早在 1456 年巴尔特林根附近的弥廷根(Mietingen)的农民就被禁止出售从村社所有的森林中采伐而来的木材。玛林根(Mähringen)、索弗林根(Söflingen)和沃西森豪森的情况也是如此。

② 乡村的习惯性条例和协议让人怀疑，在 1500 年以前农民们是否能够像乌门多弗(Ummen-dorf)的韦塞瑙修道院的属民那样在他们需要的时候随心所欲地使用他们领主的森林。西格蒙德皇帝(1410—1437)曾经为罗德修道院颁发了一份特许状，禁止修道院的属民砍伐修道院的森林。

③ 我们在罗德修道院的领地上可以比较详细地看到这一过程。农民们首先得从属于他们自己的或者是属于村社的林地上获取自己所需的木材；只有当农民不能从自己的、村社的或者他们租得的林地中获得所需木材的时候，才允许使用领主的受到限制的林地。1396 年，修道院试图废除这些权利，但是经过仲裁，修道院不得不把这些权利留给策尔(Zell)的农民。在 15 世纪期间，修道院行使了对各种森林的监控权，并声称要阻止掠夺森林的行为。同时，即使农民出售自己森林内的木材，都被禁止了。最后，在 1456 年，农民在林地内放牧的权利也受到了限制，有土地的农民可以在林地中放 4 头猪，在农场上干活的人可以放 2 头猪。在林地中采集橡实和山毛榉果要受到罚款的处罚。

④ 这是在 1455 年的一份官方公告中宣布的。收费标准从 5 先令赫勒(这是每手推车木材的收费标准?)到 1 芬尼赫勒(这是两匹牲畜拉的一车木材的收费标准?)。1 芬尼赫勒(赫勒是旧时德国的一种青铜币。——译者注)相当于一整个农庄付给领主一年草料费。

的政策更进一步地减少森林放牧,因为禁止入内的林区比以前扩大了,禁止入内的时间也比以前延长了,但并不是简单地对林内放牧实行完全地禁止。

对于保护森林的政策的必要性,农民们并没有提出任何的争议。在十二条款中,他们保证说,满足他们的要求并不会"导致森林的消失",因为公社将任命官员来妥善管理森林(参见第 5 条款)。[①] 但是,农民们不满的是领主和管理森林的贵族以牺牲农民的利益而大发横财,因为事实上领主们从出售木材中获得了巨大的好处(即他们以保护森林为借口,禁止农民销售木材,而自己却通过大量销售木材而获取暴利。——译者注)。也许 15 世纪末 16 世纪初的每一个上士瓦本地区的修道院都通过出售木材而大大增加了收入,贵族当然也是如此的。单单 1562 年一年,古腾策尔(Gutenzell)这个小修道院就向乌尔姆这座帝国城市出售了价值 3000 古尔盾的木材。1554 年福格尔家族从他们在博斯(Boos)领地(这块领地是他们在三年前用 29000 古尔盾这样近乎荒唐的价钱从梅明根市民的手中买来的)向乌尔姆出售了价值为 7000 古尔盾的山毛榉。最后,我们可以通过如下事实来证明森林在经济上的重要性,即城市试图通过购买森林来减少他们对于木材供货商的依赖,而领主们也想方设法地扩大他们的森林面积。

想方设法阻止农民进入森林的另外一个动因就是领主对于打猎的狂热。因斯布鲁克当局曾经通知布尔部(Burgau)侯爵领地的森林管理人员要对橡树和山毛榉树实行特别的保护,并直言不讳地说出了为什么这样做的原因,那就是这两种树是野猪和鹿的口粮。

即使作一个简单的调查,也可以发现对于使用和开发森林的限制是因地区、因领主而异的。1500 年的时候,阿尔部是上士瓦本森林最为茂密的地区,这里很少有对于使用森林权力限制的抱怨,然而巴尔特林根农民起义军却普遍抗议对于森林使用权的限制。值得注意的是,城市所控制的地区对于木材供应不足和放牧权受到限制的抱怨远远不如贵族和修道院领

---

① 这可以从以下事例中得到证明。早在 15 世纪的时候,村民们就已经意识到这个问题了,并且达到了对村社森林实行监管的程度,他们采取了和诸侯们相似的保护森林的措施。

地的抱怨那么频繁。① 即使在 1525 年之前,农民们就一直在通过和领主的协议来确保木材长期而稳定的供应。

非常奇怪的是,只有贵族领地的属民(26.66%的贵族领地属民)零零星星地提出要求得到狩猎权,修道院和城市福利团体的属民根本没有提出这项要求。但这并不意味着后者的属民比贵族领地的属民享有更多的狩猎权,而是因为高级教士和市民对于狩猎兴趣很小甚至于根本就没有打猎的兴趣,因而他们根本就不会采取什么特别的措施来保护在森林中打猎的权力。因此他们领地上的庄稼受到打猎的损害就小得多。在十二条款中,除了抱怨木材供应和林区放牧外,对于使用公地,农民们仅提到过一次:也就是在他们要求归还那些转移给外地人的、原来属于公社的草地和耕地(第十项条款)。对地方怨情陈述的研究表明,公地问题实际上并没有引起太大的纠葛,至少在领主和农民之间并没有造成太大的冲突。巴尔特林根义军和上士瓦本地区的农民对于他们使用公地的权力遭到损害并没有提出太多的抗议,只有 12.82%的巴尔特林根义军和 11.11%的上士瓦本农民对此表示了不满。但是修道院的属民对此提出的抗议却要普遍得多,有 23.32%的属民对此提出了抗议,他们也完全有理由对限制他们使用公地的措施提出抗议。1502 年,沃西森豪森的属民抗议该修道院院长把公地出租后收取地租和不准农民的牲畜进入他庄园内的休耕地(fallow of his de-mesne)的行为。在士瓦本联盟的压力下,该修道院不得不同意:只有在得到农民们批准的情况下,修道院才可以出租公地,并且允许农民在修道院的休耕地上放牧牲口。

在计日短工和佃农自己耕种的小块土地(small peasant holdings)数量增加的地方,大农场上的牲畜数量就必定会减少。1500 年左右的乡村档案证明,对于牲畜饲养的限制日渐严厉。1500 年以前,只要能够保证所饲养的牲畜能够过冬,农场饲养牲畜的数量没有任何的限制。如果农民使用公地的权力受到限制,从他们草地上获得的草料在夏季就会被用完了。因此

---

① 统计结果表明:80%的贵族属民、70.58%的修道院属民抱怨森林政策,然而对森林政策提出了抗议的城市及其福利团体的属民却只占该地区属民的 57.14%。60%的贵族属民、41.17%的修道院属民、28.56%的城市属民对于放牧的限制提出了抗议。

《狩猎现场》,背景是一个村庄,为瓦德堡总管《家内纪事:1480 年至 1490 年》一书中的插图。画前方绘的是贵族狩猎场景。背景是象征贵族统治农民的物件,如城堡(左)、刑车和绞刑架(右)。村庄被一条弯曲的小河所环绕。农夫正在用马匹耕耘着,这与贵族狩猎玩乐的场面正好形成对照。

就必须削减牲畜的数量,而这些牲畜都是他们自身的财富。当地方性的放牧惯例被以书面的形式确定以后,领主们知道,通过它就可以进一步限制农民们放牧的权力。

与只是偶尔要求得到打猎权不同,要求得到不受限制的捕鱼权却要普遍得多。如果认为要求得到捕鱼权和要求"撤销对使用水泽的限制"有着基本相同的内容,那么就有一半以上隶属于巴尔特林根贵族和修道院的村民抱怨对捕鱼权的限制。[①] 当然,农民们要求消除对使用河流和溪流的限制或者恢复使用公共水域的权力也有可能是为了灌溉草地。在这里我们必须谨慎地对待这一推论,因为我们还没有仔细地研究属民的情况,而且我们知道的材料也不系统;但是农民灌溉他们的草地和给他们的牲畜饮水似乎是被禁止的,有时候他们被搪塞说灌溉草地和让牲畜到河中饮水会影响打鱼。[②] 这样武断和肤浅的(frivolous)论断是建立在所谓的渔场法基础之上的,尽管如此,领主仍然不能做到在任何水域之中独一无二的捕鱼权。从罗德修道院的一个例子我们可以感受到对于违反这一规定所带来的惩罚到底有多么严重,修道院院长威胁说,如果他的属民不遵守这些规定,他们将受到开除教籍的处分。

即使把这两种抱怨严格地加以区分,要求废除对捕鱼的限制的呼声也是相当普遍的。虽然我们不能在每一种情况下都说这些规定是新的,但是在 15 世纪末期对捕鱼的禁止却显著加强了。然而乡村记录和法律汇编却暗示说它们确确实实是新产生的,因为这些文档,至少在 15 世纪的时候,通常只会记录那些并非被人们认为是不言而喻的法规。贵族们对这些规定在法律上的不肯定也有助于说明这一点。以罗德修道院为例,它不但得到了马克西米利安皇帝对于在其整个领地范围内拥有独一无二的捕鱼权的批准,而且这一批准也得到了帝国议会的认可,借此,修道院对于非法捕鱼的罚款比以前提高了二十倍。对非法捕鱼处以如此高额的罚款,本身就

---

① 属于贵族的村民有 53.33%,属于修道院的村民有 66.67%,属于城市及其福利团体的村民有 14.28%。

② 属于贵族的村民有 33.33%,属于修道院的村民有 35.29%,城市及其福利团体的村民根本没有对捕鱼权遭受限制提出抗议。

暗示着这些法规的难以执行。如果不是因为他们已经养成了吃鱼的习惯，如果不是为了保护一项古老的权利，农民会冒着被处以如此高额的罚款甚至于被开除教籍的危险而去捕鱼吗？

把自由打猎和自由捕鱼的要求看做是一种具有革命性的标志，这本身就非常引人注目，因为当时肉和鱼只是贵族的食品。但是十二条款产生的背景表明：只有贵族领地的村民对限制狩猎提出了抗议，并且在人数上远远比不上要求得到捕鱼权的人数。由于这两项要求产生的根源都和农民的经济问题有关，因而它们在现实中还是有着密切联系的。也就是说，贵族们打猎这项"野蛮的游戏"（wild game）和禁止捕鱼所带来的危害对于农民家庭而言都是压迫性的。这两项要求具有书面上的联系，因为它们都可以通过《创世记》来证明自己的合法性。

### 劳役和强制性劳动

"劳役"（services）和"强制性劳动"（compulsory labor）是同义词，因而无助于我们列出各种不同的劳役，特别是自 1500 年左右，再也不能区分出为领主而进行的强制性劳动和为村社需要而进行的更为广泛的劳役之间的差别了。从"村社的强制性劳动"这个语言学上毫无意义的术语中，我们可以看到这一点。十二条款和地方怨情陈述书的作者们再也不能够把劳役与强制性劳动和那些得到明确界定的领主权力对应起来了，因此对于我们而言，要想区分出农民们抱怨的是哪一种强制性劳动，是一件极其困难的事。

为耕种贵族的土地、向城市和修道院提供烧柴、建造和维修城堡和道路，土地贵族、农奴的主人和掌管司法权的贵族（judicial lord or bailiff）都有权强制农民们进行劳动。有时候，（农民）应当承担的强制性劳动也是有一定限度的。也就是说，某块农地上每年劳役的天数和完成的工作都是确定好了的；可是有时候，劳役的时间和种类并没有明确，而是按照领主的需要来随意指派。1500 年左右，对于土地、人员及司法的领主权重叠得相当严重，因此，要说清楚某项具体的强制性劳动是基于哪一种领主权是极其困难的。然而，我们也许可以非常谨慎地假定，相对而言，土地贵族的劳役是最为固定的。这些劳役似乎在封建的封赐证明和地契中规定得很明确，这些封赐证明和地契都详细地说明了佃户对于土地主人应当承担的各种义务。值得一提的是,十二条款抗议土地贵族在确定劳役的时候并不遵照地契的行为(见第七款)。对于封建契约的调查表明,只有极少数的契约包含有劳役提供方面的条款,但如果涉及具体的某种劳役,那就只是规定了强制性劳动的天数,如梅明根的福利团体每年要求佃农在它的土地上劳动2－3天,马赫塔尔修道院要求佃农每年在它的土地上劳动2－4天,罗德修道院要求的天数是4天,肯普腾诸侯——修道院和阿尔艮的蒙特佛特贵族领地所要求的天数是4－6天,沃西森豪森所要求的天数是16天。① 人们也会发现这样的规定,除了规定的劳役外,还可以根据地方性和领地性的习惯要求提供一些没有指明天数和内容的强制性劳役。这些没有明确的强制性劳役才是抱怨的目标,而且正是这样的劳役才逐渐成了农民们强烈憎恨的焦点,例如,有的封建契约被加上了这样的条款,租地上的佃农负有"服从、接受法律上的管理、服劳役、缴纳租税以及履行军事上的义务"。这对于领主制的发展和农民起义而言,是一个决定性的步骤:这种发展把领主制(landlordship)转化成为真正的政府。而政府就有权力要求其民众提供劳役,比如说要求一些事先没有明确说明的强制性劳动,甚至一些领主制都无权要求的劳役。由于中世纪晚期的材料相当缺乏,因此我们不能弄清楚这些没有明确的劳役的分量,是否已经超过了契约中明确说明的劳役。由于领主一般都不经营自己的份地,因而强制性劳动并不是很多。然而,要求农民帮助领主去打猎却具有一种强迫性;1500年的时候,只有贵族的属民才被要求从事这项强制性的劳动,因为只有贵族领地上的属民才提

---

① 在精确计算强制性劳动和劳役的天数时,人们往往会遇到困难,因为人们无法说出某些具体的劳动是需要半天还是需要一天多的时间。例如,阿勒绍森(Alleshausen)的资料表明:"至于劳役,从此每个阿勒绍森和布拉赫森贝格(Brachsenberg)的农民,如果他有4匹马,每年要提供3匹和他的领主的马一起劳动;有3匹马的农民要提供2匹马;只有2匹的仍然要提供2匹。他们需要骑着马到0.5英里之外的地方劳动,因为那是马赫塔尔(Marchtal)领地所能延伸到的最远的地方。每个只有1匹马的农民每年必须向领主缴纳1考得(cord,木材层积单位:美国为8英尺×4英尺×4英尺=128立方英尺;英国为12英尺×6英尺×3英尺=216立方英尺。——译者注)木材,或者缴纳4克洛易斯特(kreutzer,德国的一种小铜币。——译者注)来代替;没有马的农民也要缴纳1考得木材或者4克洛易斯特,并且还必须把这些木材一堆一堆地堆好。"阿尔艮地区的农民(他们是蒙特佛特伯爵的属民)必须在康斯坦茨湖上劳动4天,还必须帮助收割庄稼,每天割1次草,运送5马车木材到他们的领主家,伺候他的领主2天,运送2次干草和谷物去储存的地方。

出自由打猎的要求。帮领主运输东西的义务也具有一种强迫性,特别是对于那些不得不把酒从康斯坦茨湖运送到上士瓦本酒窖的修道院的属民来说,更是如此。如果强迫性的运输和修筑城堡、宫殿和修道院的劳动"在量和频度上由领主按其所需任意指派",正如罗德修道院所抱怨的那样,那么这些劳动也是具有强迫性的。

我们对于压在农业上的实际负担,包括其劳役的细节,知之甚少。因为这些劳役是根据需要,因年份和地点而异。在乡村档案中,我们可以发现一种明显的倾向,早在 15 世纪就倾向于把服役的实际数量悬而未决而只是强调有提供劳役的总的义务。正如索弗林根(Söflingen)贵族领地爆发的反对增加劳役的起义一样,这些起义并没有使修道院非常明确地确定出农民每年应当担负的劳役。梅明根的法庭曾愤怒地回复农民们关于劳役的抱怨,它说梅明根周围的领地要求他们的属民每星期就要提供两次劳役,我们也不能肯定梅明根法庭所认可的观点是否就能够准确地反映出当时上士瓦本的实际情况。

即使劳役的负担实际上要小得多,也不难理解为什么农民们会抱怨这些没有明确说明的劳役,因为缺乏土地的压力和对佃农的沉重剥削(有时候已经将他们推到了所能容忍的极限了)使得农民们不得不通过出卖劳动力获取收入,然而这种随意性极强的劳役剥夺了他们出卖劳动力的可能性。

### 领地税和军事税

农民的税收负担包括货物税(excises)、领地税和军事税,税收因地区的不同而存在着很大的差异。货物税是城市中的一种常规的消费税,但很少向农村征集,因而几乎没有引起任何的抱怨。[①] 虽然只是在特定的地区征收,但是对领地税的抗议就要严重得多。整个阿尔部得缴纳领地税,但上士瓦本的绝大部分地区都没有这项税收负担。这也许可以用阿尔部的土地贵族几乎就没有属于自己的农用土地,领主只有通过根据农民的私有地产(peasant private holdings)征收个人税(personal taxes)的办法来获取

---

① 只有 2.56%巴尔特林根的怨情条款中和 1.85%的上士瓦本怨情条款抗议货物税。

收入。1476 年斯陶芬蒙特佛特区用征收个人财产 0.5% 来代替通常的向全体属民征收一定的总税额的办法,蒙特佛特伯爵于 1496 年把这一征收体系推广到他在阿尔艮的所有地区。在奥格斯堡的马尔克拓贝多弗(Marktoberdorf)和雷腾堡－松托芬(Rettenberg-Sonthofen)乡村地区,我们也可以看到这种领地税;只有在 1525 年之后,这种领地税才为肯普腾伯爵领地所采用,领地税的征收是建立在宣誓之后自报财产数额的 0.5% 基础之上的。非常明显,15 世纪税收的随意性是相当大的。乍一看,税率似乎不高,但是用现金衡量的话,有时这种税在某些情况下已占到了领地税收的 40%。在这里我们还要强调,阿尔部的农地主要是农民的私人财产,这可以解释为什么在阿尔部,只有肯普腾的农民抱怨领地税,显然是因为领地税的征收过程中的随意性和不断的增加。

虽然这一类领地税的征收只是局限于某些地区,并且遭到了剧烈的反对,但是军事税却在整个上士瓦本地区征收。军事税的征收在法律上尚存疑问,因为属民缴纳军事税的义务是被局限于一个特定的时间、地点和原因:即某一天、贵族的领地辖区和为了保卫领地。然而,在 15 世纪晚期,对帝国和士瓦本联盟的需要随着土耳其的威胁和上德意志的混乱所引起的种种问题而大大加强了,以至于等级会议通过了征收新的税收的决议,可是各个等级马上就把这种税收转嫁到他们属民的头上。由于缴纳给帝国或者士瓦本联盟的军事税只是代替个人服军役,所以从法律上讲,军事税应当从统治者的家庭收入中征收,而不是以新税的名义征收。

领主和农民双方似乎都明白这个法律问题。1488 年罗德修道院的农民举行起义,反对一项为士瓦本联盟所征收的军事税。在起义的领袖被俘之后,一个由圣·乔治会控制的仲裁法庭判决农民有义务向士瓦本联盟缴纳军事税。也许是为了避免同样的事情再次发生,罗德修道院的院长从马克西米利安那里获得了一项饬令,允许他把帝国的军事税转嫁到他的属民的身上。这样做本身就清楚地表明这位修道院住持对于他的法律权力并不肯定。在别的地方,农民们对自己不得不向帝国和同盟缴纳军事税提出了抗议。当领主们把各种税收合并在一起统称为军事税的时候,他们就抹杀了那些在法律起源方面存在的不同税收在术语和名称上的细微差别。

魏恩加腾的农民坚持认为,由于自己上缴租金和税收,领主们就有义务在不进一步增加税收的情况下保护自己。沃西森豪森农民们答应,只要领主同意把他们以农奴身份所得到的土地转化为可以继承的租借地,他们就愿意缴纳军事税。只有在那个时候,他们才成为封建的金字塔的一部分,他们才有义务分担帝国的财政负担。在这里我们就能够听到一种更为古老的法律思想的响应,这种法律思想可以用《士瓦本之镜》(*Schwabenspiegel*,是 13 世纪晚期德国南部的一部法典)所归纳的一句话所概括:"我们应当侍奉我们的主人,因为他们保护我们。"领主和他们的属民在 16 世纪所达成的一项和解契约表明了这种法律局面。这些和解契约迫使领主们承担沃西森豪森、肯普腾、罗腾菲尔斯(Rothenfels),哈布斯堡在士瓦本的领地上 1/3 或者 1/4 的帝国税和士瓦本联盟税。

罗德和沃西森豪森的农民并没有为了简单地要求认可那些在经济上无关紧要的法律条款而举行起义。然而,要弄清楚这些税收在多大程度上加重了农民的经济负担至今仍然是很困难的。根据 1519 年的估算,在士瓦本联盟对维腾堡公爵乌尔里希采取军事行动的时候,每个农场每个月不得不负担 0.5 古尔盾的军事税。尽管这些税收并不是经常性的,但仍然是一项沉重的负担。从帝国的公告中,我们可以知道,在 1507 年、1510 年和 1522 年,罗德各地区都进行了军事税的征收。由于关于士瓦本联盟所得征税资料已经遗失,但可以肯定的是在别的年份也是征收军事税的。根据一项比较保守的估计,每次军事税的征集平均将给农民造成 1 古尔盾的经济负担。

在那些处于生存边缘的地方,军事税使得土地不堪重负;农民们也极力反对这项税收,因为它是在 15 世纪末的时候才普遍流行的,因为它向民众所作的介绍性理由的法律基础是相当站不住脚的。然而,有人会指出,军事税只是在高级教士和农民之间引起纠纷。在贵族和城市的领地之上,军事税鲜见于地方性的怨情陈述中。[①] 上士瓦本地区的贵族通过提供军队来满足他们对于帝国和联盟的义务,然而城市则从自己的财政预算或者他们福利团体的收入中来履行他们的军事税义务。

---

① 如果把整个上士瓦本地区都计算在内,18.75%的贵族的属民、10.0%的城市属民对军事税提出了抗议,然而有 50.0%修道院属民对军事税提出了抗议。

## 从贵族领地到小邦,从佃农到属民

通过明确谴责司法不公,特别是谴责任意的苦刑和惩罚;在处理森林、公地、教会和财产关系等方面的问题时,要求扩大村社的自治,十二条款对当时的司法及行政管理进行了猛烈的攻击。一旦我们理解当时农业经济中存在的问题,这两个要求也就不难理解了。封建主对于公地和森林的侵占,只有在公社体系被领主制的体系所取代,或者沦为领主权力的工具时才成为可能。正如农奴制的发展一样,由于采用新的法律,乡村法院的立法权被剥夺了。

通过仔细研究,如果十二条款的主张和地方怨情陈述的主张有所不同,那么把封建主视为"法律给予者"、"法官"、"政府"的要求马上就会显现出来。在整个上士瓦本地区的乡村层面之上,和要求司法上的公正相比,要求完全的村社自治仅仅是一个次要的问题。① 当然,这两个问题是相互关联的,因为应当根据古老习俗进行审判的要求本身就意味着一种恢复乡村法庭原有的一切权力的企图。然而,地方性怨情陈述是当地实际状况的直接反映,它强调具体困难,而十二条款及其总括性的计划,一旦得到承认,将继续考虑如何从长远的角度来确保这些要求实现。

在司法管理领域,到目前为止对司法行动提出抗议是怨情抗议书中最多的(占总条款数的 40.74%),抗议到"外地"法庭进行审理和拒绝案件审理的抗议次之,分别占条款总数的 24.07% 和 12.96%。如果根据来源之地辨别这些抗议条款,我们可以发现,在巴尔特林根起义军中,贵族和修道院领地比属于城市福利团体的乡村更为普遍地抱怨司法程序,贵族领地提出的抱怨占抱怨总数的 40%,修道院领地的抱怨占总数的 47.05%,城市福利团体的乡村提出的抱怨占总数的 14.28%,但是反对到外地法庭去应诉的主要人员却是城市的属民,占抱怨总数的 42.85%。② 这也许是因为绝大多

---

① 抱怨限制村社自治或者要求增加村社权力的条款占所有怨情条款的 25.93%,抱怨司法管理的条款占所有条款的 53.70%。

② 修道院领地属民提出的抱怨占 29%,贵族领地的属民提出的抱怨占 20%。

数的城市管理机构还没有在其全部领地上建立起司法体系,①因此与邻近的贵族和修道院的领主发生法律上的纠纷便成了可能。由于帝国城市领地上的农民很少攻击市长和市议员的司法活动,反对的人数只占总人数的14.28%,因此这些村民对于他们村社的公共权力遭到侵犯从来都没有提出抗议,也就不足为奇了。

针对贵族和教会领主行使统治权的那些主要的抱怨,反映(虽然不太完美)了 1525 年之前的一个世纪左右政府管理方面的变化。和 1525 年相比,15 世纪初期村社拥有更多的行政、法律管理和立法的权力。贵族和修道院对于他们领地主权相对宽松的态度,使得村社获得了这些具有代表性的权利。经过大量的改革的上士瓦本的修道院,其兴趣主要在于宗教事务方面;只要能够从它们的土地上以及为那些过世之人做弥撒获得足够的收入,它们对于管理方面的工作是毫无兴趣的。上士瓦本的贵族绝大部分都是皇家各部委成员②的后裔,主要是为皇帝和帝国服务。作为帝国在上士瓦本地区的代表,帝国总督(Reichslandvögte),是 13 世纪霍亨斯陶芬王朝灭亡之后由帝国任命来管理德国西南部地区的人员,他们对地方管理明显缺乏兴趣,这也是可以理解的。14 世纪帝国总督的权力包括高级司法权、森林的控制权、对修道院的保护权以及对帝国城市内部事务的一定的干预权等。总之,他们具有的权力提醒了我们,在 12 世纪和 13 世纪,士瓦本对于霍亨斯陶芬王朝的统治具有相当重要的意义。

乡村的农业机构履行着"国家"(state)最为基本的职能,确保和平以及法律的实施;只有在受到外来威胁的时候,贵族的保护才是必不可少的。事实上,村民是由出身农民的官员、法官、村协委员会成员和监察官来统治的。这些农民出身的管理者控制了那套复杂的三重体系(three-field system),即放牧权、对草地的灌溉和木材供应的分配。他们有时以自己的权威,有时以领主的权威,发布命令和训谕,确保乡村生活方式的协调。在乡

---

① 城市市民、福利团体和小市镇能够在乡村确保他们的立足点,主要是以牺牲中小贵族的利益为代价。这些中小贵族日渐贫困,不得不首先出售土地,但是他们却竭尽所能维持他们的领主权力(司法权、对于公地的权力)。

② 最初他们都是没有自由权的德国皇帝仆从;在 12 世纪、13 世纪,他们以帝国骑士的身份获得了贵族的称号。

村法庭之中,他们作出公证记录和对小案件作出审理。然而,在 15 世纪,行政权力和司法权力之间的平衡从村社转到了占统治地位的领主身上。统治者们现在对于村社官员的选举施加了越来越多的影响,并且最终使他们没有用直接任命的方式来取代村社的选举。由于政府组织弱小,因而它们不得不继续求助于农民的帮助来进行行政和司法的管理;但是这些村社成员现在遭到了他们上司的紧密控制,他们上司拥有发号施令和颁布禁令的权力,这些权力确保了他们新的、支配乡村生活的兴趣。这些兴趣同时也就是教会和世俗领主的兴趣。乡村的树林、水域、草场、村社的救火队员以及村民们的宗教仪式突然引起了领主们的关注。政府制定了详细的赔偿和惩罚条例,但随着乡村法庭立法权的逐步丧失,乡村法庭也逐渐衰落了。社会局势的紧张、寡头政治的发展趋势、经济危机偶尔也会使得乡村作为一个有机的政治组织体而继续存在成了一种不可能,这本身也是可以理解的。"为了荣耀上帝的无所不能和为了改善属民的待遇……同时也是为了改善和增加他们自身的尊严和财富",或者更为简练地说,为了增进"公共利益"①,对乡村事务进行规范性管理,也越来越有必要了,这也是可以理解的。然而,很有可能的是,这种管理的基础是一种经过改变的政府概念。由于乡村条例是得以保存的各种处于竞争状态下权力实体种种争端的记录,因而 15 世纪这些条例的剧增证明了人们对于行政管理事务的关注。就在同一时期,世俗官僚逐步取代了教会领地上僧侣领主的管家及其代理人。这些官僚(即代理人)通常都是帝国城市家族的后裔,他们比以往更为积极和成功地行使他们的司法、行政和警察的职能。他们负责征收罚金、规定度量衡、监控磨坊、勘查边界、审查什一税的征收、检查款项的收支。他们偶尔也会拥有自己的警察部队,以便给政府的法规添加上一种"必要的强调",威慑造反的农民、逮捕倔犟的属民,并把他们投入监狱——那个时代的另外一项重大发明。

若以 17 世纪的理想来衡量,这些行政管理方面的变化并没有得到很好的整合。然而,它们却反映了上士瓦本贵族之中的一种新的设想,这种

---

① 选自于 1495 年索弗林根领主的公告的序言,见 P. 格林(P. Gehring):《上士瓦本的北部地区》(*Nördliches Oberschwaben*),第 213、538 页。

设想和另一个更为远大的目标——即所谓的领地政府的计划——紧密相连。15 世纪早期上士瓦本的政治地图十分零碎；但可以肯定的是，农地和农奴都环绕在某个领地中心的周围，而这个中心既可以是一座城堡，也可以是一个修道院，还可以是一座小城镇，但是它们也伸展到别的地区统治者的利益范围之内。肯普腾修道院院长的封建地产以不同的地区为中心，零星地散布于从阿尔卑斯山到士瓦本朱拉（Swabian Jura），从莱希（Lech）到西阿尔部，也不存在一些通道把这些领地的碎片连接起来。瓦德堡的特鲁赫泽斯（the Truchsesses of Waldburg）不但拥有单个的庄园（estate），而且拥有一些庄园群（complexes of estates），这些庄园都散布在整个上士瓦本地区。梅明根市民的地产不仅延伸到阿尔部、列赫，而且还到了乌尔姆一带。然而，在 15 世纪和 16 世纪之交，真正的由肯普腾修道院所控制的领地只局限于肯普腾郡。瓦德堡家族成功地维护了在瓦德堡、沃尔费格（Wolfegg）、蔡尔、乌尔察赫、特劳什贝格（Trauchberg）等贵族领地的统治权。帝国城市梅明根则拥有一个环绕该城的、包含了二十多个村庄的领地。一百年的时间终于满足了理清这些相互重叠的地产和交织在一起的领地所有权。换言之，在 1400 年一个村庄或许有三四个，或者更多的领主，并且每个领主都占有几乎相同的权力。一个世纪以后，其中一个领主明显占据了优势，成了具有支配影响的领主，通常情况下，他可以不顾及其他已经退化了的领主的权力要求而成为当地的统治者。

农奴制也经历了类似的变化，由于领主土地所有权（landlordship）不能很好地作为由领主权转向领地政府的基础，因此农奴制为南士瓦本领地的形成提供了主要方式。在从康斯坦茨湖到列赫广阔的呈带状的土地之上，法庭、税收和军事力量的控制掌握在农奴主，而不是土地主人（landlord）的手中。肯普腾修道院院长用这样的话语恰如其分地描述了他在阿尔部的领地结构和他的权力基础："土地属于穷人，反之穷人也属于他们的主人；每个农奴都展现了其主人对于他人身和他土地的控制权；每个农奴都必须服从审判、接受惩罚、缴纳税收和只满足于那位主人，而不是其他任何人的私人劳役的要求。"[①]因此，在这个地

---

① F. L. 鲍曼：《档案集》第 62 卷。

区,领地政府只能建立在农奴制的基础之上,因为除了限制农奴自由流动和婚姻自由的权利,否则就不可能取得任何的变革。1450 年,罗腾菲尔斯小领地上的农奴并不只是生活在伊门施他特(Immenstadt)、松托芬(Sonthofen)、奥贝斯多夫(Oberstdorf)周围狭窄地区内领主司法管辖的范围之中;他们还居住在远离领主城堡 60 英里的地方。大约在同一时期,奥托博伊伦(Ottobeuren)的属民登记册记录了远在纽伦堡、康斯塔特(Canstatt)、科尔玛(Colmar)、萨勒姆(Salem)和圣·加仑生活的农奴的情况。将领地所有制转换为领地政府相对要容易一些,因为可以通过出售较为遥远的地产而获得货币,然后再用这些货币购买靠近家乡的地产。总体而言,这一过程进展得相当顺利,因为领主们都被一种共同的利益——巩固在城堡、修道院或城镇附近的庄园和财产——固定在一起。如果有人能够根据情况在出租土地的同时采用农奴制,那么他也就能够得到一个较为坚实的、后来有望在此之上控制高级司法权的领地。

在农奴制的基础上建立领地政府的统治比在领主土地所有权的基础上建立这样的统治更为困难。由于农奴是不能被出卖的,[1]因而领主们就通过交换农奴找到了一条解决问题的办法。起初是一个男性农奴换一个男性农奴,一个女性农奴换一个女性农奴;然后就是 10 个到 20 个为一组的组与组的交换;最后发展到上千人的交换。农民们仍然能够像从前一样耕种同样的土地,只是他们的主人换了。因此领主取得了在领主土地所有权时代所取得的东西。只不过这一过程直到 50 年之后才取得真正的进展:诸侯领地国家的兴起。在这样的国家内所有的农奴只有一个主人,他有着对其农民独一无二的司法、税收和军事指挥的权力。

虽然领地国家的形成过程在 14 世纪就初露端倪,而且其扫尾工作一直延伸到 16 世纪中期,特别是在那些不以农奴制为基础来构建领地国家的地方更是如此,但是其基本过程在 15 世纪就走完了。[2] 对于农民而言,

---

① 虽然农奴不能被随意出卖,但是,随着他们耕种的农地被出售,他们也变更了自己的领主。在这种情形之下,买卖的文件就能够坚持继续耕种这块土地和禁止在负担和权利方面作任何变化的权利。

② 这就解释了士瓦本联盟无法解决的法律上的难题。享有高级或低级司法权的领主就是当地的领主吗?拥有土地的领主和拥有高级司法权的领主,到底是谁拥有税收和军事事务的最高主权?

这一过程意味着与过去较为松散的依附关系相比,来自统治者的压力增加了。领主的土地所有权、对农奴的所有权以及某种程度上领主司法权(judicial lordship)如今会合在一起,而此前的各种权力之间的竞争给农民留下了管理上的真空。如今农民们生活得离领主更近了,而且也更容易遭到严酷的管理;总之,对于他们的控制也更为有效了。土地上的农奴、佃户、修道院的农民以及地契持有者都变成了属民,而领主则变成了政府。

### 经济、社会、贵族领地:各种危机现象的粘合

逐步减弱的 14 世纪的农业危机为 16 世纪早期封建主义的危机铺平了道路。强调这一因果联系并不一定意味着我们要否认政治领域自己的独立地位,也并不意味着我们承认经济因素对于社会和政治发展具有绝对的先决作用(特别是到现在仍然不能够证明农业危机开始了领地政府的形成过程)。然而,也不能忽视经济、社会、政治领域紧密契合的这一事实。领主个人权力的变化,无论是对农奴的还是对土地(仅列出最为重要的几项),都不仅会影响统治结构,而且还会影响到整个社会和政治的框架。

我们首先从经济领域开始我们的分析。从人身依附发展成为农奴制,对于农民的经济产生了深远的间接影响。即使是受到确保向领主提供足够的、耕种庄园的劳动力和加强领地政府这一首要目标的推动而限制和禁止农奴的行动自由,这种限制和禁止也阻碍了农村人口向数量众多的帝国城市流动。由于 14 世纪中瘟疫的多次造访和 15 世纪头 50 年经济的复苏,城市本来是可以吸纳几乎是无限量人口的。① 不可否认,确实有一些农民能够找到逃往城镇的途径,但他们都是那些能够逃脱领主统治之网的少数例外。正如通过没收农民所有财产的威胁可以阻止农民的逃亡那样,他们村的邻居对于阻止这种逃亡企图也有着相当明确的兴趣,因为假如农奴的

---

① 对于上士瓦本帝国城市在 14 世纪、15 世纪人口的增长,我们只有一个大概的了解,但是我们有一些例子让我们估算这一时期人口增长的总的情况。拉文斯堡(Ravensburg),虽然遭受到多次的瘟疫,但其人口还是从 1300 年的 1500 人增长到 1380 年的 3500 人,1500 年的 4500 人。乌尔姆的人口也从 1300 年的 4000 人增加到 1345 年的 7000 人,1400 年的 9000 人,1450 年的 13000人,1500 年的 17000 人,1550 年的 19000 人。

逃走给领主造成损失,那不管这种损失有多大,这些乡邻都必须用自己的财产来补偿领主的损失。1450 年左右,领主对他们农奴的继承权进行的猛烈攻击,在绝大多数情况之下都已经停止了,但是禁止自由流动的条款却仍然保留下来;事实上,它们被更为有力地用来支持和补充创建领地政府的活动。① 结果越来越多的人不得不依靠一定数量的农用地来维持生计。②

事实上,每户农民所拥有的平均农地的亩数可能减少了,因为没收农民自己的份地使得农民的财产减少到了他们只能耕种租来土地的地步了,除非他们能够重新获得作为一种租地的他们以前的份地。但是先前私人的份地也许会出租给那些计日短工。这也许就可以解释记载所说的为什么在 1500 年左右会出现一股对农民地产颇为旺盛的需求的原因。③ 也许是利益的启动造就了这种需求,因为自 1500 年以来,农产品的价格一直在上涨;一些领主也因此增加了一项财产转让税。

正如我们所看到的那样,并不存在使得农民抱怨压在他们农地上的负担太重的租金上涨,但更多的农民不得不靠经营自己的土地来维持生计,这也是事实。自 15 世纪晚期以来,村庄和领主都纷纷开始宣告:从现在开始,除非缴纳一项入境税(an entry tax),否则禁止(任何外来人口)进入村庄。因为当时尚未使用税簿(tax roll),因而估算缺乏根据,很难掌握人口增长的确切数据。但是我们可以使用奥托博伊伦 1450—1480 年和 1548 年的农奴和属民册(serfs and subjects rolls)来代替(税簿作为计算人口增长的基础),并且这种册子还有自己的优势,那就是特别地标出了男人、女人

① 早在 1486 年,士瓦本联盟的等级会议达成协议,今后再也不能容忍在他们自己的贵族领地之上拥有任何的、属于别的和他们具有同等身份的等级会议议员的农奴。

② 大约在同一个时候,帝国城市的人口下降了。直到最近,一般都把这次人口下降的原因归咎为城市经济的不景气。可是,学者们并没有考察限制农民自由移动有助于引起这一变化的可能性。据我们所知,只有乌尔姆在 15 世纪中断了与周围村庄的联系。

③ 即使有人认为这一系列的想法纯属推测性的东西而否定它们,但是限制自由流动的措施仍然能比较充分地解释农村人口拥挤的问题。事实上,我的论点是不能消除其推测性的,因为对农民 15 世纪份地和从某个领主那里租来土地的分配还没有人作过详细的研究。

和小孩的名字。尽管在阐释上存在着各种各样的困难①,我们还是估算出,在 1450−1480 年和 1548 年期间,奥托博伊伦修道院领地上的人口大约增长了 50%。虽然这只是一个猜测,但是从一组具有 400−500 个具有代表性的家庭的资料中,我们可以更为准确地估算出平均每户家庭所拥有的人口数。在 1450−1480 年,每户家庭平均拥有的人口数为 5.04;在 1548 年,每户家庭拥有的人数为 5.06。② 这意味着平均每户家庭所拥有的土地要养活比原来多 18.42% 的人口。由于大约 50% 的人口增长与每户家庭人数的平均增长并不完全相一致,因此我们可以断定家庭的人数增加了;而且,如果农用土地的面积没有增加,那就意味着计日短工的人数增加了。③ 如果村里的人口拥挤得至少使一些家庭濒临破产的边缘,那么任何的进一步的负担都会使他们无法忍受。正如十二条款所说的那样,(农民们)被迫购买木材不仅被认为是对古老的、几乎是毫无限制地使用木材权利基础的法律伤害,而且特别是因为当时的房屋通常是用木材建造的,很容易被火烧毁,因此需要用钱购买木材的规定现在也具有一种经济上的压榨性,因为农民

---

① 1450−1480 年的材料只是给出了奥托博伊伦的农奴情况,1548 年的材料给出了所有生活在这一级别较低的法庭管辖范围之内的"属民"的情况,但这其中也包含了他们的各自的主人。因此,可以通过一个适当的比较来计算出奥托博伊伦的农奴数目。但是,另外一件事使得一切都复杂起来了,那就是在这一时期领地之间交换农奴的行动。虽然奥托博伊伦并不是真正地对交换农奴感兴趣,总体而言,他们对农奴制也不是很感兴趣,但这也丝毫不会影响这样的判断,即这也许会造成一种奥托博伊伦农奴数目的一种虚假的增长。另外,这两个名单是否是完整的,人们可以和慕尼黑的档案记录加以核对。

② 这些资料的情况使得有必要将妇女和孩子的数字作一个比较,因为并非所有的妇女都生孩子的,刚才提到的家庭规模的数字还应当更大一些。

③ 到 1548 年左右,那些大而封闭的村庄正对控制人口产生了回应;如下表格反映得很清楚:

| | 1450−1480 | | | 1548 | | |
|---|---|---|---|---|---|---|
| | 妇女 | 孩子 | 每个妇女拥有的孩子数 | 妇女 | 孩子 | 每个妇女拥有的孩子数 |
| 阿腾豪森 | 24 | 74 | 3.08 | 48 | 109 | 2.27 |
| 贝宁根 | 21 | 51 | 2.43 | 62 | 155 | 2.50 |
| 哈瓦根 | 53 | 201 | 3.79 | 104 | 225 | 2.16 |
| 弗里申里登 | 24 | 81 | 3.38 | 52 | 122 | 2.35 |
| 尔格 | 12 | 51 | 4.25 | 32 | 65 | 2.03 |
| 松特海姆 | 28 | 84 | 3.50 | 46 | 139 | 3.02 |
| 奥托博伊伦 | 52 | 132 | 2.54 | 52 | 118 | 2.27 |

们需要大量的木材来盖房,来筑篱笆以保护菜园和田地。对放牧权的限制,部分是因为领主想限制农民到林区草场去放牧,部分是因为村里自己的、可以让计日短工在草场上放养自己的牲口的习俗。这些限制减少了农民们牲口的数量,也减少了他们的收入,这是因为领主只是不能向牲口征税。① 梅斯基希(Messkirch)领地上的农民于 1525 年抱怨说:"由于茅舍农(cottagers)或计日短工的增加,村里已经过分地拥挤了,因此他们再也不能从他们的土地上获得过去那样多的食物和其他生活资料了。"如果更为仔细地考察这一情况,就会发现:"绝大多数的计日短工都是那些有地农民的儿子、女婿和至亲。"②

如果贵族想继续保持他们固有但又非常过分的野蛮游戏以满足他们打猎的热情,那么由这种紧张所激发的愤怒将进一步恶化,因为打猎不仅会损害庄稼,而且还会减少土地的产量。如果领主想独占捕鱼权,情况将会更糟。这是能够解释下列行为的唯一理由,一个来自兰多茨维勒(Land-olzweiler)的农民辗转经过各级法庭后一直到皇帝那里,起诉罗德修道院院长,其目的只是为了保证他那采集橡实的权利。劳役的要求可能对计日短工和茅舍农打击更大,因为他们几乎没有土地,不得不依靠雇佣工资来补充他们的收入。相比之下,军事税更多地落到了大农和中农的肩上,因为军事税主要是按土地来征收,而小农几乎就没有任何的土地。

尽管存在着诸多的统计上的困难,人们也不会完全歪曲事实而忽视这一点:农民境地的恶化是逐步的,并且贯穿了整个 15 世纪,这一逐渐恶化的过程在 1525 年之前的几十年里加剧了,因为各种使用权遭到了限制,劳役也增加了,各种税收的负担实实在在地压在了农业经营者的身上。1500年左右农产品市场活跃,这意味着以市场为中心的农民(market-oriented peasants)能够比以前获得更高的利润,但对绝大多数的农民而言,商品化所带来的实际效果一定是很悲惨的。这些作为新举措而推行的额外负担

---

① 据我所知,对家畜征收什一税在上士瓦本并不是很普遍,至少对于小的诸如家禽和山羊是如此的。也许领主可以通过征收租地继承税的方式来获取这额外收入。

② H. 德克尔－豪夫(H. Decker-Hauff):《议会伯爵编年史》(*Die Chronik der Grafen von Zimmern*),第 2 卷,第 272 页。

只会进一步加剧农民们的敌意,激化各种冲突。

这些经济上的困难产生了一种"社会"冲击,特别是因为 16 世纪早期的土地贵族,并不是可以作为一个从法律上抱怨的集团。假如没有增加地租,没有伤害古老的习俗,那么就不能向政府提交强烈的要求,因为这些要求是得不到法律上的支持的。

# 第三章　十二条款的传播和影响

　　如果中世纪盛期的封建制度在德国保护了地主和农民之间的固有关系的话——事实并非如此——那么十二条款的广泛传播看来就毫不奇怪了。没有其他的农民起义纲领如此广泛地攻击了领主土地所有制、农奴制、司法裁判权和地方统治权的问题，而同时使这些问题摆脱了明显的地区差异，呈现出共同的特征。

　　在提出它们的地区，十二条款起到了阐明起义原因和阐明起义计划的双重作用。而在那些接受十二条款的贵族领地、诸侯国（territories）和地区，其作用也基本如此。分析革命发生原因的直接任务是探明条款被采用的程度，而这种程度可以作为了解不同地区和领地经济、社会和政治问题相似性或内在关联性的指针。

　　十二条款在起义的每一个地区都是众所周知的。它的作者塞巴斯蒂安·洛茨，由于他早年从事写作和宣传工作，因而深知这些小册子能够起到什么样的效果。由于在各地印刷了二十多次，这些条款在 1525 年 4 月到 5 月间迅速地传播开来。正在阿尔卑斯地区招募士兵的阿尔郜农民把它们带到了蒂罗尔，四处云游的商人把它们带到了富尔达（Fulda），阿尔萨斯人要求他们的牧师解释它们，帝国的选帝侯们要求新教改革家对它们作出评价,巴伐利亚公爵们在自己领地上严禁它们传播,而斐迪南大公企图使它们不要进入奥地利,但所有这一切都只是徒劳。

然而,知道十二条款并不意味着接受它们。作为地方性和地区性要求的替代物,作为更早些时候怨情陈述条款的补充,或者作为下列地区的纲领性陈述,十二条款的确非常重要:在西南地区——即在黑森,布雷斯郜(Breisgau)、马克格拉夫勒兰(Markgräflerland)和阿尔萨斯;法兰克尼亚——在环绕罗腾堡(Rothenburg)的村庄,由内卡(Neckar)河谷和奥登瓦尔德山区(Odenwald)的农民队伍控制的地区,霍亨洛赫(Hohenlohe)领地和班贝格主教诸侯管区;士瓦本——法兰克尼亚边区——在里斯地区(Ries),埃尔旺根(Ellwangen)的诸侯小女修道院,盖尔多夫(Gaildorf)和林普格(Limpurg)的农民之中,艾希施塔特(Eichstätt)的主教诸侯管区,维腾堡公爵的领地,莱茵河的巴拉丁地区,施佩耶尔(Speyer)的主教诸侯管区,这些地区的农民们把条款作为他们讨论的基础;在图林根地区,条款被图林根森林(Thuringian Forest)、富尔达诸侯修道院和施瓦茨堡(Schwarzbug)伯爵领地的农民们所接受;最后,在萨克森(Saxony)和波希米亚(Bohemia)之间的厄茨格伯地区(the Erzgebirge),条款成为一个行动的纲领。然而,在瑞士蒂罗尔伯爵领地、萨尔茨堡(Salzburg)大主教诸侯管区,或在陶伯河谷(Tauber Valley)和比尔德豪森(Bildhausen)和法兰克尼亚军中,这些条款并不重要。

一个合理的但仍有待证明的假设是:即使在那些十二条款仅仅获得行动纲领地位的地区,它们也反映了至少大致地反映了农民们真正的苦难。只要条款不再仅仅是激起讨论的任何地区,就可以假定那种能够进行比较的统治结构就已经存在了;因为对于统治者来说,如果条款不适合本地区的情况,统治者们很容易就能让人们失去对它们的信任。十二条款传播得非常广泛,这在任何地方都为人们所共知,但它却没有成为德国每一个革命地区的基本文件。这一事实表明条款的相关性(relevance)上的确存在着一定的局限。可以想象,有些领地的经济、社会和法律问题是如此的不一样以至于条款的内容与它们毫不相关。正如在蒂罗尔,那儿相对安全的财产权利和广泛的个人自由消除了条款所反映的两个中心问题。同样,也有许多地方发现,神法中的理论基础是不能接受的。例如,圣·加仑修道院的领地上的情况就是如此,追求合法化的原则(the legitimizing principle)严格地保持着传统的性质。此外,尽管独立的地方性条款并没有参考十二条款,但二者之中偶然也会出现相同的内容,萨尔茨堡在加斯泰因(Gastein)属民的怨情陈述条款就是这样的一个例子。为了理解革命的原因——这是我们在这一部分的唯一目的——我们可以通过确定十二条款首先在何处被完全接受,然后又在何处被改变以适应当地和地区的要求,从而为精确地建构问题而建立参考点,以便最终发现在那些根本没有接受它们的地区表达着什么样的怨情。

## 作为地区基本要求的十二条款

正如上士瓦本的材料所表明的那样,此地的怨情陈述准确地揭示了哪些领主特权和行为导致了危机。在那些缺少本地的怨情陈述,而以十二条款为代替的地方,假如能够表明十二条款也吸收了士瓦本地区以外的地区要求,那么就可以假定它代表了地方和地区的怨情。

在黑森(the Black Forest)和黑部(Hegau)地区,紧接着1524年的第一次起义之后,在1525年4月爆发了第二次起义。刚开始的时候,农民们求助于十二条款,但几天后他们甚至提出了更激进的目标(more advanced goals)。他们在更早的时候曾把自己的怨情陈述提交给帝国的王室法庭(Imperial Chamber Court),而这一文件就使我们能够验证十二条款在上士瓦本的和在黑部、黑森条款两者背景的一致性。[1]

---

① 在对这组条款进行评价之后,还附加了所有的特殊问题,参见鲍曼:《档案集》,208页。在属民总的怨情陈述之后附加了各村庄和各地区的地方性怨情条款。各地方性怨情条款被单独从这种统计性评价之中隔离出来,目的是为了不曲解这幅更为广大的画面。因此,这一分析只是以下列5个条款为基础:(1)文策恩-霍西莫新根(Winzeln-Hochmössingen)(赫尔曼:《议会编年史》,第2卷,第354页);(2)施蒂林根(Stühlingen)和鲁普芬(Lupfen)(鲍曼:《档案集》,第188—208页);(3)菲尔斯腾贝格(Fürstenberg)的诸侯领地(伦茨基尔希[Lenzkirch]、洛芬根[Löffingen]、罗腾巴赫[Rötenbach]、莱柏林根[Reiböhringen]、多金根[Döggingen]、乌纳丁根[Unadingen]、瓦尔道[Waldau]、瑙依施塔特[Neustadt]以及布雷根巴赫[Bregenbach]、哈姆莱森巴赫[Hammereisenbach]、朔能巴赫[Schönenbach]、琅根巴赫[Langenbach]、里那赫[Linach]、乌拉赫[Urach]、朔拉赫

认真比较①后者和巴尔特林根军队所提出的条款可以看出,在黑部和黑森地区领主权被抱怨的根据不足:尽管有许多关于领主劳役的抱怨,②但是没有关于针对税收的抱怨,而只有很少一些对增长的庄园租金的抱怨。③然而这个地区却有更多的抱怨是关于农奴制的。全部废除农奴制的激进要求在这儿确实要比在上士瓦本地区少得多,④但是降低结婚限制、死亡税和奴役性劳动义务的要求却更加突出。⑤在巴尔特林根条款中没有明确提出的自由迁徙和财产继承的权利,但在黑部和黑森地区的条款中却受到广泛重视。⑥然而,这些关于领主土地所有制和农奴制的显著差异却因对司法权广泛的一致而得以平衡。这两个地区对于司法的否定,对于审判决定的做出、(到)"外地"法庭(判决)、罚金膨胀和立法活动的指责所投入的程度,是相同的。然而,领主对社区公共权利的侵犯在黑部、黑森地区明显地比在上士瓦本地区要大得多。⑦对于充分的伐木权和使用公共牧场权利的要

---

(接上页)[Schollach]、琅根诺和特纳赫[Langenordnach]和费塔雷[Viertäler]河谷等地区的怨情陈述除外),再加上弗伦巴赫(Vöhrenbach)、鲁登贝格(Rudenberg)、施瓦岑巴赫(Schwarzenbach)、朗根诺和特纳赫(Langenordnach)、朔拉赫(Schollach)、朔能巴赫、瓦尔特河畔的豪森(Hausen von Wald)(同上,第 209—224 页);(4)格施韦勒尔(Göschweiler)(同上,第 225 页);(5)布雷西塔勒(Brigtal)(同上,第 96 页)。

①把以上五个条款作为图表式分析的基础当然是太小了,因此这些百分比数目只是一个大概的情况。如果包含地方上的条款,数据将会有所不同,但是它们反映的趋势却是相同的。

②黑部—黑森的数据为 20%—24%;巴尔特林根的数据为 5.13%。

③这取决于如何对它们进行分类,30%—40%的条款是有关农地上资金负担的,而巴尔特林根的条款中关于资金负担的条款占 71.79%。

④关于抱怨农奴制条款的数据的(地区)差别很大,这取决于如何分类这些条款。在这里我们根据那五种基本的条款,给出了一个估计性的数字。大约有 30%—40%条款要求废除农奴制,然而巴尔特林根的条款中有 82.05%的条款要求废除农奴制。

⑤两个地区的抱怨比较情况如下:

| | 黑部—黑森 | 巴尔特林根 |
|---|---|---|
| 结婚的限制 | 大约 70% | 15.38% |
| 死亡税 | 大约 80% | 33.33% |
| 劳役 | 20%—23% | 12.82% |

⑥迁徙自由的条款大约为 35%,财产继承权的条款大约为 50%。当然,对财产继承权的抱怨条款也可以被并入到对死亡税抱怨的条款之中。无论如何,如果将黑部—黑森地区的怨情陈述和巴尔特林根的怨情陈述进行比较,这一问题更为明显地存在于黑部—黑森地区的怨情条款之中。

| ⑦ | 黑部—黑森 | 巴尔特林根 |
|---|---|---|
| 对于村社管理者的抱怨 | 大约 50% | 10.26% |
| 对于村社工作人员的抱怨 | 大约 20% | 10.26% |

求,两个地区重视的程度是相等的。然而,在黑部和黑森地区,农民们更强烈地坚持他们的捕鱼和打猎的权利;而后者则特别关注围猎对庄稼的损坏。[①] 最后,强迫的劳役和税收在黑森地区的怨情陈述条款中比在巴尔特林根人中具有更重要的分量。[②]

从这个比较中,两件事件清楚地呈现出来。首先,接受十二条款意味着接受他们的关于起义原因的阐述,尽管由巴尔特林根和黑森地区的农民们起草的个别条款和所有条款组中强调的重点有所不同,而这种不同也证明了十二条款具有足够的灵活性,从而留下了相当大的解释空间。我们仍不得不去发现这样一个门槛——一旦跨过它,作为当地要求替代物的十二条款就会变成无用之物——也就是十二条款解释所能发挥作用的极点。其次,在它们未作任何改动地被采纳的地方,十二条款起到了加强当地原有要求的作用(无论何地,这些要求已被保存了下来)。对于内卡谷地的军队和林普格、霍亨洛赫的农民们来说,事实就是如此。在其他地方,即那些十二条款已经完全消化吸收了本地曾经提出过的所有怨情陈述的地方(例如,在布雷斯邵和马克格拉夫勒兰、里斯,埃尔旺根和盖尔多夫周围地区、艾希施塔特和施佩耶尔主教诸侯辖区、魏拉[Werra]谷地和在厄茨格伯格地区),我们能够放心地假设在上士瓦本地区起义爆发的原因同样也就是这些地区起义的原因。因此,农奴制、领主土地所有制、领主司法权和来源于这三种权威的子权利,例如地方政府和领地的统治权,在所有的起义地区都需要加以考察。进一步考察对十二条款有所更改的地区,其结果将表明在何种程度上应兼顾考虑其他有关问题。

---

| ① | 黑部—黑森 | 巴尔特林根 |
|---|---|---|
| 伐木 | 大约 60% | 66.67% |
| 公地 | 大约 15% | 12.82% |
| 捕鱼权 | 大约 50% | 20.51% |
| 打猎权 | 大约 45% | 12.82% |
| 围猎的危害 | 大约 30% | 2.56% |
| ② | 黑部—黑森 | 巴尔特林根 |
| 一般性劳役 | 80%—82% | 51.28% |
| 军事税 | 大约 50% | 28.21% |
| 一般性税收 | 大约 75% | 10.26% |
| 粮食税 | 大约 50% | 2.56% |

# 作为地区性和地方性改造的十二条款

莱茵河西岸的农民们,像布雷斯部和黑森地区的农民一样,也把自己的申诉建立在十二条款的基础上。然而,与呈交给 1525 年 7 月在巴塞尔召开的一次会议的怨情申诉相比较,其结果表明十二条款仅仅反映了阿尔萨斯和孙特部(Sundgau)(阿尔萨斯的最南端)怨情的一部分。我们可以使用这些巴塞尔条款作为当地怨情的体现,因为它们明显地补充了上溯至鞋会(the Bundshuh)①时代以来系统阐述的该地区的要求。然而,面对洛林公爵(the duke of Lorraine)的镇压(1525 年 5 月 7 日),农民遭到彻底的失败,在此之后,巴塞尔条款当然再也不能体现出真正的革命纲领了。

这个阿尔萨斯文件以及其中的二十四个条款比十二条款详细得多,而且它对于具体条款的说明更为深远,措辞也更为得当。它们比十二条款更精确地定义了农奴制②、评论税(criticizing taxes)、劳役地租、死亡税和对婚姻及迁移自由的限制。对狩猎权的要求也更严格地建立在当围猎(wild game)毁坏了庄稼而领主又拒绝减少货币或实物租金的根据上。这些"我们这些被联合在一起的孙特部和上阿尔萨斯地区农民所提出的条款和怨情"恰好有一半的内容和十二条款相一致。③ 在这里出现了两个分别地对十二条款所提出的主题进行详细说明的要求,这两个要求是减轻人头税的支付(与十二条款中的农奴制条款有关)和废除领主在公地上放牧牲畜的特权(这与关于公地问题的条款有关)。

---

① 鞋会是德国南部农民的秘密组织,它大约在 1493、1502、1513、1517 年发动过起义。它的名称来源于作为象征绣在起义旗帜上的笨重的扎带的农民鞋子。

② 《二十四条款》被 H. 施赖伯(H. Schreiber)复印于《德国农民战争》(Der deutsche Bauernkrieg)pt. 2,第 197 页,324 号;被弗朗茨复印于《德国农民战争》,文件集,第 207 页,73 号。这反映了奥地利哈布斯堡王朝从来就不拥有农奴这一事实(而这一文件却说,哈布斯堡在上莱茵地区的属民此时正面临着沦为农奴的危险)。

③ 把《孙特部—上阿尔萨斯条款》的序号和十二条款的序号加以对照,就能发现:前者的第一款就是后者的第一款,前者的第二款就是后者的第二款,前者第三款就是后者的第三款,前者的第四款就是后者的第四款,前者的第五款就是后者的五到七款,前者的第六款就是后者的第八款,前者的第七款就是后者的第九款,前者的第八款就是后者的第十款,前者的第九款就是后者的第十一款,前者的第二十四款就是后者的第十二款。

　　然而,上阿尔萨斯地区的怨情条款要求一个更认真、更公正、更实际的司法管理。在这样的地区,例如,一个享有高级司法权的领主从前能没收已被判定有罪的杀人犯的财产并且强迫农民们支付法庭审案的费用,而从现在起(条款所要求的)这些财产被没收后首先用于支付法庭费用,然后将剩余的部分应留给寡妇和孩子们。虽然案件可以向四个高级法庭申诉——从昂西海姆(Ensisheim)(奥地利在上阿尔萨斯的统治中心),到因斯布鲁克到帝国王室法庭,到洛特维尔的高等法庭——但是在将来地方法庭的判决应该被认为是有效的;并且为了减轻农民的经济负担只应该向一个上诉法庭提起上诉,并且这个上诉法庭还应设立于本地。更进一步,属民未经听证就被处以监禁,这种情况只能发生在涉及高级审判的案件中。最后,虽然农民常因债务而被逐出教会,但是在将来宗教法庭应该被限制在它的恰当的教会权限范围之内。

　　与这些详细而又十分重要的反对恶劣司法管理的怨情一起,还存在着不包含在十二条款中的怨情陈述。它们坚持反对领地税、消费税和习惯性劳役,反对诸侯官员们随意扩大的权力和征发某些劳役的强迫性行为,反对贵族在地方防御体系中的豁免权。上阿尔萨斯—孙特邵地区的农民还要求允许修道院的自行消失和把犹太人从土地上赶出去,由此可见他们的要求已经超出了十二条款的局限。

　　由于反对教会法庭和洛特韦尔高等法院的抱怨和激进的反教会、反犹太人的要求在这一地区已经存在了一百多年之久,所以就使得上莱茵地区独特的地区特点和统治结构清楚地呈现出来。对地方税、消费税、关税、对防卫体系的操纵和官员阴谋诡计的抱怨,所有这一切都来自一种特殊的政治发展——正在扩展中的领地政府,它通过自己的官僚加强了自己的统治力量,通过税收而不是传统的法庭收入支持政府财政。在上阿尔萨斯和孙特邵地区,领地政府把特别沉重的防卫负担强加在自己的属民身上(虽然得到了领地等级议会的同意)。由于抱怨的直接目标是贵族和高级教士,这就表明领主权作为一种社会结构对财产权、农奴制和司法权产生了广泛的影响。但抱怨反映了在较大的诸侯领地,如在近奥地利地区①,农民存在的问题是非常不同于那些较小领地上农民的问题的,在那些较小的领地上,并不存在侵犯领主对土地、农奴、当地法律统治权的诸侯。十二条款和上阿尔萨斯—孙特郜地区怨情的比较表明,对引发革命的多种原因进行数据分析还必须考虑两件事情:从一个地区到另一个地区的(如上面所概括的)相似的农业秩序和各地区不同的政治统治结构。例如,在近奥地利地区,诸侯不是被作为地方统治者而只是作为土地主人和司法管理者而遭到攻击的。那儿绝大多数的抱怨是直接反对贵族和教会领主、农奴主和低级司法权的拥有者("当地领主"是一个最好的术语),而不管他们是否有身份自由的皇家地位或是已臣服于哈布斯堡王朝的地方统治者。在此我们能够确认一些要素:对土地的控制权、对农奴控制权和领主司法权比地方政府能更多地引起反对。

维腾堡公爵领地在某些方面也类似于近奥地利地区,尽管这里贵族和高级教士的控制能力较小,因此作为第一土地贵族的领地最高统治者(1525 年奥地利政体)和被起义者认为应该解散的修道院一起,实际上就成了农民攻击的主要目标。马特恩·费尔巴赫(Matern Feuerbacher)想要"引入、鼓励、实施一个建立在共同条款基础之上的基督教政纲,而这些共同的条款,正如大家所知道的那样,是以书面形式提出的"。② 但是推行十二条款也意味着实现条款的社会经济目标。美中不足的是,我们没有来自维腾堡村庄或乡村地区的怨情申诉条款,有了这些条款,我们就可以检验十二条款与它们的相关性或不相关性。然而,在缺乏 1525 年怨情陈述条款的条件下,我们只能够利用在 1514 年"穷康拉德"(Poor Conrad)起义期间准备好的当地怨情陈述条款。这些条款清楚地表明,森林和公地、狩猎和捕鱼已经为冲突提供了大量的燃料,因为农民经济已经被维腾堡的森林保护政策所规定的使用权限制严重地损害了。要求完全的或至少是部分

---

① 近奥地利地区是德国西南部的属于哈布斯堡王朝地区的零星小领地的集合体,它包括布雷斯部、孙特部、奥特瑙、黑森的一些地区,有时也包括士瓦本的奥地利(布尔部、霍亨贝格、内伦堡和士瓦本省)和福拉尔贝格。

② W. 福格特(W. Vogt):《会刊》(*Correspondenz*),第 226 期。

的狩猎权(这个要求是特别值得注意的)几乎只有当围猎给庄稼造成严重的损害时才被认为是合理的。1514年的怨情是反对劳役、强迫性劳动、农奴制和恶劣的司法管理的抱怨。"受过教育的人……他们的行径已经侵害了整个国家,以致现在一个人不可能以十个古尔盾(gulden)获得他在大约十二年前那样用10个先令就可以得到的同样的公正。"①这样的申诉和十二条款中的第九条是相似的。1514年以后的10年并没有发生结构上的改进,因此同样的抱怨在1525无疑是站得住脚的。在1525年起义开始时,费尔巴赫像这样写到,农场租金高得无法容忍。这些材料从整体上表明维腾堡的各种情况和十二条款中所抱怨的形势是一致的。然而,我们不应该忽视这个事实,1514年的怨情陈述充满了只是针对维腾堡的抱怨,例如有大量的乡村怨情反对城镇特区从政治、经济上利用自己支配地位所进行的剥削,还有许多条款对公爵官吏的指控。

向北移动到达富尔达的诸侯修道院,我们发觉城镇市民和农民们的怨情陈述几乎没有超出他们基本上所接受的十二条款的内容,因此起义地区的具体资料是模糊不清的。施瓦茨堡地区的情况也差不多如此,它们当地条款与十二条款基本上一致,只是没有关于农奴制的条款。然而,在大量的反对牧羊的和甚至更强烈的反对关税的抱怨中,地区的特殊性突然显现出来了。在西南部,在巴塞尔主教诸侯管区,十二条款无论在数量上还是在质量上都占据了主宰的地位;仅有的地区性特点就是强烈的反教会、反犹太人偏见以及对放贷者和外国人的激烈反对。

只有在较大的领地邦,对十二条款进行修改才是明显必要的。在当地的封建领主和农民之间,或者说在作为地主的地方诸侯和他们农民之间的矛盾冲突已被十二条款很好地表达出来;但由于它们的来源,这些条款本身并不可能阐明由领地诸侯制(the territorial principality)引起的农民问题。在这些问题中,突出的是正日益庞大的、用于加强诸侯统治的官僚机构和旨在为国库提供资金的各种税收和过境税。各种税收,其数量远远超过关税,成了农民的经济重负,因为它们是紧接着诸侯的领地税(seigneur-

---

① 弗朗茨:《史料集》(Quellen),第50页,第8条。

ial dues)缴纳之后再征收的,而领地税则再也不能满足早期近代国家的诸多需要了。任命官员是为了实现诸侯的利益;而他们必然要侵犯社区生活,通过他们的警察力量来约束农民的村社自治。

## 与十二条款不一致的怨情陈述书

怨情陈述与十二条款完全不一致的起义地区限于法兰克尼亚和图林根的部分地区,其他更明显的地区还有瑞士和整个阿尔卑斯山地区。像这样一个目的仅在于反映冲突潜力大小范围的概观,可以将其焦点集中在萨尔茨堡、蒂罗尔和瑞士之上,因为尽管法兰克尼亚和图林根都有着自己种种的地方特殊性,但就整体而言,可以认为它们具有可比较的经济、社会和政治结构。

在萨尔茨堡全体领地会议的二十四条款中,萨尔茨堡列举了它的起义原因。这是一份有力的宣言书,它描绘出一幅教士淫荡贪杯、贵族剥削压榨、诸侯残暴专制的可怕图像。在这里,贵族和教会地主、小庄园主和掌管司法权的贵族都因掠夺自留地的所有权和农场的继承权、提高租金和劳役,引入了新的转手税(transfer fines)而遭到指控。在萨尔茨堡,农奴制被攻击为不符合传统;通常采用的租佃土地的形式是副本保有土地(Copyhold),而这阻碍了领主使他们的农民臣服于政治控制,阻碍了他们通过死亡税抢夺农民财产的行为——简言之,阻碍了他们“像牲口一样对待穷苦大众”。[1] 假如我们能根据它们传布的范围和争论的激烈度来判断它们的分量的话,那么与这些反对作为地主和农奴主的领主的抱怨相比,关于对完全或部分地享有进入森林、打鱼和狩猎的权利(因围猎造成的损失从而被认为是合理的)的抱怨似乎已经退居次要地位了。至此,萨尔茨堡条款与十二条款是很一致的,但是条款目录仍在延续。尽管激烈程度稍弱,但是也有一些把地方诸侯及其官吏作为“独裁者和吸血鬼”[2]来反对的抱怨。这些人否认穷人的权利;他们要么忽视司法管理,要么利用司法管理

---

① 弗朗茨:《史料集》,第 301 页
② 同上,第 306 页

来谋取好处;他们对世俗的犯罪行为施以开除出教的惩罚,从而滥用了宗教法庭的权力;他们通过税收来压榨土地,[①]而土地税的征收本应只用于地区防卫。

尽管事实上十二条款并未成为萨尔茨堡地区的政治纲领,但当地的怨情表明这里引发危机的农业经济中的各种问题和其他地方是相同的,并且当地政治结构也造成我们已在近奥地利和维腾堡地区看到的同一类型的怨情。我们在起义范围内的大的和小的领地之间的粗略区别,现在正在变得更加清晰,并且进一步被蒂罗尔地区的怨情所证实。

在蒂罗尔当地的怨情里,也在来自梅拉诺(Merano)和因斯布鲁克的综合性条款中,[②]反对领主的抱怨异常地多,[③]尽管在蒂罗尔可继承的土地持有权是广泛存在的;另一方面,当地的怨情缺乏取消或限制农奴制的要求。马特瑞(Matrei)和施兰德尔斯(Schlanders)地区确实抱怨了一种人头税,但那实际是一种保护形式而不是农奴制的标志。在分量上可以和反对领主土地所有权的抱怨相媲美的,是那些反对限制牧场、森林的使用权和要求扩大捕鱼和狩猎权的条款。后一类抱怨在蒂罗尔地区是由于围猎所造

---

① 弗朗茨:《史料集》,第 308 页(第 23 款),指征收粮食税(非现金)。

② H.沃普弗内的《史料集》,展示了地方的、地区的和领地的怨情陈述条款。对这里的条款所进行的分析不可能像对上士瓦本地区的条款所进行的分析那样多,因为那里大约有 130 份文件能够发生作用。大多数的地方文件也包含在梅拉诺—因斯布鲁克的怨情条款之后,并且它们非常直接地忽略了那些已经包含在怨情陈述综述之中的那些条款。要评价这些条款,回到 1525 年以前的 10 年的情况是很有帮助的,在那个时候,农民们经常会提交这一类的怨情条款。(这是马科克所研究的结果,《蒂罗尔的农民起义》,第 69 页。)马科克的分析使我们能够权衡蒂罗尔起义的原因,因为那 343 个条款是以下列频率出现的:

| | |
|---|---|
| 1. 新税;勒索现金及其量的增加 | 73 |
| 2. 新的过境税、关税等 | 52 |
| 3. 侵犯公地和限制伐木、放牧和使用水域的自由;对捕猎的限制 | 49 |
| 4. 执法者和其他官吏的专横和腐败 | 31 |
| 5. 由于狩猎本身及其狩猎人所造成的破坏 | 24 |
| 6. 劳役及其量的增加 | 19 |
| 7. 征税标准;因税收所欠的债务 | 15 |
| 8. 教会的劳役 | 15 |
| 9. 对传统权力和习惯的侵害 | 12 |
| 10. 教会的腐败 | 10 |

③ 足足有 1/4 的梅拉诺—因斯布鲁克的怨情条款在某种程度上都与领主制有关。

成的广泛损失而激起的,而这种损失在马克西米利安皇帝死的时候(1519年)已经迫使农民们不得不进行一场同鹿和野猪的无情的搏斗。最后,怨情条款既对地主又对地方诸侯提出了强迫劳役的意义和公正性何在的问题。与萨尔茨堡农民呈送给诸侯的条款相比,呈递给诸侯的怨情申诉更多是有所保留的,至于税收,蒂罗尔人更多地问及它们不平等的分配,而更少地质问它们存在的正义性。然而,他们更频繁地攻击的是关税、货物税和各种各样的勒索。在批评恶劣的司法管理时,他们不指责诸侯,而是攻击他们的法官和监督者们——对于绝大多数贵族而言,蒂罗尔的许多法庭都被典当给他们了。

政治结构的广泛多样性决定了瑞士人的怨情陈述书,使它们的特点难以归纳。只有那些圣·加仑和图尔部(Thurgau)民众大会的怨情条款显示出一种与德国的西南部的条款所共有的亲密关系。

通过索取财产转移费的办法,圣·加仑和图尔部领主把新的、在法律上不成立的义务强加于农民的财产之上。这两个地区的条款不但对此,而且还对地主们日益增长的收费提出了抱怨。两个陈情书都要求取消或者至少是缓和农奴制,而且他们还要求,应当给私生子继承权。他们要求自由狩猎和在康斯坦茨湖捕鱼的权利;他们坚持认为地主应当向普通税和军事税提供资助;他们想得到在乡村不受限制地制造产品的权力。两个陈述书都进一步抱怨恶劣的司法管理,对于那些名声较好、犯罪不太严重并且又准备和法庭配合的被告进行的不必要的关押,也引起了特别的抱怨。而且两者都对村社公地和村社法庭的自治权的遭受侵犯提出了抱怨。图尔部人反对领主任命所有的地方官员;圣·加仑地区的人们抱怨领主在没有征询他们意见的情况下就颁布新的法令的行为。[①]

在各种各样的瑞士人怨情陈述中,除了取消或限制农奴制的要求外,其他内容基本上是不可能一致的。巴塞尔城的各区抱怨更多的是租税和

---

① 圣·加仑的领地大会进一步对集聚财产并将它转让给其他团体的做法提出了抱怨,因为这加重了农民的税收;他们也对限制使用公地和奴役性劳动提出了反对。图尔部相类似的机构也对征收粮食和酒的消费税、对以罚款的形式没收农地提出了抱怨(因为这样做等于是霸占了孩子的一切生计)。

关税(盐税、"坏便士"、谷物税)、教会法庭司法权的扩大、强迫性劳役、对捕鱼和狩猎权的限制,并且他们要求把军事税限于只在真正紧急情况下才征收。除了对什一税的抱怨外(在此和其他地方,我们已将它作为一个外来因素而排除了),来自沙夫豪森镇(Schaffhausen)的村社的要求限于废除农奴制和减轻强迫性劳役以及租税。索洛图恩(Solothurn)地区的农民在三个条款中强调他们废除农奴制的要求——尽管在 1514 年签署条约之后,这个要求在很大程度上已不需要了——但是他们也热衷于那些最为普遍的要求,例如一部分的森林使用权、狩猎捕鱼权、取消食品税和改进司法管理。最后,来自伯尔尼(Bern)和苏黎世(Zurich)地区的怨情陈情是如此的不同,以至于从它们那里找不出起义的共同的原因。

很清楚,这些独立形成的怨情陈述没有受到十二条款的影响。尽管有地区的独特性,特别是在封建结构已经衰微的瑞士,但它们让我们能够区分出起义原因的多样性。佃农和领主之间的采邑联系、农民日常生活中最根本的因素却过度地承载着极度严重的紧张关系和重负。任何一种领地特权都没能躲过农民的批判:领主权、农奴制、低级司法权、警察力量(机构)以及行使惩罚的力量。新生的领地国家正处于农业封建制度的顶端,它在某种程度上加剧在某种程度上又减轻了农业封建制度的紧张,但它的行政和财政运作也遭到农民们的攻击。

因为我们已经在农民的怨情中发现了很大程度的客观性和一致性,所以我们现在准备利用它们对 1525 年革命爆发的原因作进一步细致分析。

# 第四章　农业秩序的危机和近代早期国家的批判

## 封建农业秩序的危机

### 在自由和枷锁之间

"西格蒙德(Sigismund)皇帝的宗教改革",是大约 1438 年的由一个匿名作者所起草的改革计划。在它所嘲弄的对象中,就野蛮程度而言,几乎没有什么能够超过由贵族和教会领主所推行的将自由农民转化为农奴化的这种行为了。这份计划的目的与其说是想给人们留下一个不变的进行司法压迫的印象,还不如说是为了中止一个正沿着自己的轨迹发展的趋势。从"鞋会"起义所表达的简洁抱怨中,到《上莱茵河革命》(the Upper Rhenish Revolutionary)的激烈控诉,到 1526 年施佩耶尔帝国会议(the Diet of Speyer)上的讨论,一切都表明农奴制一直是政治和学术激烈争论的主题。来自所有起义地区的怨情陈述条款都清楚地表明,这些争论在 1525 年达到了高潮。几乎在每一个地方,神法都被用来作为反农奴制条款的合法依据,而这可能导致人们以为农民们想废除农奴制,其目的仅仅是为了实现他们所理解的福音。因此,西方的历史学家们主张,对个人自由的明确渴望并不是真的被经济上的压迫或者被家庭或乡村的紧张关系所引发的。紧迫的形势、坚定的精神和充满激情的语言都无疑地表明,至少在起义的早期阶段,废除农奴制是农民们的主要愿望。十二条款在序言中加深了这种印象,在序言中农民们被比做以色列人,上帝指引他们渡过红海重返家园。在此过程中,上帝正在把他的、被奴役的人民从不断增加的、由暴君的横征暴敛所强加的劳役负担中解放出来。但是如果这些怨情条款确实揭示了起义的动机并可信地展示了农民们的问题——我们已经无可置疑地证实上士瓦本地区的情况的确如此——那么废除农奴制的要求就不应该与其他条款隔离开来。(我们)必须要看到,对农奴制的攻击并不仅仅是一个理论上的反对,而是存在于其他条款的内容之中。这些条款要求放弃死亡税、废除对自由迁徙和婚姻自由的限制,而所有这一切都源于农奴制。然而若以任何一般的方法去证明对农奴制的怨情反映了实际的历史情况,这都是非常困难的。此时所能提供的一切都是些笼统的概括,再将其精心组织成许多的论点,而这些论点只是偶然地才得到实证性支持。

农奴制分布的地带大致上和 1525 年的起义的地区相重合,它们从萨尔茨堡沿着东西轴线延伸至阿尔萨斯(蒂罗尔除外,它在 1525 年只有些农奴制的残余),从法兰克尼亚沿着南北轴线直至瑞士。

在 1525 年,地方的统治者们并没有在迫使他们的臣民形成一个法律上没什么区别的农奴阶级统一体方面取得普遍成功。[①] 在特定的地区内,由压迫程度大小不同的各种个人依附所产生的差别越大,对农奴制法律后果——诸如约束自由迁移和限制结婚权利——的厌恶似乎就越大。例如,图恩(Thun)地区领主的农奴们向 1525 年在因斯布鲁克召开的领地会议报告说:"除了他们发现农奴制是可耻以及他们在这一制度下的婚姻得不到尊重之外,他们对农奴制没有其他的抱怨。"[②] 这些证据可能是复杂多样的,但将它们结合起来就可发现农奴制产生的复杂性:1500 年左右,同一地

---

① 领地农奴制的概念比地区农奴制的传统概念要好得多,因为它能更为清楚地表明,农奴制被用作一种领地的政策工具,而领地的地域明确、层次也高于地区。

② H. 沃博夫内尔(H. Wopfner):《蒂罗尔的状况》(*Die Lage Tirols*),第 73 页。

区男女可以互通姻缘的圈子越来越受限制,再加上血缘关系的限制,以致农民们根本不可能结婚了。

源于农奴制的经济负担,通常局限于一种以"契约先令"(bond-shilling)或"契约鸡"(bond-chicken)形式出现的象征性罚金,一种一年一度的、具有某种奴役性的人头税和一种缴纳最好的牛和衣物的死亡税。如果一个农奴不得不支付所有这些费用,那么他无疑会感到负担极为沉重,特别是由于每年的人头税可能是非常高的时候更是如此。然而,在这三种税中,只有死亡税在绝大多数地区都是普遍的,因此一个农民拥有的牲口越少,他的负担就越重。牲畜和生产工具,是农民们仅有的、自己能完全支配的财产形式,因此牲畜作为租税被抢走给农民的打击一定非常沉重。我们几乎没有可靠的数字来估计每块农地上平均的牲畜数,而且数量上的差别肯定是非常巨大的。尽管这样,我们仍然可以说一个富裕的农民一般有四匹马,并且少数时候他有许多牲畜,这样他就能够很轻松地负担死亡税;但是同样的费用对于小农和计日短工来说,就可能变成了要命的重担了。据估计,在瑞士平均每个农业单位有三头或四头牛,而在内奥地利(斯蒂里亚、卡林西亚和卡尼奥拉)相应的数字的变化范围从平均每个居民(也就是每个有义务缴纳租地继承税的人)拥有 2.1—4.6 头动物不等,而这些数字则明确意味着农奴制所造成的经济后果是具有压迫性的。

在 16 世纪,来源于个人依附的义务表明,在中古后期农奴和其他佃农之间的界线正变得模糊。交给领主一头最好耕牛的死亡税最初是自由租佃的一个标志;然而从农奴那里,主人通常会要么强征全部的,要么征收部分的地产(尽管这只在农奴死后只留下了婚生的孩子或者根本没有孩子的时候,通常才会强制执行这条规则)。这种做法在有些地方一直保存到1500 年。由于排除了嫡系子女之外的亲属的财产继承权,我们不能知道统治者没收了一个家庭有时候是数代人积累起来的个人财产的频率。因为与其领主依附者圈子之外的人结婚,农奴的不动产和动产被完全或部分地侵吞(这是一个更赚钱的源泉,因为农民们被迫减少他们原来更为频繁求助的那些与外地人结婚的可能性),而当这两种做法相结合的时候,几乎可以肯定的是,这一更为广阔的历史图景是一个渐进的过程。在这一过程中，或者更为中肯地说，这是一个领主发财致富而其农民日益贫困的过程。①

如果佃农和农奴地位的混合过程能为农民们带来一个统一改善的法律地位和经济上的改善，那么反农奴制的抱怨就会被作为空洞的革命辞藻而被揭穿。的确，不容置疑的事实是，随着 12 世纪和 13 世纪经济的发展，各种束缚的形式放松了。正如经济的独立性的增强一样，人员的流动性也增加了，作为一种社会区分标准的自由与奴役之间的差异同时也黯淡了。在阿拉曼尼—士瓦本地区（the Alemannic-Swabian），属民们经常成功地宣布，他们是"修道院的自由民"或"贵族领地上的自由人"，这正反映了这种发展。然而，农奴制的法律规定并没有消失，而且在需要的时候能够重新复活。这种复活的条件存在于中世纪晚期的农业危机中。为了确保土地的耕作，不得不控制人口的流动；为了避免遗产继承的困难和在领地国家的构建过程中与其他领主在法律上的纠纷，不得不对与外来者结婚处以严厉的惩罚；为了弥补因谷物价格下跌所造成的领主收入的损失，租金和税额不得不被推至极限。到 14 世纪的时候，法律上的差异被拉平了，因此新的人身依附的加强就意味着自由依附农、佃农和农奴都毫无区别地受制于新的农奴制。把那些在公地上定居的人农奴化是增加农奴数量的另一种途径。反对不断增长的负担和对限制迁移的抱怨占据了整整一个世纪，而任何一种抱怨在以前都不是普遍的。这种印象仅仅是保存下来的记录中偶然事件的结果吗？

当这些无疑是零散的资料与对士瓦本地区可靠的实证考察结合在一起的时候，有两点是可以成立的：首先，在 14 世纪晚期和 15 世纪中期之间人身依附的程度加强了；其次，在 15 世纪的最后几十年中农奴制逐渐减轻

---

① W. 穆勒（W. Müller）：《农奴制的晚期形式》（*Spätformen der Leibeigenschaft*）的第 32 页提供了德国南部所有地区没收财产的显著情形。这些没收只包括了从继承人手中没收财产，而不包括因为惩罚而没收财产的事例。在中世纪晚期，与贵族司法管辖范围之外的人结婚是要被惩罚的，惩罚包括没收财产（如在林道、阿勒海利根、韦特瑙和康斯坦茨），额外的一年一度的现金或货币一类的罚款，一次性的 3 古尔盾到 100 镑赫勒（1.4 镑赫勒约等于 1 古尔盾。——译者注）。至于萨尔兰特，其情况和上士瓦本地区的情况相同，见 I. 厄德（Eder）关于萨尔兰特习俗的著作：《萨尔兰特的判例汇编》（*Die saarländischen Weistümer*）。

了。因此,我们可以有根据地谈论一个不仅对于易北河(Elbe)东部的德国,而且包括南部德国在内都是一样的"再版农奴制"的问题。而且,事实上在大约 1450 年这次"再版农奴制"的顶峰期间只零星地爆发了几次起义,明显地没有激起像 1525 年革命一样的反应——1525 年革命是由"就其本性而言,人人生而自由,可农奴制的建立却违反了这种本性"的主张(按照鹿特丹的伊拉斯谟所表达的)所激起的。① 因此,我们仍然想知道在与领主权的所有其他权利的关系中,农奴制的真正分量是什么。

## 领主土地所有权的农业代价

农民财产权状况的改善是中世纪晚期农业秩序发展趋势的特点。土地的租佃(tenure)从有一定年限的或终生的租佃扩展为可以继承的租佃。在领主们看来,这样做可能有几个好处:它减少了移居外地的吸引力,鼓励了对土地的投资,并且把法律上的特权转化成了现金。然而,毫无疑问农民们自身所施加的压力也极大地有助于他们的法律地位的提高。

所有这些与农民的负担问题几乎没有多少关系。② 可继承农地的租金是不可以提高的,但是,不可继承的土地租赁记录表明,在每一次土地转手时,租金是可以重新商定的。该记录还表明,在 16 世纪之前,如果存在着租金上涨,其涨幅也是非常小的。即使在各地可继承的租地比年租地或终生租地承受着更轻的负担,这种差别在中欧地区也不明显。在 15 世纪的下半叶,每块农民所拥有的份地的平均负担,包括什一税,大约可占其总产量的 30%。农民的实际收入依农场面积的大小、经营的专业化程度以及产品市场化程度的不同而呈现很大的差异,但是毫无疑问,总开支一般都很高。在广大中等农民阶层中,农产品的净产量只不过仅仅能勉强维生。编年史家和文学家喜欢以刻薄但生动的想象创作出衣着华丽的农民们沉溺于狂饮暴食的讽刺画,但与它们相对比,农民中真正的富裕的只是例外,而

---

① 引自 F. 马提尼(F. Martini):《农民的地位》(*Das Bauerntum*),第 251 页。

② 研究农业的历史学家直到现在仍然把精力主要集中在农业组织的问题之上,这主要是因为用来进行统计分析的材料太过于零碎,太难以使用。虽然我们没有任何符合德国情况的可以和埃·勒·卢瓦·拉杜里(E. Le Roy Ladurie):《郎格朵克的农民》(*Les paysans de Languedoc*)相媲美的东西,但是萨贝安的《土地占有》(*Landbesitz*)已经表明,这样的工作在德国是可以完成的。

且仅限于数量很少的村民上层。[①]

乡村社会日益分裂为上、中、下三个独立的阶层，这一趋势只有在农民日益卷入市场的条件下才得以强化，而这种现象存在于遍布起义的各个市镇。而且，农业收获量的异常波动意味着农民们有时不能支付他们已经确定了的租金。特别是对于那些进行园艺作物、畜牧业或葡萄种植等专业化生产的、以市场为中心的农民来说，收成不好，就提供不出的多余的供市场销售的产品（至少对中、小农场来说，情况如此），因此他们就没有现金来购买自己家中无法生产的生活必需品，更不必说支付地主的租金了。在这方面已被研究得很透彻的阿尔萨斯地区，我们知道在 1480—1483 年、1490—1492 年、1500—1503 年和 1518—1519 年收成都不好。这些正好是许多农地被抛弃的年份。其中的原因似乎是显而易见的。

如果我可以冒险作一个总结，很明显在 1525 年之前领主土地所有制在农业上的代价高昂，但却没有增长。如果有人坚持认为应该注意地区间的差别，那么就应该必须补充上这一点，即在 1525 年之前的几十年中，在有些地方，领主们试图通过强征土地转让费来增加他们的收入。采取这样做法的主要是一些较小的贵族地主，他们的封建地租收入无论如何都不能满足那种勉强维持一种贵族生活方式的需要了。

然而，地主们的确有选择的余地，他们可以接受既定的现状，把地产出卖给自由城市，或者开辟新的收入来源，因此他们引诱自己的属民到他们那里打官司。土地转让费仍是唯一的、直接提高封建地租的方式。[②] 而且，

_____

① E. 凯尔特（E. Kelter）：《经济上的原因》（*Die wirtschaftlichen Ursachen*），第 670—681 页指出，即使那些以市场为中心的农民也不得不以低于市场的价格出售自己的农产品，因为他不能自由选择他的交易场所。城市和诸侯的粮食储存能力即使是在荒歉之年也能摧毁农民。我们对农民出售谷物能力的情况知之甚少，但是我们可以参见 G. 弗朗茨：《德国土地交易史》（*Die Geschichte des deutschen Landwarenhandels*），第 30 页。对于那些比一般的农民富裕的家庭出现在很多编年史中，并且在各个领地上都能发现这样的家庭。对于阿尔萨斯的情况，参见 F. 拉普（F. Rapp）：《农民贵族》（*L'aristocratie paysanne*）。

② 最为基础性的研究成果是萨贝安的《地主的地产》和 F. 皮奇（F. Pietsch）的《林普格农民的怨情条款》（*Die Artikel der Limpurger Bauern*）。皮奇指出，土地转手费的数量起初是固定的，并且是象征性地缴纳一定数量的酒钱。但到了 1520 年，该费用已经飙升到了全部财产的 15%。根据一个更为大胆的推断，这将达到年租金的 20 到 30 倍；如果我们假定租期为 20—30 年，那么转让费上涨了 100%。

租地面积越小，交给地主的固定捐税就越让人难受。可能毫无疑问，从 15 世纪晚期起到整个 16 世纪在土地上的人越来越多；因此农民的租地几乎是不可能达到一个标准海德（hide，是英国旧时的地租单位，后为土地面积的计算单位，相当于 80 英亩到 120 英亩不等。——译者注）大小的，只有 15—40 英亩。到 15 世纪末，计日短工、茅舍农（cotters）和园艺雇工的数量稳步升高，他们更多地从分散的农场从公地上获取土地。对图林根几个地区全面的研究使得这一过程中的许多细节问题都相当明了。在 1496 年至 1542 年之间，纳税者的人数从 763 人增加到 1231 人，同时农民农场的数量从 670 个增加到 784 个（通过地产的分割）。但是奴仆的数量由 58 人上升到 249 人。换句话说，只有四分之一的新增人口能够被提供某种形式的一块农地。而绝大多数的人沦为了乡村的最底层或者迁移到其他地方。无论在什么地方，只要我们稍加注意乡村的阶级结构，就会发现最下层阶级的人数占了乡村人口的一半。

如果以拥有的财产而不是按照农地的面积来分析乡村社会，那么乡村贫困人口的数字稍微要低一些。在图林根、萨克森、法兰克尼亚和维腾堡地区，无财产者（拥有 25 古尔盾的财产）占人口的 40%—50%（在萨克森的部分地区，这个数字要小一些；在图林根的部分地区，数字则大一些）。与相对富裕的德国城市特别是黑塞（Hesse）境内和沿着中部莱茵河两岸的城市相比，乡村地区普遍的贫困状况是无可争议的。

这个发现有助于进一步证实我们关于乡村负债的材料。在斯蒂里亚的部分地区，负债者的人数高得惊人，但是实际的债务又令人吃惊地低，平均相当于一两头牛的市场价格。然而这样的债务经常拖累农场长达十年之久，这意味着即使很小的债务也不能被还清。而且蒂罗尔部分地区的平均债务负担达到了农场价值的一半。阿尔萨斯各地的众多史料也证实了农民的过度欠债。

很难估计这些发展所具有的社会影响，特别是由于可得到的材料本来就没有提及乡村内部的冲突。① 我们必须假设一张由相互敌对的乡村势力所构成的极其复杂的网络,它至少由三个主要集团构成:真正的农民、小农(茅舍农)和乡村计日短工。似乎实际上这些内部冲突很可能彼此之间相互中和了,那么这就能解释为什么在起义者自身之间这些紧张关系从来没有凸显出来,至少在 1525 年没有。

### 集体使用权和经济原因造成的使用限制

中世纪晚期的农业一般存在着一个安全阀(a safety valve),因为除了相对独立的农场或租地之外,农民也享有较大的使用林区和公共牧场的权力,这就使得他们能够喂养比仅仅利用他们自己的农场资源所能喂养的数目多得多的牲畜。这些权利也能提供用于建筑和修筑篱笆的木材,而不必迫使农民从自己的收入中支付这笔费用。在 15 世纪初,仍然有广泛的森林,因此在农民和占有森林的封建地主之间几乎很少有冲突;甚至在伐木和放牧被严格管理的地方,很少以任何严厉的方式限制对它们的使用。

到 1525 年,情况完全地改变了。几乎所有的农民的怨情条款都强烈要求伐木权、狩猎权(通常会附带由于围猎所造成大量损失的论据)、在公地放牧和在森林中放牧的权利。在没有提出这类抱怨的地方,如在肯普腾或在黑森地区,只要一瞥过去的森林管理地图,就会发现在这些地区森林和可耕地之间的平衡已经朝有利于森林的方向决定性改变了。远在 15 世纪,农民和统治者们之间就产生了关于森林被过度砍伐的冲突,过度砍伐已经引起了木材价格的迅速上升,从而迫使领主们以更大的精确性来定义他们原先措辞模糊的森林权利。"拥有雄鹿之人也可以吊死盗贼"②,这是一位梅明根议员寻求把对城市内部的最高统治权建立在围猎权利基础之上而编造出的生动类比。而帝国城市梅明根又以此反对士瓦本的帝国摄政官,但到 1525 年事情还没有恶化到一个人可以据此观点合法地取得成

---

① 达维德·萨贝安认为,农民和佃农之间的冲突为农民战争提供了一种动力。这一观点给人留下了强烈而良好的印象。然而,这一理论的根本就是农民社会(peasant society)的概念(根据他们卷入市场的程度而被划分为几个不同的集团),但不幸的是,这一概念的有效性仍然无法得到实证。萨贝安只是在他研究的地区找到了两个相关的例子,而且它们还是相互冲突的。

② 《梅明根城市档案》(*Stadtarchiv Memmingen*),14/1。

功的地步。然而,这个不成功的观点表明了迫使农民遭受的真正威胁:围猎的权利(当然也要加上其他权利)可能发展成为领地的统治权。这在维腾堡已经取得了成功,在那里,"维腾堡的伯爵们不是在他们作为伯爵的权利上而是在狩猎权的基础上建立了他们的领地"。[①] 直到 17 世纪,才发展到森林权实际上成为王权标志的程度。到那时,森林领主权(forest lord-ship)被看做领地统治权的一个必要组成部分,而且诸侯们能够通过专门的法律和法庭强化他们自己的利益。

诸侯们的森林保护政策在 15 世纪就比较谨慎地开始实行了,但到了 16 世纪才迅速地扩展开来。在 1525 年之前的萨克森、维腾堡、萨尔茨堡和蒂罗尔——仅举出几个最重要的——都颁布了森林法规。当然,这些法令(edicts)都凭借了更古老的习惯和本地的法规,但无疑政府对森林的干预会变得更加积极。的确,森林法的大量出现就证明了这一点,特别是新的森林法规的适用并没有局限于诸侯的森林,而且同样适用于村庄和私人的森林更说明了这一点。

几个相互竞争的利益因素一起勾勒出了诸侯的森林政策的轮廓:木材的日益匮乏,这是由于农民和贵族再加上城市的大量木材消费所导致的砍伐所造成的;不断增长的从森林中获利的可能性;还有领主们对狩猎的热情。当然,森林法和它们的实施是根据木材紧缺的严重程度而发生急剧变化的;但有时森林法只是掩盖了领主对狩猎的热情。蒂罗尔地区农民们的怨情无疑是建立在当地由于采冶铜银矿而带来的对木材的巨大需求基础之上的,但是来自福拉尔贝格(Vorarlberg)的抱怨也同样剧烈。在那儿,森林主要是作为哈布斯堡家族的狩猎保护地而使用的。在"穷康拉德"运动期间,维腾堡的起义农民们反对限制他们使用森林的权利,这一抱怨确实应归因于那个人口稠密的地区的真正木材短缺,但是在巴登侯爵领地内,森林法规仅仅只是为了保护大小规模的围猎不受农民的干扰。最终的结果在各地都是相同的,只要他们对自己的林地有明确而合法的所有权,农民们就会被尽可能完全地排除在森林之外。无论在哪里,只要我们对 1500

---

① H.W. 埃卡特(H. W. Eckardt):《领主的狩猎》(*Herrschaftliche Jagd*),第 78 页。

年左右的森林进行考察,就会发现一个相同的画面:禁止砍伐,整片采伐代替了早期有选择性的伐木和对小树的长期保护,并且对采集橡实和森林放牧权进行限制。领主们不可能简单地通过这些法令就剥夺了农民们使用森林的权利,但的确试图转移给他们为了证明自己权利而必须承担的负担。当然,农民们很少能够拿出一个盖印的特许状来证明他们的权利,而领主们同样也不能拿出类似的东西来证明他们独占森林的要求,因此他们只得以所有繁文缛节的措辞来强调他们"诸侯的统治权"。这种法律上不可靠的两难境地在十二条款中变得很明显,十二条款颠倒了诸侯的观点,要求领主们以盖章的特许状来证明他们没有从村庄手中盗伐森林。

　　森林法的具体条款意欲限制到森林中采集橡实来喂猪、森林放牧和林木砍伐等行动。15世纪的森林权是否总是限制了砍伐的数量,或者它们是否总是要求农民们为了木材需向领主支付现金,这是很可疑的。① 然而,到16世纪时,这类法规已变得很普遍了。为了设立狩猎区,各处森林的主人们不再限制采集橡实喂猪的权力,而且他们还租借或出租这一权力以获取高额的现金。当然,森林放牧会损害森林,因为牛群和羊群妨碍了幼树的生长。虽然,过度狩猎同样有害于良好的森林管理,但是随着森林中农田、农舍及其他建筑数量的增长,森林被过度砍伐的危险也加剧了。幼树三到十年内需要有围篱保护,在禁止进入幼树林的同时那些高大和成熟的树林却也不能用以放牧,因此农民们到林中放牧的可能性就被消除了。至于伐木,虽然农民们被禁止出售木材,但是更早的时候(至少我们能够从森林法中可以看出)销售木材已是相当普遍的。在取代了原来没有控制、按照需要采伐树木的做法后,现在已经标明,不同种类的树木有各自不同的用途。橡树和山毛榉被专用为建筑木材,被风吹折的树木则用做薪柴。木材的分配在森林管理员的监督之下进行,有时也向木匠咨询。在这些限制之下我们不能精确地断定,有多大比例的农民需求可以被完全满足;但是我们知道,有些地方的农民们有时候确实不得不购买木材。由于木材短缺,纽伦堡附近的农民在自己的耕地上种植树木,这当然是一个极端但又具有启发

---

　　① 　租约有时候也会明确伐木的权力,确定最大的砍伐量,但有时候它并没有明确表明(伐木)需要支付现金。

意义的例子,它足以表明农民们是多么绝望。保护森林的政策并不总是意味着对农民的更大限制,但是农民们的刺耳抱怨和档案室里抒情的华丽辞藻形成一个痛苦的对照,并且进一步证实了"他的乡村之父"并不总是把他的"孩子们"的利益记在心上。

尽管保护森林旨在强调保持和增加猎物的数量,但是它不自觉的后果却是由鹿、野猪和打猎者本身所造成的庄稼严重遭到损坏。直到 1525 年之后很长时间,农民们才能够满意地解决这个问题——也就是,直到他们自己能够亲自管理森林,减少围猎的人数和杀死那些损害他们庄稼的动物时才能解决。在所有的怨情陈述中,或者至少在那些超越了纯理论的陈述中,农民们要求自由狩猎权,因为猎物损害了庄稼。我们没有得到损害情况的具体印象,但是这些要求的真实性可以由这样一个事实来判断,直到 19 世纪早期,农民们仍然不断地强烈抱怨这个问题。只要农民不能在自己的田地上打猎,只要他们甚至被禁止养狗和为自己的田地筑篱,他们就不可能把森林保护看做是真正为了公共利益的行动,他们只是非常清楚地知道,在神圣罗马帝国广阔的大地之上,反对砍伐和森林放牧的禁令,只是为了增加围猎者数量而服务的,因此贵族们打猎的热情最终决定了森林政策。当我们关注对非法捕猎的惩罚时,我们更能理解农民反对"保护政策"的原因了。对非法捕猎的惩罚是如此严厉以至于如果一个农民在他自己的田地中杀死了一头雄鹿,他就会被缝在鹿皮里让猎犬撕成碎片。虽然如此,但他们还是被迫成为驱赶猎物的人,被迫照顾领主的猎犬,而这一做法远远超出了他们认为能够接受的专横权力的极限。

捕鱼亦与狩猎具有某些相似之处。正如农民可以从森林中获得木料一样,他们从小溪、江河、湖泊里可以捕到鱼。在 15 世纪晚期,领主开始禁止农民进入捕鱼的水域,从而剥夺了农民的捕鱼权。我们不知道鱼对于农民家庭的热量摄入是否占有突出的地位,[①]怨情陈述书对这一疑问也没有任何的帮助。就某种程度上,捕鱼权的合法性可以通过传统法律来证明,怨

---

① 弗雷德・格拉夫(Fred Graf)在《社会经济的状况》(*Die soziale und wirtschaftliche Lage*)第 149—157 页中提供了渔业也许对农民而言是非常重要的证据。格拉夫的材料证明,对使用权的限制和价格上涨的运动是相对应的。

情陈述书仅仅要求为病人和孕妇而打鱼的权利。自由使用水泽当然不仅仅只意味着捕鱼权,因为给牲畜饮水和灌溉草场也是因为保证鱼产量而遭到了限制。

总之,就像 14 世纪黑死病刚开始后的几十年的情况一样,虽然财产与领主权利在草场丰茂时会萎缩,但法律权利中关于公地的条款要比关于森林的条款清晰得多。通过行使对公地的领主权,领主及统治者就能很容易地发布对于使用公地的限制性措施。安排公共草场上的计日短工,或独自享受在公共草场上放牧自家的牲畜的权利,这就迫使农民不得不减少自家牲畜的饲养数目。随着城市的发展和城市收入的增长,这种对于公共草场的限制或许应部分地对中欧肉产品的短缺负责,这种短缺只有通过大量地进口才能消除。根据极少数的关于我们拥有牲畜数量的估算,[①]加上进口数字所提供的间接数据,价格以及农民的食谱,可以得出同一结论:牲畜数目非常之少。

## 外部因素:人口流动

乡村社会的对立状态越来越尖锐,既是由于收入的降低,也是因为把一切都归罪于领主被证明是很困难的。反对领主土地所有制在传统法中很难找到根据(而且《圣经》对提供支持减免地租的论据也起不了什么作用),而且通常情况下,反对领主土地所有制的斗争只是局限于要求减免地租和其他负担,这一事实暗示着,除了领主和农民之间的关系之外,肯定还有别的因素使得农业的利润下降了。

16 世纪的编年史家告诉我们该到何处寻找其他的因素,他们总是不停地抱怨人口的日益增长。塞巴斯蒂安·弗兰克(Sebastian Franck)相信,即使在 1525 年的军事冲突中 10 万农民丧生后,也还有 10 万农民(再加上妇女和儿童)迁往匈牙利。就像乌尔里希·冯·胡腾(Ulrich von Hutten)那样,弗兰克认为只有战争与瘟疫才能钝化人口过度增长的刀锋。

也许可以从理论上对这些编年史家的可靠性提出质疑,因为他们的资

---

① A.豪泽(A. Hauser)的《农村经济》(*Bäuerliche Wirtschaft*)的第 173 页计算出,在瑞士平均每块农地上拥有 3—4 头牛。

料是建立在个人观察的基础之上的,这就必然因其狭窄的活动范围而存在局限性。人口统计研究现已探明,1500 年左右的人口密度为每平方公里30 至 40 名居民,但是并未进一步指出人口密度的差异,这取决于土地的肥沃程度、森林与耕地的比例和城市的人口密度——只指出几个最重要的变量。这样的绝对数目说明不了什么。我们可以怀疑人口是否真的已经达到了其供养能力的极限,因为在无相应的耕地数量或耕作集约化程度变化的条件下,人口一直到三十年战争时仍然持续增长。我们必须明了在 1525年以前的几十年里人口是否在增长,也就是说:在收成不变的情况下,是否要养活更多的人。

14 世纪疫病的灾祸使得欧洲(包括中欧)的人口急剧下降;人口的下降——至少是停滞——持续到了 15 世纪的中叶。虽然它的起点及程度仍然存在争议并且也不十分清楚,但 16 世纪的人口的增长却早就得到了证实。计算精确也许是德国人的特点,但总的说来,这是自 1520 年以后才开始出现的;这些精确的计算显示出了大约 0.7％的年增长率,直到该世纪末才有所缓和。很自然,也存在着一些地区间的差异。一个总的印象就是德国西部比东部的增长要更早一些并且也快一些。很明显在南部的增长比在北部的增长更早一些。① 虽然在萨克森地区人口增长直到 1550 年前的几十年里才开始,但是那些可靠的高地德国(Upper Germans)数字显示,自从 15 世纪末起,人口已经以每年 1.4％的速度增长了。在与法兰克尼亚毗邻的图林根部分地区,纳税者的人数在 1496 年到 1542 年期间增长了62％。在萨尔茨堡主教管区,1497 年到 1531 年间人口至少增长了 14.3％,但也许能达到 69％,这取决于一个人如何估算这些数据。这对于说明从掌握总的趋势到追求一部详细的人口统计史是如何的困难提供了一个很好的例证。我们只有特定地区的这类数据,他们自然不能为广泛的归纳提供一个坚实的基础。然而,间接的材料告诉我们,许多地区的人口增长很快,足以引起人们的关注。譬如 1500 年之后,领地诸侯追求的“法律和秩序”

---

① 根据 H. 拜尔(H. Baier):《关于人口和财产的统计》(*Zur Bevölkerungs und Vermögensstatistik*),第 197 页,在萨勒姆领地之上,应当缴税的人数在 1488 年到 1505 年之间增长了大约 15％。

越来越与乞丐有关;①无地劳动者及园艺工在乡村中大量增多了;领主设法阻止分割继承;村镇收取"进入费"以阻止新来者的迁入;毁林开荒在所有可能的地方都进行了;甚至在1525年城市和士瓦本联盟可以毫无困难地征召雇佣军。② 这些都是人口日益增长的迹象。

人口增长对于乡村究竟意味着什么？只要考察城乡之间人口水平流动的可能性和限制我们就可以对此有一个切实的感受。在14世纪、15世纪的传染病期间,城市的经济持续繁荣,并且对劳力的需求非常强烈。城市人口的增长部分是由于自然增长,因为有大约一半的新的城市居民是从邻近的内地迁入的移民。这种移居持续到15世纪,在那个时候,当城市的初始的经济困难开始排斥外来涌入时,乡村人口的增长要靠农业经济自身来消化了。③ 这个过程在神圣罗马帝国的东西部和南北部各有不同,但这些不同能有助于说明,为什么1525年在北部德国及德国的易北河以东未发生暴乱。

## 近代早期国家的动力

"近代早期国家"④这一概念最适合于那些帝国内部的领地国家,如勃兰登堡和奥地利,它具有"在政治发展以及国家自我意识的增强方面有着非同寻常的速度"⑤的特点。这就意味着这样的国家将解除该领土上的封

---

① 到1491年的时候,蒂尔已经有一些针对乞讨的法律了;巴伐利亚在15世纪末也有一条这样的法律;帝国也在1497年开始对乞讨进行立法。

② 在由苏黎世所起诉的、反对那些非法到国外寻求雇佣兵服务的案件记录中,回乡的士兵坚决地认为,是贫困迫使他们成为雇佣兵的。参见 W. 施尼德(W. Schnyder):《城市居民和苏黎世地区》(*Die Bevölkerung der Stadt und Landschaft Zürich*),第110页;R. 瓦克纳格尔(R. Wackerna-gel):《人文主义和宗教改革》(*Humanismus und Reformation*),第376页。

③ O. 皮克尔(O. Pickl)已经证明,斯蒂里亚(Styria)的劳动力密集程度相当高(每块农地大约有4.03—5.20人),这个地区的矿山也没有可供选择的职业(在米尔触施拉克[Mürzzuschlag]的铁矿中心,平均每块农地之上的劳动力只有2.74人)。12岁以下的人并没有包括在这个数据之内,这就意味着斯蒂里亚,这个经常遭受部族仇杀和土耳其人攻击的地区,每个家庭所拥有的人数要相对高一些。参见皮克尔:《劳动力和家畜的总量》(*Arbeitskräfte und Viehbesatz*),第147页。

④ G. 厄斯特赖希(G. Oestreich):《精神与形式》(*Geist und Gestalt*),第5页。

⑤ G. 厄斯特赖希:《宪法史》(*Verfassungsgeschichte*),第361页。

君封臣的封建关系,为它们自己追求一种立法上的垄断权,同时在封建经济之外开辟新的收入来源。这些近代早期国家的标准排斥了那些政治结构仍主要依赖于农业秩序的领地,如莱茵河上游的士瓦本和法兰克尼亚、瑞士——严格地说,就是那些其问题被总结在十二条款中的那些小邦。我们很难严格地将 1500 年左右的大邦和小邦明确区分开来,因为其类型是不固定的;但如果十分谨慎的话,对它们作一些归类也是可能的。肯普腾诸侯修道院一类的领地国家是小邦,而蒂罗尔一类的领地国家则是大邦。在分析 1525 年革命的原因的时候,唯一重要的问题就是:在不考虑基本上一致的农业秩序的情况下,近代早期国家在多大程度上侵害了农民的生活。而这种侵害表现于两个方面:税收和诸侯的官僚们。

德意志的领地国家的巨大财政需要可以通过 14 世纪以来的材料得以证明,这种需要增长的原因我们在这里无须赘述。[①] 虽然 在 14 世纪国家的财政的发展并没有超出原有的几种财政形式,主要是用抵押的方式使领主的权力商品化,但是在 15 世纪时,已经发生了一些让人感觉得到的变化。当政府突然发现税收不但可以作为一种财政手段,而且还可以作为一种发掘王权价值的经济手段时,这些变化发生了。税收,虽然在小邦中并未发展起来,但在所有的大邦中已成为一种制度。在诸侯向他们的人征税以前,就必须首先使他们成为自己直接的属民。至于农民以及他们在这一过程中的地位,现在仍然不可能确定私人依附的破坏以及农奴制遭到的冲击(正如蒂罗尔所清楚展示的那样)是否真的减轻了他们经济上的负担;或者,从农奴制中获得自由的代价是否比向诸侯缴纳的税收还要高。

至少有一件事是可以肯定的:税收负担在 1525 年前的几十年中确实加重了。凡是需要领地会议(territorial diet)批准的地方,等级会议(the estates)自然会试图使领地国家的负担尽可能地轻。面临着不断的国家财政破产的危险,等级会议不得不定期向他们的诸侯提供大量的财政援助,并

---

① 诸侯领地政府在财政上的紧迫性仍然需要进一步的研究。国家的加强和税收的上涨之间的关系通过萨克森和巴拉丁的情况得到了很好的证明。然而,16 世纪萨克森领地国家官僚机构的膨胀是通过矿山而收取到的大量收入来维持的(G. 厄斯特赖希:《宪法史》,第 407 页)。诸侯领地最高统治权的加强花费了 520000 古尔盾(G. 兰德韦尔:《帝国和领主权抵押转移的重要性》[*Die Bedeutung der Reichs und Territorialpfandschaften*])。

希望诸侯最终能够从自己被抵押的收入中解放出来，偿清债务，从而保证他们可以长时期内免税的幻想。除了财产税外，诸侯还增加了消费税，消费税有时候甚至取代了财产税。在教会领地上要征收圣职授受税（consecration taxes）。在整个南部德国还要向士瓦本联盟缴纳圣职授受税。最后，但绝不是最少的，为了与土耳其的战争所征收的帝国税，它对15世纪晚期及16世纪早期的重要性只能从16世纪晚期国家发展的重大影响中粗略地推断出来。

如果我们浏览或进一步研究一下大邦的财政史——譬如，在萨尔茨堡和巴拉丁，在蒂罗尔和维腾堡，在福拉尔贝格和施佩耶尔的主教诸侯领地——税收的重要性就会显示出来。法兰克尼亚为我们勾画出了一幅细致的农民税收负担图。在这里，领地税在1525年以前的日子里按个人财产的5％—10％征收；圣职授受税在主教就职时征收——虽然班贝格在1501年、1503年、1505年和1522年都征收此税，但它仍然不是一项常规税（a regular tax）——其数目为：主教采邑上（episcopal fiefs）所有财产的10％，而主教领地之外（outside the episcopal domain）的每一份不动产所要缴纳的数目高达10个古尔盾。有的时候还要对葡萄酒和啤酒，甚至于肉和面粉征收间接税，这项税收使得该商品的价格上涨了10％—20％。再加上1519年、1523年、1524年的军事上的摊派，这是一项极为沉重的负担：所有的一切都表明，农民每年收入中大约有一半被用来支付各种税收和地租。

虽然不应该从这些资料中作出太多的推断，但他们至少可以帮我们透彻了解大邦的农民抱怨税收过重的真实背景。甚至一些小的城市国家，如巴塞尔，也采纳了这种建国的方法，从而招致了农民的抱怨。诸侯的财政需要必然影响到对其领地的管理及官僚体系，而后者经过几个世纪的不断发展到1500年时在上下奥地利、巴伐利亚、巴登、黑塞、萨克森以及其他领地创建枢密院和仲裁法庭时达到了其第一个高峰。原来的本地贵族和市民阶级（由婚姻纽带联结起来并已经受过一定法律教育的阶级）占据了政府机构的各个要职；在这些位置上，他们为诸侯的利益而忙碌操劳。一个日益中央集权化的司法管理使得法律习惯更为统一，从而有助于一套广泛的、适用的领地的法律的形成。通过加强"法律和秩序",社会政策朝着一个对社会和私人生活日益严格化和规范化的方向发展,从而达到防患于未然的目的。最后,在经济政策方面发布了森林法、矿山法,力争更严格地控制诸侯的领地,以期能增加诸侯的收入。

把这一切措施都归结于君主赤裸裸的利己主义是过于简单化了。就像编纂领地一级的法律一样,任何诸侯的大法官法庭或者审判员收入的增长同时也是为农民的利益服务的;因为前者是降低领地上税收负担的一个不可缺少的先决条件,而后者是面临日益加强的流动性时不可避免的。从南部德国可以证实,农民至少是支持这些发展的。政权的重建依然会引起冲突。要想增加大法官法庭的收入,单靠更有效地收集封建所得是不够的,必须要另开财源。一个来源是森林,这些森林已由王权当局颁发的森林法保护起来,而且接踵而至的必然是对农民使用森林的限制。为了防止陌生人、乞丐、流浪汉对村庄的侵害,需要新的控制,但新的控制也会侵犯各个独立家庭不受干扰的权力。如果想使法律更统一,诸侯的法庭不得不判定许多低等法庭的裁决无效。毋庸置疑,傲慢的官僚们走得太远了。例如,把公地纳入王家权限之内,并不能使诸侯侵吞那些可以休耕的土地和可以种草的土地合法化。法律与秩序做得如此过分,以至于连小酒馆通常的十点打烊都因其规定而不得不改为九点关门。当这些法庭为了在领地内强迫推行罗马继承法把低等法庭的案例转到自己手里时,它们过高地认为这是一件好事。[①]

除了这些诸侯与农民的利益可能会发生冲突的领域之外,还有更频繁和更基础的社区层面上的冲突。的确,诸侯推行了建设领地政府的新构想,建立了一个包括枢密院、特权法庭、最高法庭、各部委、中央行政机构及会计署的管理框架,但这些机构还不能渗入到民众这一层。这就需要一个以地区政府的形式发展起来的地方管理体系。这些地区,有时和以前古老的社区边界相同,有时又有所不同,是一个总督的辖区。而总督通常是一

---

① 我们也不再认为整个农业部门都普遍接受罗马法的观点。对于这个法律问题,参见:F. 维亚克尔(F. Wieacker)的《民法史》(*Privatrechtsgeschichte*),第 119 页;H. 康拉德(H. Conrad)的《德国法制史》(*Deutsche Rechtsgeschichte*),第 2 卷,第 339—343 页。

个作为诸侯官员的贵族,不得不设法实现这种新政体在地方层面上的目标。虽然被任命时有一个固定的任期并且要对中央政府负责,但地方官仍享有广泛的司法、执法和行政的权力;他的司法权力可能会和社区法庭发生抵触,他的执法权力可能限制了社区相应官员的作用,他的行政管理能力可能使古老的乡村机构成为多余。

对于南蒂罗尔的城镇和乡村地区而言,农民对那些地方官吏说:"阁下每年收取、管理和支出我们给阁下您的租金、税赋、收入,但是阁下您没有惩罚和审判我们的案件的司法权力,因为它们应当被视为阁下您的当地总督的权力。"这种怨情涉及官员们任意扩张手中权力和控诉者希望停止这种随意扩张权力的行为。他们并非因此想要否定诸侯的司法权力,只是要求"在所有的民事和刑事判决中,无论大小,应当没有利益或利害关系牵涉其中,而应当将一切都只呈交于阁下办理"。[1]由此不公正的判决和为自己谋利的判决就可以避免。这种要求的提出基于这样一个事实,60%以上的蒂罗尔法庭被抵押出去,而且司法当局付给法官和法院管理人员的薪水太少,因此他们只能依靠征收的罚金来改善自己的拮据生活。

在维腾堡,我们发现对于公爵的君权中存在着同样的问题。由于人口相对集中、木材严重短缺以及公爵对狩猎的偏好,维腾堡较早并且较充分地经历了森林保护法的发展,任命了大量的护林者执行这些法律。他们特别容易滥用权力,因为根据命令,大法院不得受理对于他们的指控。他们运用警察的权力,不仅禁止农民使用森林,而且还禁止他们使用公地及小溪。他们使用刑事审判权对那些受命饲养而又"找不到猎犬"的农民处以很重的罚金。森林护卫者及其奴仆都要靠农民来养活,但同时他们又禁止农民田猎,以便让狗在庄稼地中自由地追逐野兽。

这样,法律与秩序的推行可能防止了一些司法与管理上的弊病,但同时也制造了一大堆新的弊病。除了税务重负外,乡村现在不得不供养这些由于薪金微薄而不断贪污的地方官僚。

---

① 　沃博夫内尔:《原始材料集》(*Quellen*),第 39 页。

# 农民的政治意识

经济条件的日益恶化,社会紧张局势的日益加剧,领主压力的不断增强——所有的这一切都不断加强了农民的政治意识。一个明显的制度上的转变在 15 世纪发生了,这对于南部德国而言,也是一次决定性的转变:对于农民事务的政治管理权已经由乡村公社转到了领地会议的手中了。

无论乡村公社的起源是什么,14 世纪、15 世纪是其成熟的重要时期。在中世纪晚期经历了人口下降之后,集结成为核心村庄的持续蔓延给乡村社会带来了一些政治问题。通过庄园结构的瓦解、领主权力的可转让性的不断增加以及领主权力的商品化,领主对于乡村权力追求的不断发展迫使农民组成合作性的行政和司法制度,以填补由此造成的政治真空。这些改变加强了地方合作以及村社自治的感觉,而这种加强又因为领主、地方统治者及司法当局缺乏它们自己的强有力的管理机构而发展起来了。这些分裂和竞争使得他们将政治职能下放到了这些最小的政治实体。乡村社(village community)、司法团(judicial commune)、山谷社(valley community)、山间社(mountain community)——由于具有相同的任务,所有这些都具有可类比的结构。① 社内的农民——有选举的、有任命的、有由公社和领主联合挑选的——因此正为在个人和社区利益容易发生冲突的地方,如三圃制、放牧权、使用公地和森林的权利,尽可能提供一个和谐的经济体制。这些乡村里的官员要完成监督施工、防止火灾和规范市场的任务。他们颁布法令及禁令,为当地的经济保驾护航、保护财产关系、维护内部和平。他们用司法审判权来执行法规。他们任命陪审员到乡村法庭,这些法庭被授权处理各种行政事务、小纠纷和重大的罪行(除了三四项非常重大的罪行要交由高等法庭处理)。简而言之,最基本的政府职能,如维护和平及保护

---

① 村庄、协会和公社等之间法律上的区别在这里就不作探讨了。正如以下所认为的那样,"公社"("commune",即德语中的"Gemeinde")指任何一种在地方性或地区性的、受到一定限制、具有一定政治功能的乡村社团,它既可以指一个村庄,也可以指一个包含了几个村庄、小村落但是不包括集结起来的定居点的地区。这样的社团还有两个比较常见的称呼,"Gericht"和"Hauptmannschaft"。

　　丢勒(Albrecht Dürer)所作的羽毛笔画《三个正在逛农贸集市的农民和一对农民夫妇》,作于1496年。作品反映了农民崭新的自我意识。

居民的权利,被授予农民自己来执行了;他们有时在这方面由统治者来监督,但更经常的是由公社自己来监督,只要需要,公社就能立刻召集起来。

如果想得到中世纪晚期政治秩序的一个精确概念的话,我们就必须强调一些基本事实——把农民、皇帝及帝国各等级包含于其中的政治秩序。乡村的政治秩序问题无疑在 14 世纪因日益集中的定居模式,在 15 世纪则随着乡村人口的增长而增加。在那个时候,公社自身比领主能更好地满足当时最基本的人类社会需要,因为公社本身就经历过这些需要。这样,村庄就和城市在几个世纪以前已经开始的轮唱曲(Roundsong)的第二声部(a second voice)相和谐。

近代早期国家是最先成功地把它的官员输入到了乡村、地区、山谷及山间的社区里的组织。披着统治者权威的外衣,这些官员们尽力推行所有那些诸侯及其顾问认为是有助于促进公共利益、法律和秩序,当然还有对他们有好处的措施。

在强调 15 世纪的社区权力的广大范围和共同特性时,我们不能忽视因时间和地点的不同而产生的差别。有大量的可以说明这些差别的有力例证。在近代早期,由于社会和经济条件的日趋复杂化,由于哈布斯堡王朝对于这个遥远的属地的兴趣的减弱,在福拉尔贝格的公社所辖的地区发展成几乎自治的政治实体。最后,这些社区颁布了他们自己的领地法。另一方面,15 世纪萨克森的领主们已经剥夺了乡村社区的权力。法兰克尼亚的乡村居民比黑森地区的居民更早地利用传统的、国王的自由奴仆团体创建了政治上比较活跃同时又很负责任的社区,因为黑森地区的定居点的形成较晚。在 15 世纪,还可以发现因地理位置的不同而造成的社区政治发展的强度亦不尽相同。凡是位于领主的城堡边上的乡村,合作的或自治的社区几乎不可能得到大的发展;相反,领主的官员必须要经数日的骑马才能到达(在冬天则根本不可能到达)的山谷地区,自然只好依靠自己来统治了。在不同的男爵领、伯爵领、公爵领、选帝侯领内都存在着地区差异。譬如,在圣·加仑伦的诸侯修道院领中,社区自治的程度在"老区"(Old Land)上比托根贝格(Toggenburg)的附属地区要低得多。在原来的维腾堡伯爵领①，乡村的自治权从属于地区政府所在的城镇的管辖，在受地区行政管理者的影响上比上士瓦本地区的村社所受的限制要小的多。在莱茵部(Rheingau)，农民具有政治权利，而在美因茨选帝侯的领地之上，农民们则没有任何的政治权利。地理位置与政治因素是造成社区力量大小差异的原因，这样的判断在蒂罗尔的社区体现得最为明显。就像阿尔卑斯山区的社区拥有比高地德国(即中部德国)社区大得多的自治权一样，总的说来，蒂罗尔的社区所赢得的权力比萨尔茨堡的社区所拥有的权力要大得多。这些不同组成了一个彩色拼盘，当然，这些不同并不是相互对立的两极。

　　至少从15世纪早期以来，在领主与农民关系中可以看到一种新的发展，从领主的角度来看或许可以毫不隐晦地称之为"领地化运动"(territorialization)。从外部，领主通过交换或购买庄园地产、农民、政治权力来完成集中土地的过程；从内部，通过消灭在诸侯与农民之间的贵族、教会领主这些中介力量来实现政府内部的加强。不同程度的人身依附也被消除了，成了统一的领地诸侯的属民，最高统治权也产生或者是复活了。这一过程使得贵族及教会领主对诸侯施加在他们身上的压力作出反应，其手段就是——他们向自己的农民增加压力；同时，他们在领地会议上发现了一个通过它可以联合起来共同对付诸侯合适的工具。另一方面，农民与贵族之间的斗争，不得不在乡村这个层面上解决。"领地化运动"之后，成为一个领主的属民的村民越多，免于领主权的地区就越狭窄。地方统治者利用其权力颁布的命令越多，乡村法庭的创造性的司法权力就越有限。领主接管地方行政事务的管理越多，乡村官员们对社区的忠诚就更多地转移到领主身上。最高统治权运用得越充分，对于乡村各种各样共同的使用权力的限制就越严格。简而言之，领主与社区在理论上的对立变成了事实上的对抗，这种发展的最为简明的论据就是乡村法庭的决定和法令，这些决定与法令在15世纪比过去的1000年中的其他任何时候都多得多。②

　　毫无疑问，领主对于乡村的法规侵害了地方上的习惯法；统治者的裁

---

　　①　维腾堡：以前是一个伯爵领，1495年升为公爵领。

　　②　必须承认，这种增长在一定程度上也是读写能力增强的结果。

决取代了传统的审判时的协作标准①——这不只是完全为诸侯的利益服务，而且也是使整个领地的法律统一起来。这个过程持续得越长，乡村及其乡村法庭就越没有能力防卫自己不受统治者对其权力的侵夺。但农民不想被动地接受这种权力的丧失，在接踵而至的艰苦斗争中（伴随以罢租及拒行臣服礼），领地会议诞生了。这类机构在理论上和领主权是相互关联的。就这点而言，他们是整个领地的中介机构与合作机关，部分地与原来的领地等级会议相结盟以反对领地诸侯。蒂罗尔的农民（也就是蒂罗尔伯爵的属民）在 1400 年左右已经有权成为领地会议中的一员。不久之后，这种成就在哈布斯堡更西边的领地之上再一次取得了。哈布斯堡在近奥地利的属民首先获得了在奥地利地区议会代表权，然后获得了在所有哈布斯堡地区议会上的代表权，最终在 15 世纪中期左右获得了在近奥地利地区的议会上的代表权。在 1500 年左右，士瓦本的奥地利领地和福拉尔贝格出现了同样的发展。在萨尔茨堡，大主教的属民自 1460 年以来便一直为进入等级会议这个机构而努力。在南部德国更小领地上——如托根贝格伯爵领、舒森利特、沃西森豪森、肯普腾修道院管区，在罗滕贝格－萨奥森贝格（Röttelnberg-Sausenberg）、霍施贝格（Hochberg）和巴登维尔（Badenweiler）的巴登贵族领以及贝希特斯加登（Berchtesgaden）的小女修道院院长的领地——属民迫使他们的诸侯（尽管受到强烈的抵制），在法律上承认所有属民作为一个整体，是政体中的一员。就如他们在 15 世纪上半叶的巴拉丁和 1500 年以后不久的施佩耶尔主教诸侯管区所处的情况一样，即使他们只能成为领地会议中最弱的底部成员，农民也是通过这种政治解放的行动使其政治构想准确无误地为人所知。

当我们观察 1525 年革命时，值得重视的是这一政治解放的更早过程中的暴力方面。② 萨尔茨堡大主教只有在巴伐利亚公爵的协助之下才能镇压了他领地上的农民们的暴动，即使这样，革命仍然为农民参与领地会议

---

① 参见 F. 维亚克尔（F. Wieacker）：《民法史》（*Privatrechtsgeschichte*），第 63、118 页。当然，法律并不等同于罗马法，罗马法对于农民战争的意义很早以前就被 A. 施特恩（A. Stern）的《罗马法和德国农民战争》（*Das römische und der deutsche Bauernkrieg*）所证实。

② 只有通过书面材料才能了解这一解放过程。这造成了一种似乎是按领主的意愿而不是根据团体组织的要求，开始了这一解放过程的假象。很明显，这是错误的。

扫清了道路。贝希特斯加登的修道院副院长诸侯需要皇帝马克西米利安的介入才得以获取对议会的一个很小的胜利。沃西森豪森和肯普腾的修道院长不得不向士瓦本联盟请求军事支援以镇压叛乱的属民。因此领地会议形成的历程通常就是一个监禁、逃跑和流放的过程。即使领地会议的产生并不总是源于这种暴力行为,但固执的农民仍以他们的经济复兴、自由,甚至于自己的生命为代价,防止自己成为领地国家的一枚卒子。"普通人"也政治化了。例如士瓦本的农民密使活跃于整个高地德国,其目的就是搜集起诉其领主的证据。社区还拒绝向新选出的高级教士(如修道院院长、主教等)宣誓效忠,除非他们的怨情能得到解决。乡村的年长者以暴力威胁诸侯的官员要求降低税收。农民的代表甚至到大学去征询法学专家的意见以反对其统治者。农民代表团出现在帝国会议、帝国法庭、瑞士的联邦会议以及瑞士的城镇里,请求军事或法律上的支持来对抗其领主。

农民在各条战线上取得的成功必然提高了他们的政治期望。例如,在1462年,萨尔茨堡的农民们迫使他们的大主教取消新增的税收和其他税目;1474年,蒂罗尔的农民和城市会议代表联合施加压力通过一部领地法;贝希特斯加登的农民在1506年迫使修道院副院长诸侯撤销对现存的农业系统的侵犯;1502年,沃西森豪森的农民不顾修道院长的意愿,确保将一块原本不能继承的租地变成了可继承的租地;1500年近奥地利的第三等级,即农民和市民,能够按自己的喜好制订出一系列的法令;而且罗滕贝格—萨奥森贝格的领地会议在1518年基本上制订了自己的领地法。这些例子已足以说明。

农民们的成就被编纂进了领地会议的法令、官方的领地法以及臣民可获得的敕令副本之中。把这些文件相互比较和对比,我们就会再次发现,一些问题是大邦和小邦所共有的,而另一些则是特殊的。在士瓦本、上莱茵和瑞士的一些小邦之上,主要的任务是澄清、阐释农业秩序以推行于整个领地,包括明确限定劳役义务、财产权、使用权。对于大邦,这些问题则只是在一定程度上存在。在那些领地诸侯本身亦是最大的领主的地方,如萨尔茨堡或蒂罗尔,领地会议试图通过修改领地法来规范农业秩序和农业经济,以更多地迎合农民的意愿。在领地诸侯作为一个领主不如贵族和僧侣重要的地方,如近奥地利,农业秩序几乎不能成为领地法的目标,在这些地方只有农民与领主的直接磋商可以为这一目标服务。但无论在什么地区,农民的目标都是一致的:参与构建领地国家。如果说在小邦中这种努力主要限定于农业秩序中,这是因为在这些地方,农业秩序与小邦的政治制度几乎完全相等。正如大邦的政权已经进步为不再单单是农业政权一样,大邦的领地法亦不单单涉及农业问题了。另一个特征将大邦与小邦区别开来。从萨尔茨堡到近奥地利,凡是农民没有代表权的地方,大邦的领地议会就会不假思索地通过了仅从市民与村民身上而不是从更富有的阶层身上征税的决议。

农民的成功确实有其局限性。领地会议法令、领地法和各种协议的一个明显特征就是对传统法的强调。传统法对于农民自由行事的可能作了种种限制,这些限制效果可能很大也可能很小,或者根本没有效果。如果能够证明习惯法已经被革新措施所妨害,那么限制效果就很大;如果经过变革几十年后习惯法已被革新措施覆盖得无以证明,那么限制收效就很小;如果新的社会和政治问题明显需要的解决办法从来不认为传统法是适当的,那么这些限制就几乎没有任何的效果。在领地政府实行罗马法、统一的习惯法、成文法的任何地方,即使只是作为传统的补充;在领地政府的法理学抛弃了寻找或发现法律这一日尔曼传统的任何地方,留下的只会是那些无助的农民。同时双方都觉得需要一种合法性。领主以"帝国的(如罗马的)和教会的(如宗教法规)习惯法"为武器,而农民则用如今已经钝化了的古代传统作为保护自己的武器,双方展开了战斗。理性站在了道德的对立面。农民们有这样一个观念,任何法律都是符合习惯与合乎理性的,正因为受到这个观念的羁绊,农民只能要求那些他能从法律上证明其正当性的要求。因此,他们所需要的就是"帝国的和教会的习惯法"的对应物。他们最终于 1525 年在"神法"之中找到了这一切。

# 第五章 福音主义对抗封建主义

　　封建主义的危机不能通过传统的手段，即由领主与农民协作寻求法律来予以解决。为什么不能呢？如果要回答这一问题，所有有待探讨的问题之中的契合、重叠与相互依赖都应列举出来，关键因素的重要性必须以一种既能解释一般性联系，又能说明地区独特性的方法来加以评估。

　　虽然 1500 年的欧洲中部的农业状况难以理解，但有一点是很清楚的，1525 的前 50 年里，随着耕地的日渐缺乏、使用权被第一次大规模地剥夺和税收大量增加，农民的地位恶化了。这一过程是在农业的不景气的背景下，还是在农业大发展的背景之下完成的，现在难以确定。这种急剧的生活条件的恶化，虽然不一定是主要的，但至少也是革命的一个原因。由于这只被两代人所感受到，因此被看做是实际生活条件的恶化。

　　在这里，也许有人会反对把农业经济条件强调成革命的一个原因，因为无论是在 1500 年之前，还是之后，农业部门都没有发生太大的变化。这固然是正确的，但它忽略了一个事实，新增加的经济负担实际上足以在1525 年之前引发一场暴动。萨尔茨堡农民用起义来回答向他们征收双倍的圣职授受税；在韦塞瑙、舒森利特和圣·布拉森(St. Blasien)修道院领地上的暴动是对增加的强制性征收的反抗；在维腾堡的"穷康拉德"起义是对

# Das fußfenlin:
Hie flügt das ewangelisch fan
Wer criftlich ift vnd wil daran
Vnd liebet ewangelifch ler
Der lauff zů difem fenlin her.

托马斯·穆尼(Thomas Murner)《伟大的路德派傻瓜》一书插图,木刻版画,1522 年。士
兵高举着一面旗帜,在宣扬一个新的方案,要求"自由"和"公正"。

新公爵的森林政策的反应。毫无疑问,应该从农民更深层意识的水平去考究农民起义的更为深刻的原因,诸如感到正义遭到侵犯,但在任何一种情况之下,起义总是由于统治者的行为对农民的经济造成了直接影响而激发的。15 世纪中期以后,起义爆发更加频繁,说明了 1525 年以前危机进一步加剧了。而且,起义数量的增长与经济勒索的增加几乎是同时发生的。美因茨选帝侯早在 1519 年帝国大选时就提出了这一观点,因为哈布斯堡的经济力量强大,他明确表示要支持查理五世,"以至于贫穷的普通人会无缘无故地受重负暴敛之累,而这除了会导致鞋会一类的起义以外别无效果"。①

关于这些起义有两点值得注意。第一,在这些起义的同时,也有为它们辩护的合理化解释:在"我们的父辈以及祖父辈"的时候,诸如此类的负担仍然不是一种惯例;第二,举行起义的目标是消除那些具体存在的各种弊端。动机与目标趋于一致。每一点都被认为是正当的,其正当性就是古之法——这一全部中世纪法律思想中的关键概念。在中世纪晚期帝国之内的起义与暴动中所提出的要求中,没有哪一项是不能被证明是正当要求的,这几乎是不言而喻的。换句话说,起义的目标只是取消那些具体的新举措。由此可以解释,为什么起义总是具有地方性的特点;为什么 15 世纪不能爆发可与 1525 年革命相比美的起义。

新增的经济负担沉重地打击了许多本来就已经处于各种紧张之下的乡村和家庭。既然由乡村流向城市的浪潮已经被阻止了,不断增长的人口就不得不为了分配到那些没有任何增长潜力的耕地而奋斗了。在实行遗产分割继承的地区,社会生活水平下降了;在实行遗产单一继承的地区,乡村下层人数的增长加剧了贫富之间的差距。由于乡村内部的这些问题,领主阻止农民的流动的做法初看起来似乎很荒谬;但领主关心的不是茅舍农和小农,而是开发大农场所带来的财富。同样的为了领地政权的利益而加强的动机,也加速了贵族实施禁止其属民与自己司法管辖范围之外的人结婚,这使得属民最基本的需要也得不到满足。

---

① 《德意志国会档案》(*Deutsche Reichstagsakten, jüngere Reihe*),最新版,1 卷,第 843 页,第 378 号。

　　与这些社会及经济的发展形成尖锐对比的是政治的趋向,可以被简单地描述为农民在政治上的解放。如果广泛发展的乡村自治政府孕育了进行政治决策的能力,那么农民与领主对抗的成功必定也提高了他们的政治期望。

　　在这一点上,有必要对地区差异给予更多的关注。不能否认,农民中间在经济负担、社会紧张程度及政治理想方面存在着很大的差异,正是这种差异阻止我们建立任何一套明确的、关于革命起因的固定模式;相反,这些因素必须被认为是地区的特殊变量。在蒂罗尔,较高的政治理想与较低的经济负担相平衡,属民们一步步地向领地宪法的目标迈进。在法兰克尼亚,经济负担比政治理想的分量要重得多,因为在这里应缴纳给领主和诸侯的封建税赋耗尽了农民的一半收入,并且也超过了能够忍受的限度。我们还可以很容易地举出更多的例子,这些例子显示了各种变量因素结合起来,最后总能产生同样结果:领主与农民的关系已达到了所能忍受的临界点。凡是未达到这个临界点的地区,如图林根地区(在那里南部德国的农奴制和公社自治的形式还不为人知),像托马斯·闵采尔这样的革命领导者很快就能使这个地区激奋起来。

　　但革命的突破仍未到来。如果不考虑到领主和臣民之间的忠诚契约的情节,即让农民依附于领主的伦理因素,农民的这种淡漠是不可理解的。由于经济依附关系占据了主导地位,因此忠诚,这个渗透于中世纪社会与政治秩序的各个方面的酵母,实际上被低估了,而农民们也很明显地知道这一点;但农民们绝没有打破这些旧的道德束缚的条件。这些约束主宰农民法律思想,为他高尚的道德本性所困,从而不能把握快速转变的社会和政治秩序问题,却与古代的传统密切相关。但古代的传统不能为解决人口统计问题提供任何的办法。进一步讲,凡是领主能引用"古代法"的地方,古代传统就没有任何的力量。《西卜林书》(Sybilline)的判决宣称成文法——哪怕是伪造的——也要优于古代的传统。实际上,只有在以"文件记载"的形式出现的古代传统,才能阻止变革;在模棱两可的情况下,更强的一方一般都会获胜。然而,因为这种情况仍然很新奇,而且因为传统法有时确实会取得胜利,因此农民便把所有的希望全部寄托到了传统法的力量上。很自然,要经过一定时间他们才可能认识到这种希望是虚幻的[①],而最终当他清楚地意识到不可能通过传统的仲裁方式来解决其争端,他唯一的选择是要么放弃证明其要求是正当的努力,要么在"新"的法律中寻求保护。在伦理上及法律上能够证明自己正当性的那些要求自然要优于那些不能证明自己正当性的那些要求。如果新的法律与农民的法律心态志趣相投——如果它能把困苦、紧张、希望和理想转换成为合法的、合乎伦理的需求——那么法律将明显地成为一种赎救力量。农民在"神法"中找到了这种新的法律。

农民的战争正好在 1525 年的 1 月、2 月这几个月开始于上士瓦本地区。[②] 在阿尔郜,康斯坦茨湖周围以及所有的巴尔特林根农民都起来将自己组织成阿尔郜、康斯坦茨湖及巴尔特林根义军。在开始一段时间里,这些军队没什么相互的交流与影响。但经济负担的增加,社会的紧张局势及政治期望的增长已明显地达到了一个相近的水平。农业及政治条件的类似性的一个标志就是这样一个事实:贵族和教会领主相互切磋加强领地统治以及强化他们自己权力的方法。15 世纪频繁的法律诉讼造成了这种领主间的交流,因为他们组织了各种各样法律裁判团,因此他们能远远地超出自己小贵族领地边界的限制去熟悉士瓦本的情况。还有一种像士瓦本联盟这样的组织,其代表会议将贵族、高级教士、城市行政官召集到了一起,也促进了各种观点的交流和采取统一的对付农民措施。领主们相当频繁地通过参考邻近领地的习惯来为自己的各种限制性措施辩护,这也证明了这些交流的存在和延续。

1525 年头两个月革命的特征是其超领地特征。不同贵族领地的农民

---

①　这些关系可由以下方程来表达:

$$革命的可能性 = \frac{经济负担 + 社会紧张度 + 政治理想}{要求合乎正统的力量}$$

要求合乎正统的力量越弱,革命的可能性也就越大。

②　即使施蒂林根(Stühlingen)1524 年的起义在过程和结构方面都与 1525 年别的地区的起义相像(参见弗朗茨:《德国农民战争》第 1 版,第 158—181 页),我仍然不赞成把它看做农民战争的开始,这是因为以下两个原因。第一,农民只是希望用古之法来证明其行动的正当性;第二,他们听任用这种方式强迫自己通过法律来解决他们的怨情。因此,这次起义属于较为古老的起义范畴,并没有突破成一种新类型的起义。

会聚在了一起,整个乡村都起义了,起义也不仅限于某个领主的属民。真正的创新之处在于以前的农民暴动从未能打破狭隘的政治地域。① 然而,在这种超领地性发展开始之前,就必须克服原来的正统形式。这是因为,除了个别的领主外,没有别人能够打破古老的传统,因此用古老传统的形式表现出的要求只向单个领主提出。这种正统和地方主义的传统情结能通过两种方式来克服,一是通过一个新的法律,这个法律可以取消农民与领主的法律共同体;二是放弃所有的法律。阿尔部人采用了第一种方式,巴尔特林根人采用了第二种方式。

在阿尔部的肯普腾修道院的农奴和佃农自从 15 世纪中期以来为松弛各种形式的私人依附关系作了越来越大的努力。一场发生在 1491 年到 1492 年的起义达到了这场引人注目的战役的第一个顶峰;第二个顶峰是随着农民在 1523 年对修道院长所作的相当有保留的宣誓效忠而到来了。在这两次行动中,农民都单纯依靠古代传统这个武器来采取行动的。在 1525 年 1 月,一次在修道院长、僧侣和领地会议中进行仲裁的努力失败了。1 月 23 日在洛伊巴斯(Leubas)(肯普腾的帝国领地法庭所在地)召开的领地会议讨论要如何选择——诉诸武力还是法律——时,大部分人主张使用法律。这时会议仍完全由肯普腾的教会属民组成。当修道院院长劝告说,其他领主的农民都已经加入了誓言联盟时,会议有力地拒绝了这一劝告,并且要求将所有的外来者都驱逐出去。这些事件极清楚地显示了传统法和政治行为的结合只是局限于特定的地区及其人民。

肯普腾领地会议的特使,洛伊巴斯的约尔格·施密德(Jörg Schmid)(也被称为克诺普夫[Knopf])去图林根向一个大学法学家求教。会议等到 2 月 20 号才召回他,此时整个阿尔部已爆发了骚动,农民们已经在"神圣的福音书和神法"中找到了新的、能够证明他们要求的合法性根据。② 地域限制没有被打破,对不同的领主的依附不再成为合作的不可逾越的障碍。到了月底,蒙特佛特伯爵的农民和旺根(Wangen)城不住在城里的市民、肯普

---

① 这一结论并没有和上莱茵地区的"鞋会"起义相矛盾。"鞋会"起义所具有的组织隐蔽、领袖人物杰出同时又非常激进的特点使得它与农民战争和早期起义有很大的不同。

② 弗朗茨:《德国农民战争》第 1 版,第 184 页。

腾修道院长的农奴及奥格斯堡主教的属民在"阿尔邬地区的基督教联盟"中，为他们的事业发现了一个共同的制度载体。① 肯普腾的农民从未放弃过合法性，但他们把旧的、过时的法律概念换成了新的更适用的法律——即把传统法换成了"神法"。

第二种替换传统法的选择出现于巴尔特林根周围的起义中。在 2 月中旬前，七千到一万名来自多瑙河以南的不同领地的农民从梅斯基希到莱希，一同汇集到巴尔特林根的营地。虽然农民们没有将他们的抱怨直接送到他们各自的领主那儿，但在 2 月 16 日，当被要求时他们的确将怨情条款递送给了士瓦本联盟。如果我们检查一下这些所列条款的法律类别，只有 5％的条款以神法作为根据，1％以传统法为凭，84％则毫无法律根据。② 建立在更为古老的使用权基础之上的论据也偶尔地、非常容易理解地溜进了个别条款之中。但如果把这些条款进行仔细地分类，结果似乎表明了这样的结论：即有些要求的合理性是完全得不到证明的，因为不存在非常明显的对传统法的侵犯。其论据的基础为古代传统的那些条款很少有涉及农奴制（1.5％）和领主权（8％）的，更多地涉及司法管理（14.81％）及使用权（20.73％）。

极度缺乏的合法性问题在 10 天内就解决了。2 月 27 日，现在自称为"基督徒大会"（Christian Assembly）的巴尔特林根军将执行上帝之言变成了他们的一条纲领："无论上帝根据这同样的语言给予我们什么，还是拿走了什么，我们都将高兴地接受和忍受由此带来的欢乐或痛苦。"③现在再去从法律上证明要求的合法性、提出抱怨或努力与每个领主分别签订妥协协议都是多余的。起义已获得了其合法性证明，革命现在有了自己的目标。剩下要做的只是把这一目标表述得更精确一些，使经济社会和政治需要与上帝的语言相和谐。革命现在需要一个宣言——在十二条款就可以发现

---

① 弗朗茨：《德国农民战争》第 1 版，第 184 页。

② 在附录 II 中可以找到构成这一结论基础的材料。这一计算结果是建立在具体条款的基础之上的。在序言中，虽然具体的条款提及神法的次数较少，提及古之法的较多，但有时候作为一个整体，这些条款中有 7.69％的条款是建立在古之法的基础之上的，有 12.82％的条款是建立在神法基础之上的。

③ 福格特：《会刊》，第 83 号。

这个宣言。

"神法"的推行——无论农民从这个术语中详细地懂得了什么——它都将成为革命的目标。十二条款作为一种新的法律原则将"神法"非常简明地表述出来,从而获得了爆炸性的力量,这种法律可以提供一个法律基础来克服封建主义的结构问题,甚至可以彻底地摧毁封建主义。甚至在十二条款不能作为农民的基本要求的地方(这要么是因为封建主义仍稳固,要么因为早期近代国家已经过滤了封建主义的内部力量),"神法"的上层建筑被剥去,使得起初的要求能够独立存在,从而可以被用来在相当不同的内容上支持农民的要求。

作为农民革命第一阶段目标的反映,十二条款起初不得不从《圣经》中为农民需要的正当性提供证据,从逻辑上给领主的那些激发出他们各种要求的措施打上一个"非基督"的标志。对于农民而言,使用上帝的语言作为法律准则产生了一种拯救众人的效果:领主因为起义而遭受谴责,因为《圣经》证明了起义的合法性。①悬而未决的是能够而且应当用什么样的方式来实现上帝之言。

"神法"从三种意义上具有潜在的动力:一,任何要求,只要能从《圣经》中找到支持它们的证据,都可以提出;第二,以前把农民与市民分开的合作障碍能够被消除了;第三,将来的社会及政治秩序现在已经成了一个可以公开讨论的问题。

无论在何处,只要我们在特定细节上能够理解领主对农民的要求的反应,我们就会再一次看到古代传统作为对抗变革的堡垒是如何无能为力的。属民向士瓦本联盟递呈怨情陈述,所有贵族对此作出的反应是,他们从来没有引入任何新的措施。在领主看来,他们的政策完全符合古代传统和领地习惯。这就阻碍了任何妥协的达成,把农民置于只能依靠神法来解放自己的地步了。可以肯定的是,正是在那些纯粹的封建统治结构依旧存在的地方,用古代传统来证明合法的力量降低了农民的活动能力。另一方面,城市用一种更为实用的态度回复了农民的要求,有时甚至用嘲弄来消

---

① 参见附录 I 中十二条款的开场白。

磨农民的意志。因此，在回复应当免除进入税的要求时，梅明根以讽刺的口吻说，将来田地也要按"属民要求其牧师的同样条件出租了"。① 接受继续存在着利益冲突这一事实，就像梅明根这座自由城市所证实的那样，自然更易于对此达成谅解。另一方面，世俗和教会领主，把传统法作为逃避"神法"的一个值得信赖的避难所。譬如，在巴塞尔的一次会议上，自由骑士、阿尔萨斯、孙特部的高级教士的代表们一致主张以古代传统为据对抗农民：劳役"自古就有"，"死亡税"也不是"新发明的，而是已实行多年了；也应当缴纳"契约鸡"（奴役的标志），"因为他们以及他们的祖先已经缴纳很多年了"；杀人者的财产应当被没收充公，"因为这是任何人从记事起就已经知晓的惯例"。② 在蒂罗尔、萨尔茨堡、法兰克尼亚，领主到处都在不断加强对古代传统的支持。萨克森选帝侯智者弗里德里希向其兄约翰公爵承认"穷人受到了我们这些世俗和教会领主的各种花样的盘剥"，"也许……穷人有足够的理由举行起义"。③ 但这是一个令人惊异的例外。

没有"神法"这个原则（以上例子仅是为了证明这一点），进行革命将是不可能的。"神法"的爆炸性的力量在城镇也是相当明显的。是城市把来自"神法"的主张交给了农民，虽然这是事实——十二条款的情况就是毫无疑问的例证——我们也必须坚信，作为一种可能的重新规范社会和政治秩序的原则，"神法"的原则是通过农民才回到城市的。总而言之，只有在农民已经完全接受"神法"之后，城市才采用"神法"这一口号的。在十二条款中已经可以发现这样的声明，即政治秩序改革基本上是一个可以公开讨论的问题，并有这样的条件，如果这些条款被发现是"不公正的，它们便要从发现的那个时候起死亡、毫无束缚力和失效。同样的，如果《圣经》进一步揭示出，有些怨情是对上帝的冒犯或者给我们邻人带来了负担，我们将为它们保留一席之地以将其列入我们的条款（第十二条）。因此农民不仅想聆听福音，而且想"根据福音来生活"；列出的具体怨情并不是他们的最终

---

　　① 《梅明根城市档案馆》341/6（草稿），它的最后的一个版本由鲍曼复印在《档案集》第120、126页第108号档案中。（那个议员带有讽刺性的评论实际上是暗指十二条款，它意味着议员想得到就像乡村接受或者拒绝牧师那样的接受或者拒绝佃农的权力。）

　　② 施莱伯：《德国农民战争》第3部分，第25—31页，第382号。

　　③ 弗朗茨和福克斯：《档案集》，第2卷，第91页。

口号,因为是他们对上帝话语的信仰力量揭示了真理,并劝人对于自己的信仰不要动摇。然而这不仅仅是一次解放,而且还绝对是一种新的束缚,把《圣经》中的真理用于世俗生活是一个属于神学家的个人领域,领主们只希望到神学家那里进行审判。但如果神学家拒绝引导,领主又不服从,革命将走向何方?

# 第二部分
# 革命的目标：全体基督徒的幸福和兄弟之爱

虽然一个地区的百姓或许能够长时间地容忍领主的专制与腐败，但同时寄希望他今后加以改进，可是如果他不改进，那么这个地区的百姓就应该勇敢地拿起剑。

——在格梅纳·帕维沙夫特的集会上(1525)

# 第六章
## 基督教联盟和大会：新的社会和政治秩序的模式？

　　1525 年 1 月到 5 月间,众多队伍出于军事、社会和政治的目标,在德国中部、南部的整个起义地区联合起来。他们采纳了诸如"群众"、"大众"、"基督教联邦"、"基督教联盟"、"福音兄弟同盟"、"大会"和"兄弟之爱"的名称。"基督教联盟"和"大会"是最为普遍采用的称号。让我们仔细分析为什么他们的社会、政治观念能够产生出不只是一份怨情陈述单的东西,它们的构建和组织又是如何为新的国家形式指明了道路的。现仅举两个很具有代表性的例子,一个是阿尔郜、康斯坦茨湖和巴尔特林根的基督教联盟和大会,另一个是萨尔茨堡的大会和荣誉基督教社团。

　　3 月初,巴尔特林根的军队极力促成与阿尔郜、康斯坦茨湖军队结成联盟。3 月 6 日,这几支军队的大约 50 名代表聚集在梅明根商业行会会所。3 月 7 日,在致土瓦本联盟的信函中,他们根据"联盟条例"为自己拟定了结构性框架,自称是来自阿尔郜、康斯坦茨湖和巴尔特林根的军队大会,亦称基督教联盟。使用"大会"一词表明了一种联合的性质和跨地域协作的政治主张。通过"基督教联盟"这一称谓,他们清楚显示了自己政治秩序的新基石就是福音和神法。"联盟条例"很可能是在塞巴斯蒂安・洛茨(Sebas-

tian Lotzer)①所撰写的一份草案基础上拟就的,经过 1 天的讨论,于 3 月 7 日被各支军队的代表接受,并印刷成册,通过牧师的布道向四方传播。它最直接的任务就是填补当时的政治真空,但与此同时,它亦代表了为构造新宪法的第一次较为朦胧的尝试。

绪论描述了基督教联盟的意图,即确立"福音"和"上帝之言","正义和神法",这与十二条款的序言是类似的。他们要求牧师冒着被免职的危险和痛苦,宣讲纯粹的福音,从而确保上帝之言得以传布。神法是通过"联盟条例"的其余条款来确立的。把封建领主的收入削减到契约规定的标准,从而部分地实施了十二条款的纲领,但并未明确提出废除领主的司法权。

如果我们分析一下大会所声称的权威及其采取的安全防范性措施,就会更清楚地发现对领主权力的制约既模糊又笼统。任何一项新的关于领主的条款都需要大会首肯,而且要以无人退出大会为条件。三支军队中推选出十二名地方议员和三名指挥官,组成一个委员会,领导基督教联盟,但权力仅限于军务。为使成员和平共处,他们照搬了 15 世纪、16 世纪维持乡村秩序的乡村法律。严禁抢劫、严禁亵渎上帝等几款治安条例使得立法更加完善了。无法通过土地来自谋生路的手工艺人和雇佣兵必须在教区长面前宣誓永不参加敌对大会的军队,必须通报自己为参战所作的准备,并在紧急时随时准备保卫联盟。封建领主的农奴须首先解除自己作为农奴的誓言,才可加入大会,否则会被驱逐。最后,一项关于城堡的条款规定,除大会成员外,贵族和高级教士不得堆存武器和私自拥有军队,从而维护了农民的安全。

"联盟条例"在许多方面无疑是临时性的。它的轮廓含糊,且政治秩序方面的问题仍有待解决。② 由于写作仓促(农民们只花了不到一天的时间

----

① 根据 G. 弗朗茨:《德国农民战争》第 1 版,第 220 页;布塞罗(H. Buszello):《德国农民战争》(Der deutsche Bauernkrieg),第 59 页。很有可能洛茨是从上莱茵的某个地方获得他的草稿的,但他是否依赖这一材料还没有得到很好的证实。然而,值得一提的是,在巴塞尔也发现了一些"联盟条例"的手稿,这些手稿和所谓的由洛茨起草的草稿完全一样,即使是最为细小的细节也是相同的。

② 由于缺乏比较具体的材料,现在仍然不清楚基督教联盟中的准政治单位,如肯普腾的"全体普通人大会",是否能够在维持政治秩序方面起到太大的作用。

　　《致全体德国农民大会书》一书的封面，作于 1525 年。图面显示的文字为：他们的造反是正义的还是非正义的，他们是否有欠于他们的统治者，只能根据上帝的神圣法典来决定。

《上士瓦本农民联邦的宪章》一书的封面,作于 1525 年。图面典型地显示了一个武装起来的农民群体。

匆匆写就)，这也是可以理解的。依据农民的理解所提出的神法，并未对贵族和高级教士采取的咄咄逼人的、怀着深仇大恨的、带有军事惩罚性的行动提供任何依据。虽然无人可否认大会的军事特征，但"联盟条例"大抵是防御性的，稍后构建的"领地法"也基本沿袭这一思路。贵族仍然居住在他们的城堡，主教仍居于他的修道院里，其余的则逃至帝国城市避难。封建领主制在为逃离死亡所作的努力方面受到了阻碍，但农民们最初建立起的替代封建领主制的替代品也只能是暂时性的，即使基督教联盟自身是作为永久性的组织而组建的时候也是如此。当然，可以想象，指挥官和议员们被赋予的权力也许要大于他们已经拥有的军事方面的权力。你可以很容易地想到，在政府的所有功能都不可避免地土崩瓦解后，最终将由大会接掌司法管理，至少在沿用"领地法"的详细条款来确保和平时如此。此外，还存在着一种异常的乐观主义——"联盟条例"表现出的希望贵族阶层也参加基督教联盟的愿望。因为，当时还存在着亟待填补的组织真空。上士瓦本地区的基督教联盟正逐步朝着成为一个新瑞士的方向前进。毕竟联盟的成员是用誓言约束在一起的，他们称自身为"大会"不是毫无道理的。然而同样显而易见的是，农民和其领导仍太拘泥于封建关系之中，他们甚至无法想象出对现存秩序作一个激进改变会是什么样子，更别说去建立一个了。两种流传至今的基督教联盟的正式誓言都表明了这种犹疑。我们可以看到，第一种致力于确立福音和"神法"，并在这种制度框架下保护现存的政府和封建领主的权力；在第二种中，通过一种明确的申明，即他们除了皇帝之外，不需要任何的领主，农民要求替换现在的掌握政权的人。

　　上士瓦本地区对《圣经》的解释，对于从《圣经》中发掘具体的、从经济社会以及政治方面反对领主的证据方面绰绰有余，但农民在推行任何纲领，在对"神的真理"做出任何解释的时候，他们都要咨询神学家的意见。"联盟条例"颁布一周后，在梅明根召开的第二届同盟大会指定了神学裁判，他们是：路德、茨温格利、菲利普·梅兰希通、安得烈亚斯·奥斯伊安德尔(Andreas Osiander)、康拉德·比利肯(Conrad Billican)，马修·泽尔(Matthew Zell)以及另外一些农民们不知其名只知其职位和居所的人。这些神学家们对农民的询问如果说算得上有什么回应的话，那回应也只是对农民试图用上帝之言来改变、改进甚至把政治秩序基督教化的粗暴拒绝。在呈送给巴拉丁选侯的一份咨询文件中,梅兰希通认为:"既然福音要求百姓顺从政府,即使是诸侯行为失德也严禁叛乱;既然福音也要求人们忍受非公正的待遇,既然农民已经开始用暴力和犯罪反叛政府,那么他们实际上正在从事反抗福音的事业……很显然他们正在用这种方式反对上帝,而驱使他们前进的正是魔鬼。"①马丁·路德也发布了同样的声明,甚至茨温格利,虽然他的《六十七条结论》极力敦促使成文法与"神法"一致,但他也拒绝支持农民把"神法"付诸实施的举动。相反,正如我们在圣·加仑案件中看到的那样,茨温格利叫嚣着要将圣·加仑修道院领地世俗化,他抛弃了农民。由于没有人对"神法"详加解释,因而它仍然不为人所知。由于不能解决危机,它失去了自己的权威;由于包括洛茨和夏普勒在内的军事和政治领袖都不知道如何利用"神法"来创建新的政治秩序,因而它失去了应有的爆炸性威力。他们的政治设想只是在瑞士式的宣誓性的共同参与和自由的帝国之身之间简单摇摆。他们的战略行动不是在消极抵抗中,就是在装模作样的防卫中消耗干净了。②

基督教联盟的人数稳步上升,到 3 月的下半句,除了帝国城市和少数几个领地城市外,上士瓦本地区几乎所有的农村和城市的民众都参加了联盟。即使是这样,联盟的代表和军师们也无法进一步推进他们的计划了。随着大会规模的扩大,解决贵族、主教的问题以及颁布可行的政治秩序变得越来越关键,而基督教联盟的领导者却似乎除了谈判以外,越来越不能处理和推行他们的要求了。"联盟条例"构建已有二十天了,而基督教联盟的支柱——"神法",却只起到了解放性的而不是革命性的效果。它并没有达到把城堡付之一炬和流放贵族的需要。

基督教联盟内一些对"神法"有不同的理解的激进分子跨越了这些限制。3 月 26 日,他们烧毁了第一座城堡。4 月 4 日,土瓦本联盟军的第一支部队在乌尔姆东部的莱普海姆附近被打败。无数的修道院、城堡和要塞在

---

① G. 弗朗茨:《史料集》,第 44 期,第 180 页。

② 在离间农奴和其领主之间的关系,在劝说贵族参加联盟方面,具体的、较小的单位要活跃得多。

士瓦本联盟的军队抵达康斯坦茨湖之前遭到围攻,最后只能通过签订《魏恩加腾条约》(the Treaty of Weingarten)的方法来解散农民大众,该条约迫使他们通过和平仲裁的方式解决问题。随城堡消逝而去的还有封建领主权的象征;祭坛的帷幔、圣徒的遗物、藏书室和档案室也被农民毁掉了,农民们抛弃了(有意的或无意的)他们以往全部的文化传统。取而代之的是一种更光明的前景,他们比较盲目地认定,这种前景不久即将出现。然而,在与训练有素的士兵发生军事冲突的时候,这些农民缺乏具体的目标和狂热的信仰。新的政权名声被玷污,当基督教联盟的领袖拒绝宣讲武力和"神法"的有机结合时,意识形态领域那支神奇的力量消失了。

上士瓦本地区的发展揭示了这样一个事实,其广泛应用性程度要通过整个起义地区来验证。观察结果显示,一旦农民认可"神法",他们就不再以消除具体的苦难为目标,而去争取建立新的政治秩序,即使那仍然只是一个模糊的想法也是如此。新的秩序将取消地位差异,建立起诸如乡村和城市社区、地方法院和领地会议等地方性和地区性合作团体组织。新秩序也不是完全根除那些原有的合作性机构,它将采用这些机构选举方面的经验,来营造一个建立在相同选举原则基础之上的更为广阔的政治同盟。

"萨尔茨堡普通人大会",或像他们自称的,萨尔茨堡主教山区的省荣誉基督教社团,[1]于 1525 年 5 月下半旬聚集。几天前的起义就已超出加斯泰因,在平茨郜(Pinzgau)、蓬郜(Pongau)地区农民和加斯泰因矿工的领导下,起义席卷了乡村,他们和萨尔茨堡城市订立和约,迫使大主教撤回他在霍亨萨尔茨堡的大本营。这些萨尔茨堡人以"神法"为他们成文纲领的核心,他们要求宣讲真正的上帝之言,并以福音作为他们经济要求的根据,甚至他们这份政纲的具体要求也不仅仅限于经济上的诉苦。因为,如果他们先前意识到的话,就会提出改变萨尔茨堡领地的社会结构和政治秩序的要求。萨尔茨堡乡村和地区的公共权力机构将通过授予他们选择牧师和参与挑选法官的权力而加强。封建领主沦落为单纯领取年金的阶层,他们的权力被转移到领地诸侯和大主教的手中。财产关系基本上没有受到攻击,

---

[1] G.弗朗茨:《史料集》,295,第 297 页,第 94 条。

《农民进攻韦塞瑙修道院的场景》,羽毛笔画,为雅各布·穆勒(Jacob Murer)《1525 年的韦塞瑙纪事》一书的插图。部分农民进入了修道院的膳食厅,部分农民则占领了藏有库存的地窖和鱼池。

但政治秩序无疑受到了攻击，因为纲领预见了中间力量权力机构的最终毁灭，尤其是即将从属于农村公社普通司法管理的神职人员。

萨尔茨堡普通人大会的《二十四条款》只是消极地描述了萨尔茨堡大主教管区的农民和矿工重塑政治秩序的企图，但萨尔茨堡城提出了更具体的提议。萨尔茨堡大会的管理委员会的成员来自三个阶层（大致指贵族、市民和农民）①，它将接管大主教、主教团和委员会的官方职能。这个新政府将负责修道院的管理、行政人员的指派和金融事务的管理。大主教仍保留他教会里的权力（即使已被削弱），领取一份经大会确定的固定的薪水。改革的结构效果见图一。

这纲领显然塑造了一个各等级共同发挥作用的政体。它发端于共同参与的政治传统，只是简单地把领主的最高统治权转移到各等级（大会）的身上。用大会的代表替代以前的政府似乎是最简单的，在不动摇国家结构和官僚机器的情况下变换权力关系的方式。

虽然这一想法首先在城市中得以宣传，但是用领地大会作为政府的想法却成为各派尤其是农民的奋斗目标。农民们几十年来一直在表达将他们纳入大会的愿望，当然一切取决于领地大会中具体包括了哪些集团。这就存在着一个决断，这两个相互竞争的集团到底谁有资格被称为"大会"：传统意义上的领地阶层（处于险境之中大主教可以依靠的机构）还是暴动的农民和矿工。

1525 年 6 月，起义军在接受了大主教区长官、财政官员和海关官员把他们作为"大会"而进行的宣誓效忠之后，遂将这些人置于领地大会的保护之下，并开始发布命令和禁令。8 月 31 日签订了休战协议，当时一部分起义军已经准备和大主教进行有条件的合作，而其他人则毫不妥协地坚持一个由农民、矿工、市场和城镇组建成的大会政府，自此之后，各种关系就难以为继了。激进一派早先要求把大主教管区转变为世俗的贵族领地，这也许是来自巴伐利亚的建议。1526 年 3 月召开了一次讨论领地法改革的领地会议的例会，但是未参加会议的激进派却坚持不让大主教参与领地法的

---

① 这暗示了主教团的特权将被剥夺，修道院将置于大会的管理之下。

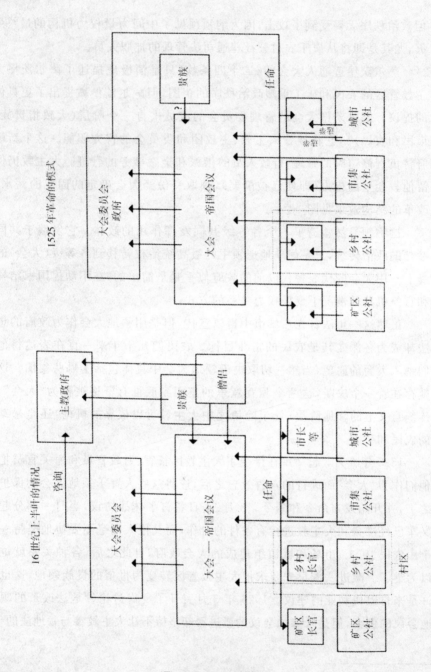

图一　萨尔茨堡的领地政体

构建。他们强调自身"大会"的称谓，召开反对会议，有意不与大主教进行任何的合作。对于这一事件我们所拥有的材料只有大主教马修·朗（Mathew Lang）在"三月会议"上的一面之词。在致皇帝的弟弟斐迪南大公的信中，会议声称起义军"强行颠覆政权，冒称萨尔茨堡大会，尽管他们既没有权威也没有力量去组建一个共同的、正当的领地帝国会议，也没有经过任命的各等级。这种乌合之众是不可能成为真正的大会的"。① 各等级也认为这很怪异，起义军"在现有的民众大会中"又"召开了一次他们自己的会议"。② 正是士瓦本联盟军的军事干预才阻止这场关于合法性的斗争，阻止了正如士瓦本联盟军的军需官莱昂哈特·施特劳斯所称谓的"一个新瑞士"③的出现。

　　萨尔茨堡和上士瓦本无疑有共同点，但亦存在很大差异。不同的领地法严重影响了这两个地区的社会和政治观念。萨尔茨堡的纲领清楚而无疑义地旨在由起义者的民众大会去夺取最高统治权。巴尔特林根、阿尔郜和康斯坦茨湖的农民由于没有国家模式和以往的经验可供借鉴，很难把仍然非常模糊的社会、政治设想具体化。他们无法区分模糊的、纠缠不清的瑞士式联邦和自由的帝国之身之间在概念上的差异。这种差异还反映在他们的名称上。虽然萨尔茨堡人也称他们的联盟为"基督教的"，这个称谓却远不及"大会"这个制度化的概念的称谓意义强烈。与此形成鲜明对照的是，巴尔特林根、阿尔郜和康斯坦茨湖的民众非常强调"基督教的"这个形容词，大会的概念并未享有像它在萨尔茨堡般的首要地位。作为革命纲领的基石，福音和"神法"在两地都是很必要的，但在萨尔茨堡，这种圣经主义在暴动的第二个阶段可退隐幕后，因为政治纲领正非常自信地活跃于已经形成的领地法框架之中。但在尚未建立一个大领地国家或领地法的上士瓦本，政治纲领必须为一个全新的、跨领地的政治联盟提供合法化证明。以后我们还要看一看这种纲领性的差异是否存在于整个起义地区。

---

① 《萨尔茨堡州档案馆·普通人大会·第二柜·就如何组织等级会议而向斐迪南所作的说明，1526 年 3 月》(*Landesarchiv Salzburg*, *Landschaft*, *Kasten* Ⅱ, *instruction to Ferdinand on organizing the estates*, *March* 1526)。

② 《萨尔茨堡州档案馆·秘密档案》(*Landeschav Salzburg*, *Geheimes Archiv.*), Ⅺ/5,21 卷。

③ W·福格特：《会刊》第 738 号。

　　然而,萨尔茨堡和上士瓦本也有类似点,参与起义的人不久就超出了农民的范畴。在上士瓦本有城镇参与,在萨尔茨堡有矿工参与。因此,我们可以怀疑"农民战争"这一概念是否正确地反映了 1525 年革命的社会结构。[1]

---

　　① 除了马克思主义者的研究外,关于农民战争的作品并没有对这个问题给予太多的关注。只有 E. 凯尔特(E. Kelter)在《经济原因》(*Die wirtschaftlichen Ursachen*)中明确强调了这一点。

# 第七章 作为普通人起义的农民战争

为了理解 1525 年革命,弄清各起义地区的农民、市民和矿工之间联系的紧密程度,他们的联盟是否基于共同的苦难或类似的目标,如果有相互的合作那是被迫的还是自愿的,这些问题十分重要。德国中部、南部城市的资源差别很大,这使城镇和乡村的持不同政见者之间的普遍合作成为可能;和矿工的合作自然地局限于特定的采矿地区,如萨尔茨堡、蒂罗尔和图林根。然而,对上士瓦本情况的一项调查表明,区分帝国城市和领地城市有助于加深对此问题的理解。上士瓦本没有一个帝国城市加入基督教联盟,而大部分领地城镇却加入了。萨尔茨堡大主教管区里的发展是齐头并进的,这一点毋庸置疑,因为那里的起义军在协调城乡之间的政治目标和军事行动上并未遭遇大的障碍。

## 帝国城市与农民战争

在"这个城市"协助下,十二条款才能得到有系统的表述,而且正是这个城市——梅明根,为上士瓦本的基督教联盟举行会议而敞开其大门,通过这个具有某种暗示性的事实,我们也许可以找到关于帝国城市(首先谈到帝国城市)重要性的基本线索。我们必须假定至少有一些市民积极参与了农民运动,至少市长及参议员对于农民运动持一种友好的中立态度。紧随这些梅明根的线索,让我们研究城市统治者、特定的阶层和单个市民的态度,来发现什么是最为重要的,从而得到更清晰的概念上的结构来分析1525 年普遍的城乡关系,进而就可以很快地调查帝国城市最为密集的起义地区:上士瓦本、上莱茵和法兰克尼亚。

梅明根是德国南部那些摧毁贵族专制统治的帝国城市之一。早在 15世纪就出现了紧张的态势,这种紧张部分地是由纺织工人的一贫如洗引起的。有 256 个纺织工人,在 1530 年前的一百年间增长了两倍,但即便如此,应当课税的所有行会成员的财产在 1450 年到 1521 年间却下降了 50%。1482 年到 1512 年间,在反对城市议会的斗争中,行会成功地向来自梅明根农村地区的亚麻纺织者关闭了城市市场。1518 年禁令的撤销引发了一场由全行会支持的起义。市政秘书在议院笔录中用一句简明的话描述了议院在维持其内部稳定时所遇到的日渐增多的困难:"人民想占据上风,这似乎不会有什么好结果的。"[1]

因为市政官员的薪金只是对习俗上和法律上不应取酬的服务的谢礼(honoraria),所以行政长官事实上必须留在富有的省份。1525 年之前他们必须处理不仅社会的还有宗教和教会方面的冲突,宗教和教会方面的冲突经常与社会经济冲突交织在一起,最终把城市分裂成一块由社会各阶层组成的派系。这些宗教、社会争端方面的关键人物是圣·马丁修道院的传教士克里斯托弗·夏普勒,一个受到神学教育并拥有学位的人(弗林[Vöhlin]家族及其贸易群所认可的向教士捐赠的必要条件),并且从他刚从事活动中可清楚看出,他是一个热衷于社会问题的人。1516 年,参议院因为害怕"暴动",发现必须对夏普勒的布道加以管制,因为他站在穷人一边反对富人。但在 1521 年他们聆听了他关于穷人比富人受到更严酷惩处的控诉后,参议院记录评论说:"大家都可以发现,他对我们说出了事实的真相。"[2]

---

① 这条在议院中的记载被翻印在 W. 施伦克(W. Schlenck):《梅明根》(*Memmingen*),第 18页。

② W. 施伦克:《梅明根》,第 16 页。

　　这些事件反映了当时已扩展到社会上的那些紧张态势愈加严重了。1521 年,夏普勒"在大街上……宣讲他那邪恶的布道",呼吁公众更加关心自身利益。地方行政长官担忧"这可能引起暴乱"[①],于是就从议院中派出一个代表团去见夏普勒。时光流逝,布道坛越来越成了夏普勒的讲坛,通过这些讲坛,他激烈抨击牧师的行径、教皇的地位和教会法。形势变得很严重,夏普勒决定前往瑞士[②]。奥格斯堡的主教要求参议院用更严厉的手段惩治持不同宗教信仰者。一个由中、上层自由民组成的"非国教徒的秘密聚会"组织在一条大街上引诱了圣母玛丽亚教堂的一名牧师,强迫他接受一份文件,其中不仅有一份表示明确信仰新福音的申明书,而且还强烈地抨击了牧师们的行为。参议院又一次干预了这件事,这次不是出于对暴乱的担心,而是害怕皇帝的反应。几个月后,夏普勒从他主持的苏黎世第二届宗教论坛(1523 年 10 月)回来,这次辩论的神学结果部分地反映在他身上,现在他开始宣讲反对弥撒,反对圣徒的祈祷,反对"什一税"的《圣经》基础。1524 年 2 月,他被奥格斯堡主教逐出教会。由于逐出教会就意味着应该被驱逐出城,因此参议院被迫作出一个转而支持他们的教士的决定,一半出于信仰,一半出于无奈。因为夏普勒的追随者为数甚多,"不仅在我们的城市里有,而且在各乡村中也有"[③],如果不支持他的话,暴乱似乎不可避免。

　　1524 年夏,牧师和市参议院都逐渐感受到了夏普勒布道的强烈政治冲击力。几乎同时,梅明根的农民和一些市民拒交"什一税",这不仅危及教区的,而且城市福利团——城市中最重要的社会机构之一的生存,参议院开始有力地进行反击了。[④] 重罚措施的公布以及和参议院谈判足以让那些拒绝缴纳税款的人改变主意。只有一个顽强的面包师,汉斯·赫尔茨林

---

　　① W. 施伦克:《梅明根》,第 30 页。

　　② M. 布雷希特(M. Brecht):《神学背景》(*Der theologische Hintergrund*);W. 施伦克:《梅明根》,第 32 页。在 1523 年的上半年,夏普勒长时期地留在了瑞士。瓦迪安(Vadian)把他推荐到苏黎世,茨温格利试图劝他到温特图尔(Winterthur)去布道。

　　③ 《梅明根城市档案》341/4,直到康拉德·波伊廷格(Conrad Peutinger)(1524 年 2 月 27 日)的梅明根城。

　　④ 以下叙述是建立在《梅明根城市档案》341/4 中的"自从弗尔格特所有的行为之后……"的基础之上的,写于 1524 年 7 月 13 日。

(Hans Hölzlin),坚持己意,被捕入狱。这足以动员起几百个市民。一个由商业行会组织的专案委员会聚集在市场,要求立即释放他,并且还提出五条抗议:(1)重罪才可入狱;(2)在城中所有教堂宣讲"没有人为添加"的教义;(3)平民和牧师间关于"什一税"的分歧,参议院不得干预;(4)惩治侮辱夏普勒和其他人的牧师;(5)可能的话,举行一场旧教信仰和新教信仰的宗教辩论。参议院接受了所有要求,"委员会"便适时解散。

值得一提的是,连参议院都承认在"什一税"问题上,城市和乡村有着紧密的联系,城市内部反对参议院的坚强核心已明显地形成了。1524 年梅明根"公社"发言人安布罗修斯·贝施(Ambrosius Baesch),一个相对富裕的纺织工,是秘密宗教集会的一员。汉斯·赫尔茨林坚决拒交"什一税",在农民军事上失利后,逃到瑞士,试图在阿尔部鼓动第二次起义。秘密宗教集会的其他成员,如在 1525 年 4 月、5 月间城市内部骚乱中起到关键作用的拉丁语学校教师保罗·赫普(Paul Höpp),还有乔治·兰普雷希特(Georg Lamprecht)于 1525 年 7 月被处决。而巴尔特林根的战地秘书塞巴斯蒂安·洛茨则于 1525 年 4 月逃至瑞士。

市民中的反对集团、参议院对新教教义优柔寡断的态度和夏普勒极强的说服力,一起推动着梅明根宗教改革快速向前发展。1524 年圣诞节的暴动迫使信奉旧教的牧师和夏普勒展开了一场宗教辩论,而世俗大众则声称他们拥有裁决的权力。这使夏普勒的胜利成了必然。改革已无法遏止。神职人员和市民具有同样的权利与义务;弥撒被取消了;领圣餐有两种可供选择;教会的"什一税"自愿缴纳;世俗的"什一税"仍是强制缴纳的。这些改革验证了夏普勒的影响力,也验证了早已扩大出城市公社规模的他的追随者们的分量。早在农民聚众乡村前很久,参议院就加强了城门的守卫,每个城门都有两个行会首脑把守,又命令岗哨在教堂维持秩序。夏普勒仍然在乡村和邻近帝国城市布道,即使在他和奥格斯堡主教的攻击之间,只有一个梅明根参议院时也是如此。

对乡村而言,参议院对新教教义忽冷忽热的态度看来实在是具有进步性的。梅明根被认为是上士瓦本地区的宗教改革先锋。这解释了为什么选择这里作为基督教联盟开会地点,也解释了附近修道院和贵族的属民为什么一直试图让城市的参议院仲裁他们的抱怨,这亦解释了梅明根乡村更受帝国城市政权限制的原因。虽然上士瓦本北部及阿尔郜的农民们早已团结在一起,但直到 1525 年 2 月中旬,梅明根内地才第一次出现怨情陈述。①第一支农村代表团在城里出现刚一周,参议院和商业行会就熟练地派了一支代表团到农村,平息了零星骚乱。政府使节召开委员会选举,拟了一份民间怨情单,告诫村民保持和平。两天后,梅明根所有的村庄都递交了一份报告,宣称将不再提交任何单独的抱怨,只是要求参议院"以上帝之言的内容来对待我们……不管上帝之言给予我们或从我们这里索取什么,我们都会愉快地接受并加以维护"。②强调"上帝之言"是夏普勒的狂热追随者——塞巴斯蒂安·洛茨的特征。城市改革家们向梅明根的农民提供了"神法"中的证据。③仅几天工夫梅明根的农民就交付了梅明根条款,在内容和措辞上都大抵与十二条款相同。参议院的回复相当慷慨:废除农奴制及入境税,给予村民狩猎和捕鱼的权力,同意为乡村挑选合适的牧师。也许出于上述原因,梅明根的村庄从未加入更大的农民军队。鉴于梅明根参议院的这种态度,这是不难理解的。对农民来说,梅明根是一个开明的城市;那里有武器出售给他们;夏普勒和他的助理牧师被作为顾问而接纳,还被派往各乡村与农民会谈。梅明根在贷款给士瓦本联盟时有一个明确的前提,那就是这些钱不能用于购买对付农民的武器。

3 月底,基督教联盟在梅明根召开第三次会议,农民军在城市附近迅速壮大。虽然我们只能猜测市民和农民的联系有多么密切,但我们确实知道,在参议院的批准下,由城市供养军队。而且参议院要想拒绝农民的大量军火需求,既有难度,又违背公众意愿。形势岌岌可危,其中一个比较明显的表现就是在 3 月 20 日,参议院第一次要求农民把武器放在门口,士瓦本联盟军的梅明根分遣队队长向市政府报告,他的士兵拒绝和农民战斗。

---

①　这里所说的属于帝国城市的村庄实际上主要属于城市福利的团体,其次属于市民,直接属于帝国城市本身的非常少。

②　F. L. 鲍曼:《档案集》,第 119 页,第 107 条。巴尔特林根军在写给埃英根(Ehingen)城市的一封信中就使用了这一话语(同上,第 131 页,第 119 条)。

③　选举牧师和用两种方式领取圣餐的要求,以前只有施泰因海姆(Steinheim)的村庄明确提出(鲍曼:《档案集》,第 36 页)。

联盟军司令乔治·特鲁赫泽斯·冯·瓦德堡(Georg Truchess von Wald-burg)认为城市激进的"公社"影响应当为各种擅离职守负责。

4月下半月,城里发生新的尖锐冲突。农民截获参议院的一封信函,信中明确地要求军事支援,打击农民军,保卫城市。此时为了选举十一人枢密院,参议院只能对行会让步,借以恢复自己的地位。但是在各种情况最紧要的关头,它仍然只能求助于士瓦本联盟的军队。6月,梅明根被占领。那些没能追随夏普勒和许多别的逃避士瓦本联盟军缉捕的人最终遭受了被处决或入狱的厄运。原本以为可拯救一月改革的人发觉是被自己所欺骗了。所有的旧教信仰都恢复如初了。

要呈递一份关于城市内部政治分派的最终报告十分困难,因为政治上倾向于内或外的党派变化十分剧烈。只在一个社会阶层中探询出支持宗教改革和农民纲领,同时又反对参议院的力量未免太过于天真了。但我们可以描画出少数激进派的大致轮廓,他们一直鼓动进行宗教改革,拥护农民,反对参议院。这基本上等同于秘密集会,包含一撮富人或至少中产阶级,还有一大帮无产者。用纳税登记簿和城市地图来定位的话,你会发现激进派的活动中心在最穷的街区。1450年到1525年,城市富人减少,穷人增多。与此同时,还有那些得益于社会财富在各阶层之间流动而取得繁荣的中产阶级,尽管对城市和农村的革命者心存同情,但他们最终还是支持参议院。自从4月士瓦本联盟的军队取得胜利以来,梅明根参议院就内部分裂,一派要求继续履行对士瓦本联盟和帝国的义务,另一派要求冒着(失去)它的自治和自由的帝国身份的危险(继续支持改革纲领),他们为该采取何种选择而互相攻击。始自1524年,来自奥格斯堡主教、士瓦本联盟和帝国三方的压力加强了。1524年梅明根"什一税"纠纷不再只是一个地区性事件。梅明根成为基督教联盟的会所后,士瓦本联盟就认定这个城市属于农民一派。为了抵消这种看法,参议院在回复"梅明根条款"的信件中,对士瓦本联盟采取了一种调停的姿态,将"什一税"的调整问题留待于士瓦本联盟加以解决(这本来无疑是应该由城市内部自行解决的),而这一条在起草回函时是根本不打算写的。这些举措纯属多余。因为在联盟看来,梅明根是"绝对危险的"，①而强烈要求除掉夏普勒和洛茨的坚定不移的态度，则确凿无疑地说明如果激进派上台并与农民军联盟，梅明根将面临什么。

参议院、行会会员即平民和城市内地的乡村三种力量共同主宰了1524年至1525年梅明根的命运。虽然这个城市—国家（city-state）异常复杂的制度结构具有一定弹性，但也不能随意胡乱改动。假如三维结构中的任何二维之间的紧张态势产生增长或收缩的变化，第三维一定会受到影响。具体来说，参议院既是市民的统治者，也是农民的统治者。1524年到1525年政权与属民之间的关系无疑两极分化了。共同反对参议院使市民和农民更容易走在一起，共同渴望宗教联盟，更加促进了结盟的产生。为维持稳定，参议院可以通过三种方式来缓和危机：在宗教问题上和解；要么向城市公社，要么向其领地上的乡村让步。拥有领地的帝国城市当然不是孤岛，尤其在1524年到1525年的战争岁月更是如此。在1525年政府和农民关系紧张的大前提下，参议院的任何让步都会被双方认为是加入农民阵营。这反过来又会因为没有任何让步而给城市—国家带来威胁。然而，坚决维护地方长官的地位，坚持帝国等级会议的路线，又会从内部打击城市—国家。因此，两面讨好的态度似乎是这个帝国城市议员们政治上明智行动的缩影。

再来看看这些梅明根的结论是否适用于所有的帝国城市。（1）城市中哪些人群和农民并肩作战？（2）帝国城市当局持何种态度？（3）城市的知识界通过向农民提供"上帝之言"、《圣经》和"神法"，在多大程度上为农民革命提供思想体系？第三个问题可被认为已有确定答案，因为十二条款已深入人心。

下面开始回答。首先，上士瓦本的城镇似乎真的倾向于梅明根。城市会议上，他们试图寻求共同的政治地位。市长和议员们拼命寻找一个农民、封建领主和士瓦本联盟之间的折中方案。②

---

① W. 福格特：《会刊》，第 36 页。

② 福格特：《会刊》，第 159、167、166、178、209、224、356、380 期。以下城市都试图获取这样的折中方案：康斯坦茨、林道、梅明根、拉文斯堡、肯普腾、比伯拉赫、考夫博伊伦（Kaufbeuren）、伊斯尼（Isny）、旺根、罗伊特基尔希（Leutkirch）等几乎所有的上士瓦本地区的帝国城市。

　　随着农民军四处集结,人民和统治者之间的紧张关系日益尖锐,帝国城市官员寻找折中良策变得比以往更紧要。士瓦本联盟几乎无法在城市征兵,因为普通市民通常(但并不总是)是站在农民一边的。3月底,肯普腾明确忠告士瓦本联盟避免采取军事行动。因为一旦打仗,"所有的上士瓦本城市都会倒向农民"。① 只要对这些城市的内部情况粗略地了解一下,就可以断言,要阻止农民和市民结盟是很困难的。奥格斯堡参议院最终确实成功地把市民维持在自己的一边,但起初也费了好大劲才阻止农民和市民尤其和纺织工人的结盟。3月,肯普腾参议院差点就没能阻止一起行会的叛乱。比伯拉赫市民向巴尔特林根的农民军允诺,三日内把领主抛出城墙。士瓦本联盟的一名指挥官,乌尔里希·阿茨特(Ulrich Artzt)急切地致信康拉德·波伊廷格(Conrad Peutinger):"我们正在从这些城市中为自己获得一个长期相伴的名声。"②他的论断确实是建立在更为详细的、我们现在可以从保存至今的史料中重新构建的那些认识的基础之上的。

　　下阿尔萨斯农民,从4月中旬开始集结的那一刻起就寻求与斯特拉斯堡及该城传教士的结盟。③ 他们希望彼此在宗教改革上的共同利益能产生共同的政治目标。经参议院批准,无疑也要代表参议院的利益,斯特拉斯堡的改革家——沃尔夫冈·卡皮托(Wolfgang Capito)、马修·策尔(Mathew Zell)和马丁·布策尔(Martin Bucer)——和农民举行谈判,但未有成果,因此他们只好建议解散联盟,除此以外再无他策。除了所有的实际方面的考虑外,他们的劝说是从如下理由产生的:"我们找不到任何以上帝的荣耀和公共利益为名义的《圣经》,可以证明人民谋杀不公正的地方官员这样的行为是合理的。"④这与农民所坚持的对"神法"和"神圣正义"的理解不同。

　　于是便划分为两个相互对立的阵营。农民指望不上斯特拉斯堡的教

---

　　① 福格特:《会刊》,第159期。

　　② 同上,第386期;乌尔姆怀着同样的担心写信给纽伦堡(同上,第431期)。

　　③ H.菲尔克:《政治通讯会刊》,第119期,第113页(H. Virck, Politische Correspondenz, p. 113. no. 119.)斯特拉斯堡自己认为,牧师并不是引发普通人起义的"最小的原因"(《斯特拉斯堡城市档案》[Archive de la ville de Strasbourg], AA 1982,第99页)。

　　④ 菲尔克:《政治通讯会刊》,第201期,第144页。

士或参议院的积极支持了。事实上，他们能指望的最好结果就是善意的中立。斯特拉斯堡确曾试过在远不触及其切身利益的前提下，对莱茵河两岸的农民和领主之间的纠纷作出仲裁，虽然此举犹豫不决，但最终还是成功了。以对农民有利而著称的《伦兴条约》（*The Treaty of Renchen*），实际上就是斯特拉斯堡在仲裁时努力的结果。

因为只决定仲裁而不积极干预，所以参议院远不能赢得斯特拉斯堡市民的拥戴。我们知道行会总会长（Ammeister，法语单词，德国城镇的地方助理长官。——译者注）和十三人理事会的成员从一家行会到另一行会，"警告"和"要求"市民在此纷乱、艰难的时期待在家里，不要联合"农民"。所以几乎不用怀疑——事实上，理事会也承认了——市民，更不用说下层市民，确实在走出去加入农民队伍。① 农民和某些行会之间肯定已经存在着相当紧密的联系——尤其值得一提的是屠宰工和园艺工——因为农民完全绕过了市政府，发给行会邀请函，要求帮助他们确立十二条款，供给他们大炮和其他武器。我们说不清有多少斯特拉斯堡市民加入了农民军，但据该城对外交往的信件的推断，人数确实很多。参议院甚至不得不逮捕了16个传闻在谋划要带领农民军入城的市民。

5 月 11 日到 14 日，参议院和个别行会举行了谈判，这特别耐人寻味。谣传使参议院害怕农民将进军城市，强行占领教会和修道院的土地。② 参议院的态度非常明确，要保护神职人员，尤其因为他们享有斯特拉斯堡的市民权，而且还要拒绝农民的要求："他们应感到并明白我们并不赞成他们的计划，因为这既不体面也不体现基督教精神，同时也不符合福音，而完全与我们的意愿背道而驰。"然而参议院也不能确定自己市民的态度，它问每个会员是否支持参议院。也许是为了争取市民赞成参议院的政策，城市粮库开始分发廉价面粉，食品间接税也减轻了。这些措施足以使行会站到支持参议院政策的队伍中来。然而布行阐明观点，他们并不认为农民行为的每一个方面都是不正当的。只有当城市的要求"不违背上帝和兄弟之爱"时，他们对政权效忠的誓言才继续有效。听了这样的回答，人们几乎就不

---

① 菲尔克：《政治通讯会刊》，第 212 期，第 120 页；第 221 期，第 124 页。

② 《斯特拉斯堡城市档案》，AA 386，第 33—48 页的反面。

会依靠布行了。面对这场起义,园艺工在反对参议院意愿方面已经走到了投票要求牺牲神职人员及其受到城市法律支配的财产的地步。屠宰行会20％以上的成员甚至拒绝回答参议院的问题,这使得人们怀疑他们是农民的积极同党。

就在这场普遍询问后的第一天,低地阿尔萨斯农民军最高指挥官伊拉斯谟·格贝尔(Erasmus Gerber)向城市发出最后通牒。鉴于许多斯特拉斯堡市民在农民军中服役,他希望说服参议院帮助他反对洛林的安托万公爵(Duke Antoine of Lorraine):"看看你可怜的市民和附庸吧! 看看我们土地上的果实吧! 你就会正确地行动,你也许就不会置我们于不顾了⋯⋯看在上帝的分上,来吧! 帮助我们吧! ⋯⋯因为我们在萨维纳(Saverne)感到恐惧。"①3 小时后,同时也是 1525 年骇人听闻的大屠杀开始前几小时:"哦,我们的主基督啊! 您的臣民和孩子向您祈祷,不要将我们置于苦难和悲惨中! 如果您不来救助我们,我们抵抗敌军的行动将支持不了多久,我们和整个国家都将毁于一旦。在您的帮助下,我们将尽我们最大的可能来保卫我们自己,直至最后一刻;请求您赐予我们仁慈的庇佑,希望您不要抛弃我们,等等。我们在萨维纳,情形紧迫而惨烈。"②萨维纳大屠杀使斯特拉斯堡不必再费心尽力地去阻止市民和农民的联合了。

斯特拉斯堡对其他阿尔萨斯城市态度所起的关键作用和梅明根对上士瓦本所起的作用是相似的。然而在阿尔萨斯,农民和帝国城市的市民之间的合作比上士瓦本要密切得多。只有在将其修道院世俗化改革之后,维桑堡(Wissembourg)才向农民提供大炮,并且它几乎也不阻止和农民结盟,而这正是葡萄园工人所想要的。恺撒斯堡(Kaisersberg)也被迫向农民屈服,大概是因为城市中存在的强烈的同情农民的情绪。如果像恺撒斯堡对斯特拉斯堡所抱怨的,城市间无法组建防卫性联盟,那大抵是因为市民和农民之间的联系过于紧密。这样的联系或许也被那些强调民族团结的阿尔萨斯人文主义者所宣扬爱国情结所加强。这些努力产生的成果,在塞莱斯塔特(Sélestat)的动荡局势中得到了证明,那里的洛林公爵只能用"外国

---

① 菲尔克:《政治通讯会刊》,第 286 期,第 161 页。
② 同上,第 287 期,第 161 页。

伽布里尔·萨尔蒙(Gabriel Salmon)所作的木刻版画《洛林公爵打败阿尔萨斯农民军》，作于 1526 年。画面描述市政府大楼前的大屠杀场景，有 20000 农民在那里遭遇屠杀。该市政府大楼和教堂在今天仍然存在。背景为被占领的城堡。

军"镇压萨维纳的农民。此外,绝大多数阿尔萨斯帝国城市有许多实际上是农民的市民,因此共同的经济利益肯定也加强了城乡之间的联系。像科尔玛这种城镇所提出的怨情陈述和十二条款相差无几。

在上莱茵,唯一能在重要性方面和斯特拉斯堡旗鼓相当的城市是巴塞尔。它们的政策都十分谨慎,都倾向通过仲裁解决争端。到 1525 年,两个城市的宗教改革都赢得了相当坚实的基础。这两个城市都面临着同样的麻烦:在内消除市民纠纷,在外去除农民的威胁。

远在 1525 年以前,巴塞尔的社会局势就已十分紧张。工匠与行会之间的斗争最后在 1526 年 1 月促成建立了一个对工匠有利的行会宪章。1525 年,似乎主要是纺织工人一直给参议院添麻烦。比如说,正是一名纺织工人草拟了革命计划。显然害怕遭受突然袭击,一些参议员在纺织行会会所谈判,并逮捕了一名纺织工人。最终,在 5 月初的时候,正如其他帝国城市一样,基于各行会的压力,牧师会成员和僧侣被迫转为普通公民,受市民誓约的约束,承担普通税的负担。显然危机的高潮出现在 5 月初。参议院勒令所有行会成员和市民听从指挥,与此同时,巴塞尔农民与行会取得联系,最终武装进军该城。是否这些事件与 30 个纺织工人被捕有关,目前尚无定论。

4 月中旬,邻近海尔布隆(Heilbronn)的加尔默罗圣母会修士(Carmelites)为避逃农民而来到了他们在帝国城市海尔布隆的居所,此时该城参议院显然已无法再控制平民。从城门到居所,修道士受到市民的夹道鞭笞,"我们如常行走在街上,我无法恰如其分地描绘出当时他们对我们大声叫喊的情形;因为即使我们是犹太人,情况都不可能那样的糟糕。他们这里拉一个,那里拽一个;他们想把我们当场刺死,或是吊死。每个人都在嘲笑我们"。[①] 在城市向农民军投降前,这样的事件发生了好几天。

4 月初,尽管个别市民团体出城加入了农民军,该城参议院仍然能够将大部分行会笼络在自己这一边。对出城的市民,参议院提醒他们要注意市民誓约,并要求他们回城,但这都是徒劳。与此同时,平民极力控诉他们对

---

① M. 冯·劳赫(M. von Rauch):《文献集》(*Urkundenbuch*),第 4 卷,第 2785 号,第 28 页。

自由城市当局的不满。当然，他们也作好了保卫城市免遭袭击的准备，但他们看不出有任何阻止农民接掌教会土地的理由，而这些教会土地的拥有者们既不承担每个人都该承担的义务，也不缴纳税款。公社应当负责雇佣军队和吸收教士成为平民。"对整个公社有利"的信件必须公开。① 通过这些措施公社本可以大大加强其控制力的。但就像预料中的那样，参议院的态度谨慎但不赞成。它差信使给皇帝、帝国执政委员会和士瓦本联盟，要求派遣能够恢复参议院如今那脆弱权威的大使。然而来自市民阶层的压力越来越大。4月4日参议院仍然拒绝像对市民那样对"条顿骑士团"、修道院和神职人员征税，但4月12日他们就向行会宣布答应了这个要求。海尔布隆改革家约翰·拉赫曼（Johnn Lachmann）以往对农民的和平警告并未引起共鸣，现在他认为即使是守城的20个可怜的小守卫，也有可能被市民授予过多的权力，尤其因为"倾向于农民的市民在人数上胜于倾向于市政府的人数"。② 但仅两天后，他就认为参议院无条件接受平民的所有要求是非常合适的，因为"放弃一些总比失去一切要好得多"。③ 然而所有的一切还是不可避免地失去了。4月18日，农民领袖进驻海尔布隆，第二天，该城市和农民签订兄弟协定，并拨出一支分遣队，供农民军调遣。

　　细察海尔布隆的起义领袖，就能验证并扩充了我们从梅明根和斯特拉斯堡所得出的结论。我们所知道的56个海尔布隆曾经当过起义军领袖的大都是种植葡萄的人和工匠。他们并不属于下层阶级中最穷的那部分人，他们更多的是经济较宽裕但政治上无权的阶层。真正城市底层人士，他们住在海尔布隆的"新街"，几乎从未为城市推进过自己的要求和计划，他们反而加入了农民的队伍。值得一提的是，领导人挺身而出并提出了变革城市政体的要求。梅明根似乎也发生了相同的事情。城市起义军通过1525年起义达成内部转型。

　　如果在作比较的时候，我们只注重它们发展的主线，同时又不在纷繁复杂的地区差异中失去自己的判断，我们就可以海尔布隆作为法兰克尼亚

---

①　M. 冯·劳赫：《文献集》，第2794期，第34页。
② 　同上，第2816期，第59页 。
③ 　同上，第2824期，第64页。

和下士瓦本帝国城市态度的典范了。罗腾堡、丁克尔斯比尔(Dinkelsbühl)和诺德林根(Nördlingen)三个帝国城市的市民确与农民订立了和约;而通过向其城市居民和乡村属民让步,从而有效地阻止二者结盟的只有纽伦堡和士瓦本哈尔(Schwäbisch Hall)。

站在农民战争主要区域的外围,通过仔细探究法兰克福的细节,就可发现这些城市起义有着一个典型的发展过程。这一模式再次证实城市和乡村运动之间密切但间接的联系。一旦一个城镇得悉农民战争,其内部的"社会运动"就将历经三个阶段。第一个是抗议阶段,领导者是"穷人和计日短工、靠从事农业而生活的人、学徒和奴仆,也包括未入行会的工匠"。第二个阶段中,社会基础扩大了,包括加入行会的工匠,随着更多市民的支持,到达了实际上控制了城市政府的第三个阶段。在法兰克福,市民已被称为集"皇帝、教皇、主教、理事和市长"于一身的人。①

任何有关城市内部形势的史料都表明,1525 年的城市理事会和公众互相敌对。那些导致公众夺取政权(如罗腾堡)或参议院得以维持自身政权(如士瓦本市政厅)的因素基本上都是地区性的,都是存在着地方差别的,如某些具体的农民纲领所拥有的说服力、宗教改革的状况、某个城市内部的紧张关系、外部的政治压力。试图列出一串适用于所有情况的理由不但是牵强的,而且也是不真实的。

在城市大众动员之前,总有一些农民首先集结起来,正是在这个意义之上,我们也许可以得出这样的一个结论,即城市的革命无疑是从乡村引进的。农民只有发展到不再以消除个人经济负担的包袱为目标,只有当把原来的起义的理由转换成更开放、更革命的、能够进一步发展的纲领时,城乡之间不同生活的经济结构所引起的障碍才会消除。清楚地说,把农民的共同目标和市民联合在一起的是福音,或者更确切些,是把宗教改革的神学转换为政治的神学的那种转换。

15 世纪、16 世纪帝国城市内部潜在的紧张局势似乎已经加强了,因为

---

① O. 拉姆施泰特(O. Rammstedt)为这三个阶段起了几个名字:(1)抗议阶段;(2)抗议明确化阶段;(3)将已经明确化的抗议制度化的阶段。参见他的"城市骚乱"一文。这些引用出自 252—256 页。

城市的上层阶级,凭借对城市领地的控制,越来越封建化了。他们,也可以攀至低级贵族的行列。这种紧张局势可通过两种途径而得到缓解:一种是内部途径,底层市民为了争取减轻经济负担,为了取得在政府之中的发言权,与城市委员会展开了斗争;另一种是外部的途径,他们无视参议院,加入农民军。

由于缺乏相关史料,我们无法继续推论。1525 年市参议院的记录异乎寻常地三缄其口,所以无法从官方记录真正了解城市内部的斗争。甚至一向喜好用史诗般的规模来描述纷争的拖沓冗长的城市编年史也对此保持沉默,并且试图把我们的注意力转移到农民的举动上去。士瓦本联盟得胜后,城市显然毫无兴致强调自身在这场革命中所起到的作用。

没有一个帝国城市的政权主动与农民结盟。结盟都有其原因,或是迫于来自市民、行会、城市底层阶级的压力,或是农民军事威胁的结果,那种进攻更多的是出自战略目的,而不是出于规则。很明显,帝国城市政权是不可能逃出皇帝、帝国和士瓦本联盟的传统政治范畴的,也许无论如何他们都发现不了能够替代现存政治体系的制度。因此,他们不得不将自己的政策导向于维护现存体制,同时尽力约束局势紧张地区。这样看来,帝国城市事实上已成为农民与领主之间的调停人,帝国执政委员会只能在埃斯林根(Esslingen)和乌尔姆之间无助地徘徊。

## 农民与领地城市

黑部农民起义后,一支下层民众组成的军队开拔到了梅斯基希城:"城中市民讨论是否该继续对领主效忠,还是让农民进城,或者干脆加入农民军。大多数人赞成打开城门,让起义农民进城,后来他们就这么做了。"[①]梅斯基希封建领地上只有两个农民没有参加起义军。在图林根的富尔达,市长和市议会告诉修道院的主教助理,他们受起义军之命来接管富尔达周围的修道院,"否则他们就自己来接管;他们想知道我们是否愿意想这样做,

---

① H. 德克尔一豪夫:《议会伯爵编年史》,第 2 卷,第 271 页。

我们是否愿意支持福音、上帝之言和法律。我们和您高贵仁慈的议员们一起回答,我们将全身心地支持福音、上帝之言和法律,就像我们的得救全赖于此一样;因而,上述提到的修道院……被接管了"。[①]

这两个例子很具有代表性,因为它们表明,从萨尔茨堡到阿尔萨斯,从特伦特(Trent)到萨克森,农民和领地城镇间的合作并没有遇到任何的困难。我们只挑出三个地区——蒂罗尔、维腾堡和图林根——为例来说明在革命中城乡如何及为何配合得这么好。在蒂罗尔,几乎所有的城镇都参与了起义,未参与的,如北蒂罗尔,最终领地会议也支持普通人的纲领。在维腾堡,除了 6 个城镇未能参加以外,几乎所有的地区都揭竿而起。在图林根,像戈斯拉尔(Goslar)这种拒绝参加大起义的城镇只是例外。

怨情陈述条款解释了为什么领地城镇和农民的合作要比与帝国城市的合作容易得多。来自蒂罗尔本地的怨情陈述条款证实,除了有着一致的追求福音和神法的事业之外,城乡也有着几乎一致的利益。正如我们从梅拉诺、博尔扎诺(Bolzano)、利恩茨(Lienz)和基茨比尔(Kitzbühl)的怨诉看到的那样,乡村地区和市镇受到了几乎相同的近代早期国家兴起的影响,它们都遭遇到了各种新的税收与授予地方官和法官的各种权威。尤其那些距离途经布伦纳大道(Brenner Pass)和因河河谷(Inn Valley)的贸易大道很远的市镇和乡村,具有十分类似的经济结构,因此就会产生相同的怨诉,就像温施郜(Vin-schgau)的马尔斯(Mals)和格路恩斯(Glurns)镇就抱怨他们的耕地使用权受到限制。

除了斯图加特和蒂宾根外,维腾堡的中心地区是一些农业镇,这使得十二条款能够很容易地为该地区的乡村和城镇的要求提供基础。虽然在"穷康拉德"起义(1514)中攻击过城镇的农民和城市"知名人士"有分歧,但即便把这一点考虑在内,1525 年他们的共同政见也足以在二者之间飞架桥梁、弥合鸿沟。他们共同努力,旨在大大改变领地宪法,从而组成由市民、农民和贵族平均组成的委员会,在大多数情况下不听从领主,并完全取代他的政府。

---

① O. 默克斯(O. Merx):《档案集》(Akten),第 121 页。

图林根和萨克森的农民－市民联盟相当知名,新近的研究又加深了我们对起义领导集团及他们在起义中的具体利益的认识。有一点值得注意,例如在这些地区,宗教改革在城市的郊区确立了一个非常稳固的立足点,城乡社会活动的联系其实主要是乡村和城郊的合作。这值得一提,因为这个地区的市镇远离主要的起义中心,同时也给我们提示了一个方法来检验最积极参与革命运动的是哪些社会群体。在起义中心地区,要进行这样的探求通常是相当困难甚至是不可能的,因为运动的喧嚣吞没了整个城市,从而使得从地形学和社会学的角度来确定起义基础来源的努力变得相当复杂。

从 1522 年起,莱比锡的宗教改革的追随者找到了布道的地方:并不在城市的教堂,而是在城郊的小教堂和小礼拜堂,因为长久以来尽管市民和近郊住民呈递了数不清的请愿书,但城市教堂仍不对他们开放。1525 年,随着起义的农民军兵临城下和萨克森的乔治公爵在城市内的动员宣战,赞成宗教改革的广泛的政治同盟分裂了。城市上层阶级现在捍卫公爵和地方官员的利益,而牢牢扎根于城郊的一场激进的下层阶级运动则致力于摧毁领地、城市、教会的政府。

在马格德堡(Magdeburg),一支激进的宗教改革变体在城市郊区成长,它是由 1524 年路德的布道所激发但却不顾他不要冒进的本意的。1524 年,除了在圣·阿格尼斯(St. Agnes)、圣·劳伦斯(St. Lawrence)教堂和弗朗西斯肯(Franciscan)修道院发生暴力事件外,还发生了一系列针对大主教执行官的抗租斗争,起义者要求"选举一个新的、符合他们意愿的参议院",要大主教放弃对城市的控制,以及"他们要成为自己的主人,不再听从政府"。[①] 1525 年 4 月,埃尔福特也发生了类似的骚乱,又是城郊的起义者冲在第一线。

出于许多原因,城郊比城市中心更容易参加革命运动。16 世纪初,城郊人口常常达到甚至超过城内的人口,因此城郊居民不再是城市生活中可以忽视的因素了。郊区居民的职业包括农民、工匠——还有乞丐、流浪汉和通常

---

① K. 乔克(K. Czok):《关于社会经济的结构》(*Zur sozialökonomischen Struktur*),第 65 页。

被驱逐出城的失业的穷人。土地要么由拥有小块土地的农民、要么由佃农耕种，既有自由佃农也有雇农，而土地的主人可能是城市，一个修道院或教堂，或单个市民。制造业通常集中在生产亚麻，比如开姆尼茨（Chemnitz）的郊区。这些因素缔造了一个相对统一的、与城内财富结构相异的财产结构。近郊的财产总额远远落后于城内的财富总量。以魏玛为例，我们就可以清楚地看出这一点（表 1）。

### 表 1　魏玛的人口与资产[①]

| 1542 年度资产（单位：古尔盾） | 应税家庭数量 | |
|---|---|---|
| | 内城 | 郊区 |
| 1—100 | 125 | 80 |
| 1—25 | 41 | 49 |
| 26—50 | 41 | 20 |
| 51—75 | 21 | 5 |
| 76—100 | 22 | 6 |
| 101—200 | 35 | 3 |
| 101—150 | 18 | 2 |
| 151—200 | 17 | 1 |
| 201—800 | 40 | 0 |
| 总计 | 200 | 83 |
| 1557 年度家庭总数 | 338 | 230 |

　　城郊的法律和宪法地位与城内的法律和宪法地位对比。例如，虽然莱比锡的城郊有几条街道和街区受城市法律的保护，但大多数城郊地区在法律上受到歧视，或者干脆被当成乡村。这些不平等的关系也在帝国城市米尔豪森（Mühlhausen）的法律中得到例证。该城市的法律警告它的市民说，如果他们伤害了城郊的一个居民，他们将被处于 6 古尔盾的罚款和 4 个星

---

[①]　源自 K. 乔克：《社会经济结构》，58 页。

期的监禁的惩罚。然而，如果一个郊区居民伤害了一个市民，他将被判处死刑。

或许可以得出下列的临时收支表，远离图林根和萨克森的地区很可能也是这种情形。城郊的职业，尤其是从事农业，为城市和乡村提供了天然联系。此外，一个相对统一的资产结构在城郊创立了一致的利益，从而缓解这个小地区的紧张局势，从而创造出比城内更大意义上的团结。郊区的法律地位、由领地最高统治者或镇参议院进行的统治，这也使农民和城郊居民更易统一彼此的政治目标。

在郊区和城市其他部分界限模糊的情况下，或者说，在城市完全具有农业特征的地方，如萨克森的桑格尔施豪森（Sangershausen）、弗兰肯豪森（Frankenhausen）和阿波尔达（Apolda）镇，城乡运动相互协调、共同声讨领地政府。

福音和"神法"可以在农民和帝国城市的平民之间锻造一些桥梁。但农民和领地城镇两者之间的进一步合作之所以可能，那是因为他们在宗教改革上所取得的共识由于相似的依附形式和相似的经济利益而加强的结果。这种概括当然过于粗略，但如果我们把注意力更集中在一个不能自发地与革命运动相结合的领地城镇——布雷斯郜的弗莱堡。弗莱堡在近奥地利各城镇中独一无二的地位反映在领地帝国会议中第三等级城镇的领袖地位之上。上莱茵对哈布斯堡漠不关心，因此感到来自发展中的近代早期国家的压力要小得多，譬如蒂罗尔；因而弗莱堡就可以以一种帝国城市的姿态出现，相应的也像一个帝国城市那样行动。从被判决的罪犯所立的法庭誓言记录中，我们可以得出结论，弗莱堡显然经历了类似于帝国城市理事会和公众之间的那种紧张局势，而且城市中的确有一派推动了与农民军的结盟。弗莱堡的例子说明，帝国城市和领地城市的系统分类真的有助于分清不同的城市对农民运动的反应。但我们也应当承认，一些城市可能不适用于这些理想模式。

考虑到领地城镇和帝国城市平民的积极参与，我们应当对是否继续使用"农民战争"一词提出疑问。当我们注意到，除了市民外，矿工也深深卷入了 1525 年革命，这就更值得质疑了。

# 农民和矿工

1525 年间，起义地区的所有矿区都发生了骚乱。虽然矿工相对孤立，并未一直寻求与农民联盟，但这仅是因为农民聚集于多个地方，比如在北蒂罗尔，而又常常缺乏必要的激进主义及坚强意志。

1525 年 1 月到 2 月，施瓦茨（Schwaz）的蒂罗尔矿工举行暴动，这远远早于因河河谷发生的可称得上农民暴乱的事件。尽管如此，矿工的起义也给大公斐迪南带来了真正的危险，因为矿工公开地显示了他们的实力，并毫不退缩地坚持了自己的要求。1 月 21 日，市政厅大约 3000 多矿工强迫斐迪南收下他们的怨情陈述单。当 2 月 15 日大公的最初回复被得知是有意推托时，矿工们就再次向因斯布鲁克进军，这次斐迪南最终在 2 月 18 日遣散所有的矿督（mining judges）、村督（country judges）和监工（overseers）。为避免因河河谷的农民、市民和矿工结盟的潜在危险，斐迪南及其政府于 5 月在因斯布鲁克召开村区、镇和矿工公社的领地会议。这一举措成功地将骚乱引入怨情陈述的框架之内。尽管这是斐迪南一次真正的胜利，一个施瓦茨的矿督仍预警道："如果这里的矿工再次叛乱，萨尔茨堡主教管区和其他巴伐利亚的农民就会加入他们。"[1]与此相反，在布伦纳南部的蒂罗尔人暴动中心，施德尔欣（Sterzing）的矿工全体参加了农民和市民的运动。

在萨尔茨堡大主教管区，所谓的农民战争其实从一开始就是由农民和矿工领导的，来自最大的矿场的人担负起了主要领导人的角色。在加斯泰因山谷，熔铸工和矿工创建了萨尔茨堡共同大会的二十四条款，他们掀起的起义冲击波不仅穿越整个主教管区，而且影响了奥地利和斯蒂里亚的矿工。他们杰出的军事才能在施拉德明（Schladming）战役中显示了它的威力，那是 1525 年革命中最令人信服的军事胜利，也是他们最主要的成就。这也有助于解释起义军在萨尔茨堡很快就取得的胜利。在领地会议（terri-

---

① 《慕尼黑的拜恩主要国家档案馆·修道院 I·公开档案·战争档案》（*Bayerisches Hauptstaatsarchiv München*, Abt. I, *Allgemeines Archiv*, *Kriegsakten*）第 73 号，第 58 页。

torial diet)上，来自城镇、市场和乡村地区、加斯泰因和劳里斯（Rauris）的矿工和公司的代表济济一堂，但他们都代表了各自的利益。也许这解释了为什么加斯泰因的熔铸工没能够再次被动员去参加1526年的第二次起义。但由于缺乏足够证据，我们也不能肯定是否真是那样。另一方面，施瓦茨的蒂罗尔籍矿工似乎加入了当时遭受沉重压迫的萨尔茨堡人的队伍，但数量并未达到期望值，这从"萨尔茨堡地方山区的同乡和矿工工友，以耶稣基督名义的兄弟"[①]致施瓦茨矿工令人心碎的公开信中可以看出"如同一个基督徒对另一个基督徒般，我们向你们全体祈求，帮助我们抵抗这个暴虐的、非基督的、嗜杀成性的恶棍（土瓦本联盟），免得我们凄惨地失去妻儿，热血四溅……我们祈求你们那强有力的帮助，快来吧！快来吧！快来吧"。[②]

有人猜想，萨尔茨堡起义中矿工的参与是不同阶级意识到共同目标、超越职业差异的证据。因为据称，萨尔茨堡矿工"从起义的第一天起就拿了全额工资"。[③]然而，要说这些矿工只是扮演雇佣军的角色也未免太短视了。在矿工与农民之间有一个简单但重要的现实差异：矿工及其家人除了工资外没有其他任何收入，因此，如果没有一份替代上矿山的薪水，他和他的家人就无法生存。与农民不同，矿工必须带薪服军役，而武断地认为矿工与农民之间没有共同目标的结论也忽略了这样一个事实：一些矿工实际是"农民矿工"，他们居住在农村，无论如何他们总是花费一些时间来从事农业劳动。

图林根的拖马斯·闵采尔成功地将一些曼斯菲尔德矿工纳入一个组织——"忠于神愿联盟"，这是他和阿尔施泰特（Allstedt）的起义者联合创建的。[④]但在沿波希米亚边境的埃尔茨（Erzgebirge）山区，农民和矿工只有显而易见地、比较孤立的几次合作。无论如何，施内贝格（Schneeberg）和弗莱堡的山区城镇保持了相对的平静，安娜贝格（Annaberg）也仅历经短暂的

---

①　福格特：《会刊》，第801期把引用在这里的前四个词误认为是"矿山地区的乡村"，这样的解释在材料的上下文中几乎没有任何的道理。

②　同上。

③　K. H. 路德维希（K. H. Ludwig）：《矿工》（Bergleute），第36页。

④　G. 弗朗茨：《德国农民战争》，第1版，第416页；最后的总结出自于 M. 本辛（M. Bensing）：《托马斯·闵采尔》（Thomas Müntzer）。

骚动,只有约阿希姆施塔尔(Joachimstal)的矿工结集成一个数千人的武装营。他们与农民确实有联系,但与法兰克尼亚、士瓦本或上莱茵农民的激进主义相比,他们的激情要黯淡得多。

矿工的怨情映射出了当地特征:以施瓦茨人为例,他们要求领地诸侯废除矿产抵押金;安娜贝格人要求对矿工制造的锡币每季度作一次账目清算;而约阿希姆施塔尔人要求当局不要插手矿工和矿区监察之间的事。然而,在这些相异的怨情背后,可以清楚地看见农民、市民和矿工的共同目标:弘扬福音、制止政府官员武断地干涉、要求更广泛的自治。按照惯例,矿工被排除在地区法庭和领地法庭的日常司法管理之外,而且他们在法律上和行政上都隶属于那些通常总是非常专制暴虐的矿区法官。而这些分离的矿区法庭又缺乏封建法庭那一套完善的惯例,因此,矿工要求更多自治权就像农民要求恢复那些不受限制的自我管理的权限一样。蒂罗尔的矿工要求撤除当地官僚,在领地会议上,他们与镇民、农民一起,要求宣讲纯粹的福音,压制神职人员的世俗权力。在萨尔茨堡,矿工和农民对武断的司法管理和封建官僚的专制的抗议与制定神法的要求,都被包括进萨尔茨堡大会的二十四条款。在约阿希姆施塔尔,主要抱怨司法管理上存在缺陷的条款要求更多矿工参加到政府官员的行列,要求矿工有权挑选自己的牧师。称这些为"普通人"的共同目标似乎更为恰当些。

## "普通人":在历史中探查这个概念

至少从彼德·哈乐(Peter Harer)"对农民战争全面而透彻的描述"一文(写于 1531 年前)的时候起,用"农民战争"这个术语来代替"1525 年革命"才逐渐流行起来。[①] 与他同时代的人,从城市和修道院编年史作家到世俗贵族和教会领主,都把 1525 年的事件称为农民战争。他们这样做,表明了一种外行对这次革命的观点,而这实际上是由农民军队所决定的。然而,这个术语是否恰如其分地反映了这些现象仍有待推敲。因为该术语大

---

① 扎托留斯(Sartorius)于 1795 年、厄克斯勒(Oechsle)于 1830 年、威美尔曼于 1841 年、弗朗茨于 1933 年、布塞罗于 1969 年也是这样做的。

多出现在 1525 年以后封建领主一方的史料中。在贵族和高级教士看来，起义是农民破坏公共和平的一场暴动；城市当局则回头又着重重申了这一点，以免惹上纵容甚至积极支持暴动的嫌疑。实际上，只是在起义第一个阶段时，该阶段以十二条款为标志，起义才具有强烈的农民运动特性。起义者本身并不把起义看做仅仅是农民们的起义。"黑森的条款书"把起义领袖称为"城镇和乡村贫苦的普通人"。文德尔·希普勒（Wendel Hipler）为海尔布隆农民大会所给出的建议，试图把"普通人"（"属民"）与"诸侯、领主和贵族"相比较认为。是维腾堡的"市民和农民会议"有系统地陈述了递交给士瓦本联盟的怨情。① 这些例子足以说明问题。甚至因斯布鲁克的哈布斯堡政府，也把当时仅限于黑部和黑森一带的起义称为普通人的起义。巴登的菲利普边境侯爵不仅仅代表封建领主一方的利益，仅称之为"普通人的联盟"。②《伦兴条约》不称其为农民战争或一场农民暴动，而采用"属民团体"的起义，将其大会描绘为"相当数量的普通人"。③

　　既然领地城市、帝国城市的平民和矿工都卷入了，那么普通人这一概念的适用范围到底有多广泛呢？ 称这场战争为普通人的革命是否真的更恰当呢？

　　作为一个表示农民的术语，"普通人"在关于 16 世纪的史料中出现得相当频繁。1525 年的情况也是如此。在城市中，它就是指没有资格进入参议院的社会群体，尽管没有总的清楚的界定。这个词当然还包括没有公民身份的下层社会群体，例如雇工、奴仆和从事不体面职业的人。帝国会议上帝国城市要求更多权力，并威胁说，如若不然"城市内的普通人和行政长官之间将发生暴乱或抵抗行动"。④ 士瓦本联盟听从了奥格斯堡的康拉德·波伊廷格的建议，把自己对起义的态度印刷成书并在各城镇中分发，其目的是为了阻止"普通人"与农民进行共同的事业。⑤ 除了用来指农民和

---

① 　G. 弗朗茨：《史料集》，第 68 期，第 235 页；第 122 期，第 370 页；第 140 期，第 426 页。

② 　H. 菲尔克：《政治通讯会刊》，第 364 期，第 211 页。

③ 　*Abrede unnd entlicher vertrage*，fol. A1.

④ 　J. E. 约尔格（J. E. Jörg）引用于他的《革命时代的德意志》（*Deutschland in der Revolutions-Periode*）一书中第 96 页上的话。

⑤ 　福格特：《会刊》，第 202 期。

部分城市人口之外,"普通人"一词还可作为一个普遍概念来指一个特定的社会阶层。从萨尔茨堡起,经过蒂罗尔、上士瓦本、维腾堡到法兰克尼亚,1525 年普通人被公认为革命领导者。即使经验老到的政治观察家,如萨克森选帝侯,也这样评价 1525 年事件:"如果按上帝的意愿,普通人最终将执政。"①

基于这些参考资料,这个概念将得到很好的提炼。在萨尔茨堡、蒂罗尔和法兰克尼亚的材料中,普通人被理解为属民,被理解为没有能力来进行统治的人。1525 年蒂罗尔的怨情陈述显示:"不经历苦难,不付出很大的代价,普通人是无法让神职人员和贵族接受审判的。"②而法兰克尼亚农民则要求:"从现在起,所有宗教和世俗人等,贵族和非贵族,都要遵守普通市民和农民的法律,并不得擅称高人一等,享受特权。"③《致普通农民的联盟》(*To the Association of the Common Peasantry*)的小册子控诉了"贵族和其他官方机构专制的力量……他们每天都使用着非基督的、暴虐的力量,残忍、毫不讲理地压榨普通人"。④ 这些例子中普通人的构想和政府所持的截然相悖,不管是由领地统治者还是他的城市的对应物——参议院代表都是如此。这解释了为什么这些形形色色的群体,如农民、矿工、领地城市居民和帝国城市无权派,都能自称为普通人的原因。这也不仅说明了它的有用性,而且还说明了它的模糊性。1525 年,随着"起义者"和"普通人"的等同,这个概念所指的社会范围扩大了,因为在 16 世纪"普通人"一词通常仅狭隘地指"一家之主"。就是旧式家长制等级体系中有政治权力的家族首领,也是他们集成了国家最底层的器官。⑤ 当复杂的主人及其属民的关系转换

① 引用于 H. 博恩卡姆(H. Bornkamm):《路德》(*Luther*),第 331 页。

② 沃博夫内尔:《史料集》,第 52 页,在第 191 页更为明显。

③ 福格特:《会刊》,第 406 期。

④ 以 H. 布策尔所编的《德国农民战争》第 165 页为准。

⑤ R. H. 路茨(R. H. Lutz)在《谁是普通人?》一文中认为,应当对这一术语的范围加以界定。这就是他所界定的结果。比如,为了使这一概念更加明确,他把奴仆和不体面的人排除在外。由于他的目标就是对我的解释进行攻击,因此乍看起来,他的论文似乎异常注目的简明:在城市中,普通人就是行会会员;在乡村,普通人就是农民。换句话说,普通人就是一个城市或者乡村的完全合法的成员。然而,不幸的是,这篇论文并不能令人信服,因为我们不能把"一个乡村中的居民"这个法律概念等同于"普通人"这个政治概念。和普通人在言辞上比较类似的构成词有"公共利益"、"(天主教的)普通基督徒"、"公共芬尼"(common penny)(如一种普通税)。所有这些术语都是指一种大

成复杂的政府和臣民关系时，是他们为了保卫或扩大他们世袭的政治权力而互相展开战斗。这有助于解释为什么中世纪晚期以前没有普通人这个概念。凭借这个结论，我们又一次证实了"普通人"和"政府"之间基本的相互关系。

这次概念分析与我们根据经验得出的发现不谋而合。普通人是农民，是矿工，是领地城镇的居民；在帝国城市，他是无法担任公职的人。就普通人构成了领主的对峙派而言，我们确实应当说出对普通人起义的看法。考虑到革命的社会结构，是到了向"农民战争"一词告别的时候了，或者起码在使用这个词的时候要谨慎，使它能够帮助而不是阻碍我们对 1525 年现象的理解。这场战争究竟有多革命，我们下面再看。

---

（接上页）众的东西，而不是指束缚在具体的政治或社会团体，如一个城镇或者某个乡村上的东西。关于这一点，H. M. 毛雷尔（H. M. Maurer）的《作为人民大众起义的农民战争》（*Der Bauernkrieg als Massenerhebung*）是相当重要的，因为他通过统计的材料表明，起义是包括了所有人的，至少是绝大多数体格健壮的人都参加了这次革命。

# 第八章　作为一场革命的普通人起义

　　上士瓦本基督教联盟提出的对现存权力结构的替换方案和萨尔茨堡大会构建近代早期国家的设计都具有革命性。基督教联盟谋求建立一个以合作为基础的联邦性同盟。按照肯普腾会议的模式，乡村公社、城市公社和大会形成了最基层的、政治统治的上层建筑构建于其上的政治单位。公社的联盟有望通过地区性的联合转变为政治单位（来自阿尔部、康斯坦茨湖、巴尔特林根的集团）；这些政治单位反过来将成为组成上士瓦本国家的在法律上平等的部分。如有必要，领主制将按照选举的原则予以合法化。因此，只要贵族和教士愿意使自己成为公社联盟中的一员，他们在政治秩序中还是保有一席之地的，但这也意味着他们昔日享有特权的政治地位的丧失和经济上的限制——如果他们的经济势力不是遭到全部废除的话。农民们还十分清楚他们迟早要拟订出对付更大的政治联盟——神圣罗马帝国的方案，但他们将这个问题公开化了。皇帝虽然决不是基督教联盟必要的补充，但只要他承认基督教联盟的存在事实，他也不是破坏性的力量。上士瓦本计划从几方面讲都是革命的。基于家长制的和权威主义的结构的小政权将被基于合作性同盟的立宪政权所取代。小领主之间的纷争的终结也将有利于可以与瑞士联邦相比美的更大的政治同盟的组建。

在这样的同盟中,农村公社、城市公社和大会等合作性传统将在精心设计的选举形式中得到维系。福音和"神法"为国家提供了准则;它的伦理目标是公共利益和兄弟之爱。

萨尔茨堡的反叛者们,另一方面,却把现存领地宪法作为他们政治和社会理想的框架加以接受。在他们看来,领地就是矿山社区、乡村社区、市场和城镇的统一体,这个统一体也许可以通过领地会议选出一个领地委员会以执行领地政府的职责。否则的话,则会产生类似于上士瓦本模式的对应物。社区联盟成了政权的基层组织;政治机体由它们产生并且在每一级政府上均通过选举取得合法性。① 在领地政府的管辖下,教会领主仍然能够保留他们那让人不放心的、最起码能维持下去的僧侣生活的希望。世俗贵族的地位显得很不确定了,而且并不是在任何情况下在逻辑上都是说得通的,尽管这可能是我们出身差异的结果。在这里,福音、"神法"和兄弟之爱也赋予了政府精神特质和目标。萨尔茨堡和上士瓦本一样,普通人——农民、矿工和市民,果断地争取到那时为止一直为贵族和教士保留的政治权利,他们坚持认为私利应当服从公共利益,其目的是为了使这个世界因此变得更加和平和公正。② 如何实现这一目标取决于贵族领地的地区结构。

## 封建制的替代物:合作的联盟政体

尽管"神法"起初只是用来证明怨情陈述是一种正当要求的东西,然而在起义的第二阶段便被用作一个新社会的组成原则(尽管没被明确阐述)。如果"上帝的法律"能够焊接起一个能够吸收以前由封建领主担当的政府

① 即使是大会委员会起到政府的作用,任命法官和行政人员,这也没有破坏选举的原则。如果我们对1525年的活动加以归纳,至少在这个意义上,领地议会和领地大会是从公社中选举的。因此,二十四条款所要求的在任命法官时拥有发言的权力并没有被剥夺。否则的话,这一要求反映了这一计划的更早时期的构想。

② 迪尔已经表明"公共利益"这个术语出现于中世纪晚期德国的南部,它包含了底层阶级的政治目标。在1525年,这一概念获得了更大的荣耀,被称为"基督徒的公共利益"。"公共利益"和"普通人"之间恰如其分的联系需要进一步的注意。

的功能的政治秩序,那么"神法"就为击败封建制度提供了一种途径,从而使封建领主成为可有可无的存在。虽然目标迥异,但阿尔郜、康斯坦茨湖和巴尔特林根农民军的基督教联盟抓住并发展了这种可能性。起义者一派强调"神法"的和平性并力争超领地一级的妥协,而另一派(也是最后流行的)则使"神法"和使用武力相和谐。这两派都在一种大致可以称为"封建"的(但这种称谓仍然有许多意义)社会母体被里发展出来的,因为这儿领主土地所有制和农奴制体系中的封建因素比大领地的要强得多,而在大领地上,官僚和新的国家财政运作方式已使这种封建制落伍了。

在大领地,作为领地贵族和高级教士的封建领主显然继续存在,而且这些领主是最早感受到乡村革命的猛烈冲击的。但这些大领地诚然和政治上分裂严重的士瓦本、法兰克尼亚以及上莱茵等地区有着很大的不同,因为在这些早期近代国家之内,大领地已展示出了取代封建制的重要替代物。

4 月初,当士瓦本联盟对上士瓦本的基督教联盟发动第一次决定性的军事进攻时,其他农民军正聚集在黑森和黑部。他们不太精确地称呼的"基督教联盟",将黑森、上内卡(the Upper Neckar)和上多瑙河的乡村和城镇联合起来,没遇到什么大的阻碍就控制了修道院和城堡。尽管瓦德堡的乔治·特鲁赫泽斯将军确实打算通过袭击黑部和黑森的农民来谋取士瓦本联盟的最高军事指挥官位置,但联盟迫使他的军队撤离,这就使基督教联盟轻而易举地扩大了它的联盟。起义者夺取了黑森的圣·乔治、圣·彼得和圣·玛格丽特修道院;在 5 月的最初几天,马克格拉夫勒兰、布雷斯郜、恺撒施图尔(kaisertuhl)和奥特瑙(Ortenau)地区加入了这个起义团体。无论走到哪里,革命军的策略都一样:通过宣誓接受农民、市民、乡村和城市加入基督教联盟,接管或摧毁修道院和城堡,有时使军事要塞中立并废弃陈腐习俗(如遗留下来的档案所显示的那样),但也有的地方没有逗留地只是让盟军穿过而已。经过 8 天攻夺之后,5 月 23 日,弗莱堡投降了,3 天后,莱茵河右岸最后一个城镇布赖萨赫(Breisach)也被攻取了。

5 月的最后几天既是德国西南部最高潮的、同时也是最关键的转折点的时期。最高潮是因为康斯坦茨湖以西整个地区都处在义军的控制之下。

但这也是一个灾难性的转折点,因为分开的农民军没有填充好政治真空就返家了;另外,5月16日以后,外部的威胁日益增长了,当时好几千低地阿尔萨斯人在萨维纳遭到洛林公爵的残暴军队的屠戮,最后是因为奥特瑙的义军当时擅自同他们的领主达成谈判协议。当洛林公爵在阿尔萨斯,士瓦本联盟在维腾堡和法兰克尼亚取得胜利之后,起义军只有求助于谈判协议来保护自己;倘若联盟内不同派别都各自与对手谈判,那么这将葬送基督教联盟。布雷斯部人于6月犹豫不决地走向谈判,而7月初,黑部和黑森的农民在斐迪南大公的临时凑合成的部队面前退却了,结果24个村庄化为废墟,人们无条件地投降了。11月,克莱特部(klettgau)的农民被征服,豪恩施泰因(Hauenstein)人也放下了武器。

四五月间形成并发展起来的基督教联盟政纲太脆弱以至于无法给德国西南部以足够的坚定,因此一旦贵族们开始取得军事胜利时,他们就无法抵御领主安排好的谈判"诱惑"。然而从其结果来评价1525年革命的目标是不正确的。黑部和黑森农民,他们创立了基督教联盟,其主要目标是以十二条款为基础将"城乡的贫困百姓"从经济压迫中"解放"①出来,或者像所谓的黑森农民条款书更积极地提出的纲领所说,要造就"基督教公共利益和兄弟之爱"。②为达此目的,黑森起义军威胁要放逐任何拒绝加入基督教联盟的人,这个威胁特别针对修道院和城堡。诚然,只要贵族、僧侣和教士愿意放弃要塞和城堡,他们可以不必加入基督教联盟。"神法"和"邻人之爱"被明确宣布为法律性准则。贵族和教士仍可在这个尚模糊不清没有严格定义的法律和社会框架中生存。在条款书颁布之后的两个月里,农民军和弗莱堡、沙夫豪森、瑞士的通信没有揭示基督教联盟在它的政治纲领上有任何的发展。联盟的目标总是以同一模式反复宣布。福音和"神法"所主张的"公共利益"和"兄弟之爱"必须取代领主的"剥削"而盛行于世。

---

① H.布策尔在他的《农民战争》(*Bauernkrieg*)第68页暗示说,"解放"也许含有废除一切中间的官方机构的意思,他还进一步把这种可能性用作支持他一个观点的证据,根据这一可能性,他认为德国西南部正把直接隶属于皇帝当做它的目标。

② 翻印于G.弗朗茨:《史料集》,第68期,第235页。

　　在他们坚决反对任何不是基于神的法律的妥协,旨在恢复旧的政治社会统治状况时,①只有黑部的农民使他们的目标比较明确。面临统治者的军事对峙,黑部人似乎希望逃到瑞士,正如他们 6 月 20 日寄给瑞士联邦的三个城市的信所揭示的那样:"高贵而仁慈的各位大人,请注意我们的目标是神圣的、基督徒的,而我们所受到的迫害史无前例,比土耳其人带来的迫害还要坏,以至于就像要求一块坚硬的石头富有同情心一样。因此我们祈求严格、刚毅和智慧的阁下……可否仁慈地接收我们的投靠。"②假如我们把这封信看成至少代表了黑部农民的意愿——他们当时尚未被哈布斯堡军队击败——那么我们可以断定德国西南部的起义分队中至少有一部分是想把自己那并不完善的联盟并入瑞士联邦的。对上士瓦本的基督教联盟来说,鉴于那联盟政体,这样的合并也应当是很有吸引力的,但由于地理上的分隔,③事实上是不可能的。关于德国西南部的基督教联盟和它的各自部队的内部结构。如果我们是在乡村和城市社区组合成基层政治单位这个意义上使用"组合而成的"这个词的话,我们只知道它"组合而成的"基本原则。因此我们也不知道这些农民军和他们的联盟如何与瑞士联邦和谐共存。但我们的确有一个上莱茵事件的直接目击者——巴塞尔的顾问和市政秘书,海因里希·里欣格尔(Heinrich Ryhinger),他在 1525 年写的编年史中逐字记载了布雷斯部和孙特部农民的纲领。这纲领和上士瓦本基督教联盟联邦条例一模一样。假定里欣格尔在联系上士瓦本和上莱茵上是正确的④,那么上士瓦本的基督教联盟和德国西南部的基督教联盟的共同纲领就不仅是十二条款,而是实实在在的"联盟条例"。由于上士瓦本

---

　　①　"因为以前,我们再一次使自己臣服于这个政府,从这个政府那里,我们不可能指望任何的好处,我们所有的人更宁愿去死……因为我们可以肯定,不管他们的言辞是多么的动听,贵族是不会信守诺言、不会保持体面、不会信任我们的。"(J. 施特里克勒[J. Strickler];《瑞士联邦的告别》[Eidgenössische Abschiede],第 4 卷,第 1 节,第 686 页)

　　②　同上。

　　③　黑部和沙夫豪森有着公共疆界,而上土瓦本距圣·加仑也只有一两天的路程。

　　④　我们对文件的信任也许可以通过弗莱堡拥有一份"联盟条例"的草稿手迹而得以证明。巴塞尔的政府档案中也有一份与洛茨草稿有着紧密联系的手迹改写本。萨尔布吕肯的 C. 乌尔布里希·曼德沙伊德女士(Ms. C. Ulbrich-Manderscheid of Saarbrücken)也给了我一本在圣·布拉希安(St. Blasien)修道院土地上找到的"联盟条例"誊印本的副本;这与 3 月 7 日上土瓦本发行的版本是完全一致的。参见前面第六章的注释①。

基督教联盟的纲领十分接近于瑞士边境一带的联邦政府,那黑部农民呼吁巴塞尔、苏黎世和沙夫豪森的保护(很可能下一步目标是并入瑞士联邦)就更易为人理解了。

正如先前指出的那样,阿尔萨斯要求的基础是十二条款,以及以福音和"神法"作为新的社会和政治秩序的法律框架。这儿比别的地方更容易将分散的各支军队紧密联合起来并为在伊拉斯谟·格贝尔的指挥下采取有组织的行动作好准备。4月末,在阿尔萨斯的起义之后不到一个月,格贝尔就颁发了一套军队条例,旨在订出一份长期的、抵挡可能的进攻的军事方案,但同时也强调阿尔萨斯军队打算赋予它们临时性联盟某种长期的、实质的连续性。参战部队每七天轮换一次,因而每个村庄和城市每星期都得招募1/4的本地健壮男子。通过这种循环,部队既保证了长期安全又克服了起义最初几个星期无组织的状况。社区一级的政治秩序得以维护,经济生活也可以有条不紊地进行。伊拉斯谟·格贝尔在布告中反复强调:"为了上帝的嘉许和光荣,为了验证他的话语和安慰、帮助穷人和普通大众,我们应该而且将在耶稣基督、主的名下维护彼此间的团结。"①

格贝尔的条例想当然地认为正在发挥功能的社区联盟是存在的,不过在中世纪晚期,阿尔萨斯各村在被要求在选举代表时必须配合,正是在这一意义上,各村社才确保存在。因此阿尔萨斯能够很容易地应付像眼前这样的紧急情况。乡村机构随时都作好了准备,但它们现在是对社区自己,而不是对领主负责。即便其居民还属于不同的领主的时候,村庄还是以武装团体(armed bands)的形式集结起来,它们就像自治性的单位一样发挥作用。对于这些团体来说,它们通过自己的代表组成的共同委员会(common committee)来协调整个事业,同时和伊拉斯谟·格贝尔一起建立一个高级指挥部,并授权于它颁发对所有人都具有约束力的命令和训诫。5月初这个共同委员会在莫尔斯海姆(Molsheim)由42名农民组成。它发布了"城市和乡村被俘时必须宣誓的条款",②这些条款赋予了上尉、上校和长官指

---

① H. 菲尔克:《会刊》,第 230 期,第 127 页。
② H. 菲尔克:《会刊》,第 289 期,第 161 页。

1525 年 5 月 11 日:《莫尔斯海姆条款》原件副本,收藏于斯特拉斯堡档案馆。

挥权①，但显然又使这些官员从属于所有的军队，或者说从属于为此目的选举出来的委员会。这一点可以通过第10条款的谕告来说明，这条谕告说："上尉不得秘密地或者背着军队和相应长官而采取任何举动。"有报道说，这些条款是由高级上尉和普通兄弟所通过的，这些报道证实了我们这样的结论：这些流传甚广的条例是取决于全体起义者的意愿的。

即使假定阿尔萨斯军队的组织只是为军事安全目的而创设，毋庸置疑这一构思也提供了一个可行的政治模式。② 自治的乡村和城市公社，它们受"上帝之言、神圣福音和公正"③的约束，在设有上尉（可能只拥有军事方面的权力）和行政长官（大概具有一般的行政权威）的地区性团体的带领下聚集起来。这些团体把权力授给集军事管理、战争议会和最高领地权威于一身的将军委员会的各代表。军团政事首脑是一位选举产生的最高上尉，他在对外交往中代表了联盟。联盟中几乎没有传统类型权力管理的空间，除非他们无条件地服从福音原则，这是一条除了十二条款之外没有任何具体的经济、社会和政治含义的普遍原则。

很难确定我们该如何认真地对待那些有关阿尔萨斯人只想把皇帝一人看做自己上司的零散的史料记载。四份关键的文件中两份来自巴尔（Barr）领主尼古劳斯·齐格勒（Nikolaus Ziegler）的通信，另外两份很可能是农民失败后在严刑下被逼招供的证词。军旗的标志也有力反驳了阿尔萨斯人图谋建立和皇帝的特殊关系的观点，因为20多面军旗中只有一面绘有帝国之鹰的图案。

陶伯河谷的军队包括罗腾堡帝国城市的属民、法兰克尼亚几个贵族、条顿骑士以及维尔茨堡大教堂的农民。跟所有其他军队一样，它也将"神法"，或者更确切地说是福音和上帝之言视为其全部要求和目标的基础。陶伯河谷人最早的标准纲领禁止领主在达成协议之前征收任何赋税和劳

---

① 这份材料所使用的术语较为模糊。如果要得出定论，也许有必要求助于出版在菲尔克的总结性著作中的文献原件。只有这样，人们也许才能够确定这些称呼是否含有功能上的差别。

② 学者们也还没有认真地考虑过军事组织在多大程度上可以成为政治组织的框架问题。仔细地考虑这种可能性对革命目标的了解，比只是从那些为数很少但又是碰巧存在的纲领性声明中逐渐探询革命的目标，要清晰得多。

③ 菲尔克：《会刊》，第182页中的《宣誓时用的条款》中的第1条。

役,它还提出了和上士瓦本的基督教联盟的努力密切相关的措施,通过接管最紧要的政府管理职能来填补新的政治真空。他们主张"兄弟之爱"为共同生存原则,在一系列的维持和平的村庄公布了规定当地秩序(禁止饮酒和亵渎神灵)的和平法令,并指派一名推选的官员来执掌司法和刑罚权力。

这个最初的条例后来由 4 月 27 日的奥西森富特战地条例而进一步加强,但它的应用范围显然受到限制,因为它反复提到的只是战场的情况。很明显,这个早期模式对解决一般的政治秩序问题来说是一个更合适的框架。不过,奥克森富特战地条例的确更清楚地表明了陶伯河谷军队的未来构想。旧统治者如今要放弃的不仅是他们的收入。放弃并毁掉自己的城堡的贵族(没提到高级教士),只要愿意,就可以加入陶伯河谷人的"基督教兄弟会"。这样,贵族(按逻辑自然包括教士)不仅失去了领主权(正如一个补充条款规定的,贵族必须和农民、市民一样遵守共同法律那样),而且连其现存的财产关系也被根本否认了。除了个人财产外,贵族将一无所有。[1]

战地条令动议的"改革"为改革者根据对上帝之言和福音的阐释建立一种新的社会和政治秩序留下了空间。然而这阐释工作的很大一部分经由陶伯河谷人政治化《圣经》的方式而提前进行了。使贵族处于从属地位和让他们与别人平等交往意味着他们领主权和不动产的丧失。别的命令也产生了同样的强迫性效果,这些命令很显然都是出自于奥克森富特。其中的一条命令是禁止收税者向马车夫和赶牲口的人征收通行税,此外是接手所有贵族的谷仓和酒窖的管理。

只要人们还期待着宗教改革,期待着《圣经》学者发言,政治秩序的问题就依然是悬而未决。像上士瓦本人一样,陶伯河谷人也没有贯彻始终地考虑这场革命,而是将这一任务留给神学家。这正说明了他们尚存条款的零碎性。法兰克尼亚不像阿尔萨斯,军事组织不能简单地转换为政治秩序,因为它的部队组织的起源不是乡村和城镇;另外法兰克尼亚也缺乏可能从底部支持政府结构的、能够有效发挥作用的社区。

内卡和奥登瓦尔德军队把自己限定在一个比陶伯河谷人更为稳健的

---

[1] 正如 G. 弗朗茨的《德国农民战争》第 9 版,第 138 页和布策尔的《农民战争》第 39 页所宣称的那样,私人财产由于城堡的被毁和租税的降低而减少了。

纲领之内。这些美因茨大主教的、海尔布隆帝国城市的、霍亨洛赫伯爵的以及许多其他领主的属民聚到一起，在占领魏恩斯贝格（Weinsberg）并杀掉抵抗的贵族后，他们几乎没怎么遇到任何困难就使城市和贵族加入了自己的行列。美因茨选帝侯对"光荣军队的全体基督教集会"①的宣誓只是这些强迫合并中最显眼之举。领主们允诺在改革实施前一直赞成十二条款的各项规定。当然，内卡河谷和奥登瓦尔德义军要求领主无条件地服从改革，但他们没有提出要取消所有的贵族特权。起义者对领主的更温和的态度也可以从以下事实得见一斑，尽管他们要求宣讲纯正的上帝之言，要求牧师的共同选举（其合法性已经为十二条款所充分证明），但他们对"神法"的坚持，至少在地方以上级别的要求方面，仍称不上是其主旨。这正说明了为什么内卡河谷和奥登瓦尔德人不愿将宗教改革只委托给神学家的原因。即使我们将这看做是对领主所作的和解姿态，在单个领主和其属民之间达成协议也显然是不可想象的。任何协议都对整个的农民军和所有的领主具有约束力。海尔布隆农民议会本打算策划这个改革，为了筹备，奥登瓦尔德和内卡河谷军队邀请的代表分别由士瓦本、法兰克尼亚和上莱茵派出。然而，由于维腾堡方面军于5月12日在伯布林根（Böblingen）为士瓦本联盟的军队挫败，这个会议中止了。

　　在为这个后来流产的海尔布隆会议中，至少有两个人创作并发表了自己的立场文告。一个是弗里德里希·魏甘特（Friedrich Weigandt），米尔顿堡（Miltenberg）的一个地窖管理者，美因茨选帝侯的居民，内卡河谷—奥登瓦尔德军队的首领文德尔·希普勒（Wendel Hipler）的心腹。尽管有这层关系，但魏甘特在1525年都保持这种背景而没有加入起义的队伍之中。然而，对于即将举行的海尔布隆会议，他确实为贵族和帝国城市提出了一个建议，同时还提出了一个旨在帝国改革的、并无新意的建议。魏甘特的观点并不十分代表法兰克尼亚农民的目标。尽管文德尔·希普勒非常了解魏甘特的观点，然而他是否想把它们作为海尔布隆会议的基础就不得而知了。因此，要想获得内卡河谷—奥登瓦尔德起义军纲领比较完整的图

---

　　① 弗朗茨：《德国农民战争》，第1版，第311页。

画,希普勒自己为海尔布隆会议所作的"参考计划"就是一个更为重要的文件。不过,我们不应当高估这个"参考计划"的代表性。毕竟,没有威胁到现存政治和社会秩序基础的保守的《阿莫巴赫宣言》(*Amorbach Declaration*),无法取得各军队的一致同意。①

如果说希普勒的"参考计划"表明了他的社会和政治思想,那就无法否认他的纲领比士瓦本、法兰克尼亚和上莱茵军队的更缺乏激进性。希普勒很可能是想协调各种单个的纲领、战地条例以及领地和联盟的各军队的法令,此外,他显然还计划建立一个通过领地防御和动员令的结合将所有军队归结在一起的防御性同盟。当旨在征服蒂罗尔和科隆选帝侯的时候,他的方案显示出了一种进攻倾向。然而即使其重要性不是更强,他毫不掩饰的、想在义军和领主间达成妥协意图也同样具有进攻性。只有在完全取缔修道院的统治势力时,他的方案才显示出自己的革命性。但希普勒并没有对诸侯和贵族的地位提出正式的挑战,特别是在当他们试图用教会地产来补偿自己在"什一税"、间接税以及转手费方面所遭受的损失时更是如此。他接受皇帝和帝国现存的关系,没有对当时的结构提出质疑,也没有提出任何新的模式。希普勒想尽快恢复法律和秩序,以避免起义军丧失他们已经取得的地位的危险。大多数农民都准备解甲归田,只有一部分仍然留在部队之中。如果"改革"(起义军和领主间仲裁协议)能马上达成,上述情况就很可能发生。

当然,这也不能证明希普勒脑子里抱有在经济上、政治上毁灭教士等级的同时又巩固贵族领导权的想法,他试图调和这两大不可调和的势力。倘若他真想维护表现为诸侯和贵族领主制形式的传统权力关系,那他就不得不解散农民军队。将军队转变为政治单位以维持"秩序、和平和法律"可能是希普勒方案中最吸引人的地方,但在旧的封建秩序中是不能实现的。

接受十二条款,并把它们作为"神法"信条创立过程中不可缺少的革命要素,是士瓦本、法兰克尼亚和上莱茵地区革命运动的共同点。"神法"蕴

---

① 《阿莫巴赫宣言》是内卡河谷和奥登瓦尔德义军于 1525 年 5 月 4 日提出的一项改革决议,其作者有文德尔·希普勒、弗里德里希·魏甘特以及贵族格茨·冯·贝利欣根(Götz von Berlichingen)和格奥尔格·冯·韦特海姆伯爵(Georg von Wertheim)。

涵着一种超领地组织，甚至使建立这种组织成为一种可能，但与此同时它又压制了值得称道的传统，并使温和派的谋求单个领主间妥协的思想转到在封建领主和农民军队中间订立集体协议的思想。通过这种方式，革命克服了德国西南部贵族领地政治上的小规模性，但绝没有完成为这种超领地组织找到相应的社会和政治秩序的任务。这个革命纲领现在必须以某种补充起义军胜利前进的方式扩展到十二条款之外。他们攻取士瓦本、法兰克尼亚和上莱茵之后，造成的真空更加迫切地需要一个现实的政治解决方案。最初的办法就是简单的反教权主义，由于只鼓励和贵族谈判而限制了作为一套基本要求的十二条款的应用效果。然而，最终起义军认识到革命形势和传统的贵族统治是不相容的。我们应该从他们的地位受到严重的威胁的时候，也就是在士瓦本联盟取得军事进展和洛林公爵在5月10日到17日迫使农民军谈判的军事胜利之前的这段时间，来看待他们的政纲和提案。从这个角度来看，显然没有哪个人真的想要恢复贵族统治，因为这种恢复将击中各个不同的基督教联盟的合作和联邦性结构的漏洞，从而使它们难以继续存在。如果他们的代言人不能作出不带感情色彩的、合乎逻辑的决定，与其说这是他们对贵族和解、中立，甚至友好态度的证据，还不如说这是他们缺乏拟定明确的、实际的政治选择方案能力的证据。联盟和军队对把他们的计划整合进由皇帝主持的帝国之内，或者整合进自治性质的政府结构的创建中的挑战作出了反应，通过这些反应，这一结论可以得到进一步的强化。在他们互相矛盾的主张中，他们表现出了一种优柔寡断和不明确。通过他们的决定，这还证明了他们对这样大胆并且又是非传统的模式没有考虑周全，或者至少农民们还无法用文字来表达。近代早期国家，当时正在选帝侯领地或者公爵领地内得以创建，对法兰克尼亚和士瓦本而言却不是一个可用的概念，因为那些地区还不了解体现为那种形式的领地原则。帝国的自由法律地位也许从来都没有被消除，却不能缓解农民军建立一个稳固政治秩序的迫切需要。尽管瑞士能够起到某种向导作用，但帝国赐予的自由的法律地位还是没有先例，而且沿上莱茵和上士瓦本在1525年模仿瑞士提出的比较模糊的政府模式也绝不是偶然的。在这样的模式缺乏的地方，像法兰克尼亚，革命基本上仍然处于绝境之中。

　　只有当我们期望他们提出成熟的、深思熟虑的、始终如一的、规划完备的宪法性议案时,我们才可能会责备这些农民不坚定、无能和消极。整个中世纪晚期针对帝国的各种改革尝试最清楚地证明了,这样一个大胆的、改革现存体系的方案是不可想象的。无论是库沙(Cusa)的尼古拉斯(死于1464 年)的大胆的政治理论,还是"上莱茵革命"启示性的设想都没有偏离皇帝和帝国神圣不可侵犯的观念。1525 年革命的确比以前的这些努力更进了一步,因为他提出了一个可供选择的方案轮廓:一个合作性的联邦制,它把上士瓦本、德国西南部和阿尔萨斯现存的乡村和城市公社在军队中聚合起来,并且在各自的军事任务之外赋予它们真正的政治功能,最后将他们组成基督教联盟。在这种三级政权中,真正的独创性因素是"军队"这个"跨领地"的军事和政治组织。正如那些使其概念化的、脆弱的努力所证明的那样,"军队"具有真正的首创性。与此相对照的是,公社和合作的基础产生于生活传统,然而联盟的思想在瑞士联邦、在中世纪晚期的城市同盟和士瓦本联盟中就有先例。法兰克尼亚的政治概念较别的地方模糊得如此之多,那儿的农民更愿意谈判,这一事实进一步强化了我们的结论:1525年的革命蓝图是真实生活模式的翻版。

　　"神法"并没有为政府提供积极的法律,福音书也没有给出理想的政策。对它们的解释仍然是开放的,但神学家拒绝解释,这使他们在为跨领地的起义锻造一个共同的政治理想的使命中并不合格。马克格拉夫勒兰的例子就清楚地证明了这一点,因为这个地方遵循自己的特殊道路,完全没考虑到整个德国西南的共同行动。

　　被称为罗滕贝格－萨奥森贝格、巴登维尔和霍施贝格的南巴登地区的农民希望用由从领地"大会"(territorial assembly)中选出的农民组成的政府来取代边境侯爵的总督和官员。他们要求他们的侯爵像自己在巴塞尔城汇报的那样接受十二条款。如果他的确接受,他们就认可他在城堡和贵族领地上延绵不断的土地,并且仍将它视为领主,他们还特别注明说:侯爵,"而不是帝国的君主阁下……是他们的领主"。①

---

① 　H.施莱伯:《德国农民战争》,第 216 期,第 85 页,第 2 部分 。

我们或许暂时忽略了这样一个问题:巴登的恩斯特(Margrave Ernst)侯爵是否在他向巴塞尔城提出的请求中用一种有删减的方式准确地阐明了农民的目标(因为消息是他在罗特恩的地区行政长官通过一种迂回的方式比较勉强地送到他那里的,从而使这个问题极其地麻烦)。如果仔细考察那儿的政府结构,就会觉得这些马克格拉夫勒兰的农民的意图变得更加清晰了。和别的地方的农民不一样,为了讲清楚自己的政治要求,马克格拉夫勒兰人并没有非得增添领地和民众大会的概念;对他们来说,那样的概念要追溯到 15 世纪,在那时它已指明了罗滕贝格—萨奥森贝格、巴登维尔和霍施贝格三个贵族领地的臣民间的合作。这些群体还召开可以指派领地会议(尽管这词在 1525 年后才出现)的公共大会。这些大会在 1525 年前已经拥有相当广泛的政治权力。1490 年,它们参加了霍施贝格的菲利普继承协约的谈判,1503 年,霍施贝格—萨奥森贝格的菲利普死后,它们拒绝向他的寡妇和女儿宣誓并夺取了他的城堡,因为它们认为这两人并无继承的权力。1509 年它们参与了军队征募的谈判。1511 年,当克里斯托弗(Christoph)侯爵筹划自己继承人的问题时,大会迫使他不考虑自己宠爱的儿子菲利普,而将继承权交给另一儿子恩斯特。1517 年,它们又参与为单个贵族领地制定领地法令的活动。

因此大会对恩斯特侯爵所提的要求是他们政治权利的自然延伸,在 1525 年的风暴中也是如此。农民并不想废黜侯爵,但他们的确打算将所谓的上或南贵族领地(罗特恩—绍森贝格、巴登维勒和霍赫贝格)从巴登—杜拉赫(Baden—Durlach)侯爵领中分离出来。大会管理委员会的目标恰恰正是取消那些(高贵的)领地长官和其部属,同时缩小理事会自身对上层领主的义务范围。这是一个很明智的举动,因为巴登—杜拉赫那时还没有(领地)大会,并且上层领主也把自己视为一个政治机构。在上述条件下,将马克格拉夫勒兰农民的政治目标描述为帝国自由地位,也就是直接臣属于皇帝,是值得商榷的。[①] 那种想象中的皇帝的涉及恐怕只反映了恩斯特对未来从属于哈布斯堡统治的前途的担忧,因为就在农民战争爆发 10 年

---

① 这个观点在所有的文献中都很盛行的观点,却只是建立在一篇文章的基础之上。见弗朗茨:《德国农民战争》,第 9 版,第 138 页;布策尔:《农民战争》,第 39 页。

前,奥地利设在昂西海姆的政府就明确宣布了对马克格拉夫勒兰贵族领地的主权。

我们将农民最主要目标视为重组领地政体,如果我们的判断不错的话,那这只是再一次证实我们的发现:即早些时候在领地国家这一层次上获得政治经验的农民,最易清楚地表述政治概念。因此,和普遍盛行于别的上莱茵农民中的政治思想相比,马克格拉夫勒兰的农民更倾向于萨尔茨堡、蒂罗尔和维腾堡的政治思想。

基督教联盟为追逐个人的政治抱负提供了很大的空间,但这必将摧残革命,甚至在军事反击成功之前就会如此。总之,革命者缺乏也许能赋予他们狂热所需的坚忍不拔的目标。当农民没有交战就放弃战略上十分重要的阵地时,正如康斯坦茨和阿尔郜的农民在魏恩加腾所做的那样;当两万赤手空拳的、受到屈辱的农民带着白色的小十字架离开萨维纳,他们表现出的不是懦弱(因为倘若这是农民的性格的话,他们就永远都不会起义了),而是他们自己的不确定。起义者组织的方式和他们发展的宪政观点中都渗透进了这种不确定的因素。他们的"民主原则"不仅使他们在决定采取重大军事行动时遇到更大的困难,而且使他们关于起义应激进到何种程度的争论拖得很长。至于使用"神法"作 1525 年暴力革命的基础,起义者几乎没有达成任何一致协议。我们可以通过一个简单的事实发现这一点。这个事实就是,农民对个人几乎没犯什么十恶不赦之罪。尽管如此,但迄今还存在着扭曲人们研究的一种很流行的看法。如果要追究,如果有人对这种不确定负责,那么应该是那些改革者和资产阶级们,因为他们拒不给革命以支援,相反在无任何妥协余地之处谋求妥协。夏普勒、洛茨、泽尔、布策尔、卡皮托(Capitos)、希普勒以及魏甘特的队伍起先播下了他们后来没有收割的种子。当农民们奋力创立一个合作的联盟性政体以摆脱其代言人的权威时,他们付出了昂贵的代价;尽管存在着这么一些困难,但他们还是为他们的政治思想取得了体面的新基础,这一基础建立在基于兄弟之爱的真正共和国的希望之上。但正如我们在马克格拉夫勒兰所见,当领地大会政体提供了一个适合 1525 年目标的模式时,起义者看到实现政治重建就会容易得多。

## 以近代早期国家为基础的取代封建主义的制度:领地议会制度

只有在改变现存的社会和政府,"神法"才能够马上在这个世界上得以确立,福音书才会在此时此地得以实现。在近代早期国家及其以等级会议为基础的宪政结构能够提供一种通过"神法"和福音来进行转化的政治模式的任何一个地方,将那些比较模糊的渴望变成具体的法律和政治目标都将被证明是最为容易的(还是得不到宗教改革家们的支持)。作为革命者社会理想模式的等级会议制度是便于使用的,因为它已证明一个大的领地国家的秩序问题可以通过诸侯和领地大会之间的合作得到解决,组建一个新的替换型政治体系,只要改变现存制度以符合革命的基本目标就可以了。

马克格拉夫勒兰通过将议会和诸侯两对立面纳入一个议会政府而从理论上解决了这个问题。由于管理委员会就其政策必须对议会的共同意愿负责,因此,实现公共利益、兄弟之爱和"神法"等原则似乎能够得到充分的保障。萨尔茨堡也在其议会政府里找到了一个相似的途径,尽管这条途径有赖于先前一系列变化。这个议会必须将贵族、教士和市民的委员会转变为由自治性社区选举并依赖于它们的农民、矿工和市民的联合体;这就会使政府的权力对普通人负责。这里同其他地方一样,制度改革极大地受惠于等级会议及其大会的思想。如有必要,像萨尔茨堡,议会的概念被彻底改写;而事实上,议会的权力扩大到如此程度以致领地诸侯完全丧失了政治上的重要地位。

我们还需弄清,在别的地方,革命是否也使用了等级会议的现存模式。我们将考察蒂罗尔、维腾堡、班贝格、维尔茨堡和近奥地利。蒂罗尔是一个有着在政治上代表其城市和乡村地区这一悠久传统的领地,那儿的革命活动仍迟疑不决,乃是因为激进派和温和派不能在任何一个共同计划中联合起来。斐迪南大公采用巧妙策略安抚了因河河谷的矿工、农民和市民而同时又迫使南蒂罗尔的激进派走向谈判。1525 年 6 月因斯布鲁克召开了一个领地会议,虽然并不是所有的代表都总是得到了农民和市民坚定不移的支持,但所有地区和城市都派出了代表。刚开始的时候爆发了一场骚乱,但后来各地区和城市成功地把高级教士排斥在议会之外,并决定以他们的计划——包括了所谓的《因斯布鲁克补充规定》(*Innsbruck Supplement*)的《梅拉诺条款的延伸》(*an expansion of the Merano articles*)——来确定最基本的议事日程。

1525 年再没有比这 96 条《梅拉诺—因斯布鲁克条款》更彻底、更详尽的怨情陈述条款了,人们最初认为它将成为新的领地法基础,为此表述得非常的仔细,并且也经过了好几经修订。从继承法到司法体系,从农业经济到城市经济再到法律和秩序的维持,16 世纪领地法一般所涉及的所有事项在此都以怨情陈诉形式列举出来。

在归纳蒂罗尔革命目标的特征时,我们必须摒弃描绘怨情的全景,而把我们自己限定在基本的社会和政治问题之内。和别的起义地区一样,蒂罗尔在反教权主义中联合起来,这一点可以从他们的要求中表现出来。这些要求是:主教管区和修道院应根据对诸侯有利的原则世俗化,教士应当服从乡村和城市法庭,以及本地社区有权选出自己的牧师。随着对教士财产和政治特权的剥夺,蒂罗尔人还要求剥夺贵族的政治特权。尽管没有触动贵族的经济地位(有计划地减轻农民经济负担所带来的影响除外),但他们作为统治者的权利和法律上的特权地位被废除了。在这种情况之下,诸侯也不是赢家,因为乡村和城市地区都将获得自治;他们要求享有选举所有地方官吏的权利,只把那些征收和管理领地税收所必需的职位留给诸侯控制。由此可见,从教士和贵族手中夺取的权力被诸侯、乡村和城市地区所瓜分了。消除中间权力机构的结果是在普通人和诸侯之间确立了一种直接关系。尽管领地议会的最后决议只有得到各地区的批准才具有约束力,但它还是保留了自己的媒介功能甚至被明确地确定为监督诸侯决策的工具。

同萨尔茨堡和维腾堡的政治纲领相比,蒂罗尔的政治纲领没有提出任何明确的、取代旧的诸侯和各等级制度的方案。诚然,在地区层面上,中央政府的权利受到限制,但至少有一种模糊的要求坚持说"只有富有同情心的、尊贵的本地人"才能够被任命为政府人员,也就是那些"能理解我们的本地语,无论是贵族、市民,农民"①都可以。正如这一条款的内容可能表述的那样,在这里起义者显然将"政府"仅仅理解为蒂罗尔的最高法院。因此不得不将"政府"的改革视为与其他旨在提高司法管理的条款相联系在一起。他们要求解除斐迪南的宠臣萨拉曼卡(Salamanca)及其献媚者的职务,只再次反映蒂罗尔人关注中央政府的官职对本地人的开放,但即使如此,诸侯仍然可以任意任命他所信任的人组成自己的顾问委员会。当起义者提议通过减轻农民经济的负担以保证"公共利益"、更为严格地控制城市经济、建立社会福利机构(例如福利院)、确立得到完善的司法管理制度时,革命的冲击确实打击了教士和贵族。即使查理五世已经通过一系列家族协议把蒂罗尔转交给他的兄弟,但斐迪南也非常懂得应该如何以查理代表的身份而出现,他非常有效地使用自己帝国最高诸侯的权威。他既不是像萨尔茨堡大主教那样为人憎恨的教会当权者,也不是像维腾堡乌尔里希(Ulrich)公爵那样的、被斥为破坏公共和平的被放逐者。因此即使在革命高潮阶段,他也能够保持自己作为诸侯的统治地位基本没有受到侵犯。

在维腾堡,从暴动开始到 5 月 12 号伯布林根战役(the Battle of Böblingen)失败才过去 4 周,起义者接管了整个领地,除了少数几个城市,其中包括蒂宾根,在瓦德堡的特鲁赫泽斯·威尔海姆的带领下撤退之后,维腾堡政府当局就失去了往日的活力。姑不论所有的具体政治要求,城市和乡村的共同目标是"神圣福音和神的正义"②的建立。由于起义者几乎没有提出什么具体的要求,又分裂为几个政治派别,因此人们很难理解他们的政治目的,当他们的目标才开始明晰起来时,起义就遭到了军事失败。起义军最终在支持遭放逐的乌尔里希公爵,还是支持奥地利政府,还是两者都反对的问题上展开了最后的争论。然而通过考察他们使用的概念,我们很快就可以了解尽管存在个人派系但仍能把他们团结起来的目标。在聚合后不久,他们挪用了大会的名义,而以前只当他们(同高级领地教士一

---

① H. 沃博夫内尔:《史料集》,第 53 页。

② G. 弗朗茨:《维腾堡农民们的办事处档案》(*Kanzlei der württembergischen Bauern*),第 20 期,第 92 页之后;28 期,第 96 页;第 35 期,第 98 页;第 38 期,第 99 页;第 39 期,第 100 页;第 40 期,第 100 页;第 44 期,第 103 页;第 57 期,第 283 页;第 90 期,第 304 页。没有任何的比较明显的原因,弗朗茨就把这种情况描述成对神的正义这一概念的"世俗化"。

道)在议会上面对诸侯时才用它来代表所有的城市和乡村地区。这样,他们就夺走了以前主要由城市辖区的知名人士组成的大会的合法性,也要求得到大会组建国家并沿用传统的诸侯的政府机构管理这片土地的权力。正如波特瓦(Bottwar)和贝尔施泰因(Beilstein)向等级会议急切呼吁要求开始同起义者谈判所表明的那样,城市的知名人士马上意识到了危险,为讨论这个问题而任命的"大会代表"提出,应当召开一次议会来解决怨情,此外,与以往程序相反,农村的代表也应参加。[①] 但是如果议会不在"此地马上召开",农民就拒绝接受这一提议。起义者的反对意见是行不通的,事实上,他们的反对意见本来只是要说明传统的议会已失去信誉。知名人士想在议会内解决冲突的所有进一步的努力都失败了。最后,在 4 月底与 5 月初,起义者固定把"大会"作为召集所有起义区域的名词使用。首领们以"维腾堡大会"的名义公布敕令和条例,并且还颁布了安全通行告示和颁发了安全通行证。[②] 在盗用大会概念的背后,隐藏着的是一颗政治炸弹,这一点,维腾堡的摄政,瓦德堡的威尔海姆·特鲁赫泽斯和其堂兄乔治精心地、以一种不带有敌意和感情色彩的方式称起义者为"那些从维腾堡公国的一些城市和小村庄聚集到一块的人"[③]的时候就已经指明。他们坚持在传统意义上使用大会概念,而费尔巴赫(Feuerbacher)和文德雷尔(Wunderer)固执地以"维腾堡大会的首领"[④]的身份作出了回答。

这种术语之争表明了在确定范围内进行的争取合法性的斗争,因为维腾堡起义军的首领,和阿尔萨斯的起义军首领相比,他们很少用"政府"这个头衔。正如他们通告巴拉丁选帝侯路德维希(Ludwig)的那样,尽管他们打算"接管维腾堡公国和大会"[⑤],他们也并没有以毁灭全部诸侯的官方机

---

① 每个地区将派出 6 名代表——其中 3 名来自城市(法院、参议院和普通人各出一名代表),3 名来自该城的各乡村地区。

② 弗朗茨:《维腾堡农民们的办事处档案》,第 36 期,第 99 页之后;第 51 期,第 107 页;第 55 期,第 282 页;第 59 期,第 284 页;第 65 期,第 287 页;第 74 期,第 291 页;第 80 期,2294 页。

③ 同上,第 76 和 77 期的第 292 页之后。

④ 同上,第 80 期,第 294 页;也可参见第 50 期,第 106 页。

⑤ 同上,第 40 期,第 100 页。

构为目标。相反,遭放逐的维腾堡公爵乌尔里希被恢复了,[①]尽管他要付出被新大会急剧削减自己管理方面的权力为代价。他们要拟定一个没有外部军队干涉的公爵和新大会之间的协议。如果在大赦和对外政策纠纷解决之后实施起义者所构想的由大会控制的政体,[②]那么就必将带来一次决定性的制度变革,因为所有的教会土地将被财政部所没收,因此教士作为一个政治等级被消除,制度的一个组成部分就被摧毁了。另外,诸侯的权力也将减免至几乎为零的程度。与诸侯比肩而立的是一个由大会选举,由农民、市民和贵族等构成的 12 人摄政委员会,他们将同公爵进行合作,以处理所有包括全部官员任免在内的政府事务。尽管公爵有最初和最终的发言权,但摄政委员会明确规定他们的目标是防止公爵"不经他们的建议和认可做任何伤害土地和民众的事情……"[③]另一方面,新制度将领地建构各项法令的任务留给议会,例如确保有影响力的十二条款要求的条令。由于自身所扮演的角色,议会将有一个新的结构,因为它将像摄政委员会所做的那样,必须同样地对待贵族、市民和农民。既然选举原则在地方一级任命顾问和司法职务时是必须履行的,那么它也一定要用于议会代表的遴选。披着旧有形式的寡头政治,如维腾堡的"知名人士"原则,也可以通过这种形式得以回避。合作联盟,不论在公社一级还是领地一级,至少在象征意义上与领地政体是相同的,通过要求各地区的官员、司法人员以及委员会成员对公社履行就职宣誓,要求森林看护官、诸侯的护卫以及其他官员在大会前宣誓。

在班贝格主教管区,起义者的纲领阐述得更加不清楚了,我们只得从革命的实际过程推断。通过这些材料,我们可以发现修道院世俗化的要求和取消教士团在政府的作用以及扩大公社权利的要求。然而起义者的行

---

　　① 弗朗茨:《维腾堡农民们的办事处档案》,第 85 和 86 期的第 297 页之后。起义者给士瓦本联盟的信(同上,第 50 期,第 106 页),已经被布策尔收入他的《农民战争》第 77 页,也许弗朗茨也把它收入他的《德国农民战争》,第 1 版,第 357 页,来作为一个证据,来证明在起义队伍中,有一部分哈布斯堡的同情者。在我看来,这只不过是一种政治上的(空洞的)对皇帝最高权力的认可。维腾堡的起义者只是关注如何使他们自己有别于其他地区的起义者。布策尔在这里的解释把帝国和哈布斯堡混淆起来了。那封信只涉及皇帝,而不是斐迪南大公,斐迪南是当时维腾堡的领地统治者。

　　② 他们打算与巴伐利亚、皇帝和士瓦本联盟和解并找出一个解决财政问题的办法。

　　③ 弗朗茨:《维腾堡农民们的办事处档案》,第 298 页。

为为我们提供了猜测他们最终是想设立一个立宪大会的唯一根据。4 月底,一个 18 人委员会成立,其中 9 名代表由主教任命,农民、班贝格的市民和贵族各任命 3 名代表。这个委员会本打算专门处理怨情陈诉和各种要求,但在它成立后几天,它就颁布了宗教条令,使所有人都获得了捕猎的自由,并且废除了"什一税"、强迫性劳役和奴役性义务。这样一来它武断地超越自身的司法权限并很好地接管了班贝格主教管区管理委员会的职能。在革命运动高涨之际,起义者提出城市和农村参加挑选主教,通过公共大会构建官僚体系,任命农民和市民充当领地法庭的法官等要求;在再一次起义之后,为了和市民及农民在法律上平等,贵族的特权被宣告无效。全部的发展再一次表明制度变革的思想和模式在各地蔓延。

我们在维尔茨堡主教管区看到类似的思想。这里的教士行将丧失经济和政治地位,主教管区也将转成一个世俗公国。虽然主教的统治没有受到质疑,但现在他必须和一个由贵族、市民和农民组成的每年集会 4 次的集体班子共同治理。尽管在班贝格和维尔茨堡我们至少还能窥见可能导致宪政大会出炉的政治纲领轮廓,然而在一些地区,国家的观念是如此地苍白,以至于它们仅仅是一种反对教会的情绪。例如在施佩耶尔和富尔达,政治创见仅仅在于将主教管区和牧师团管区转变为世俗的贵族领地,剥夺教士的经济和政治权利,偶尔还提出了扩大公社的自治,但最终的要求不会超出要求选举牧师的范围。这些严重的局限性可以通过如下事实得以解释,在被一批相互交错的,诸如施佩耶尔等的选帝侯的、帝国自由的、主教的领地所分割的巴拉丁,很难说参加起义的人是单独这个领地或那个领地的成员。在富尔达修道院的领地上,起义者也和其他来自图林根的军队会合在一起。总而言之,冲突并不仅限于领地国家的框架之内,谋求解决领地问题方案的需要也并不总是像萨尔茨堡、维腾堡和蒂罗尔那样的明确。

作为最后一个例子,近奥地利区也有一套等级会议法规。作为诸侯臣民,哈布斯堡领地的农民和市民在议会拥有代表权,但这个等级会议的模式绝不是也绝不可能是孙特部、阿尔萨斯、布雷斯部和黑森地区进行讨论的基础,因为近奥地利并不是像蒂罗尔、萨尔茨堡或维腾堡那样的领地。

哈布斯堡家族的诸侯利益仅限于对这些边缘地区的防御能力和财政力。贵族和教士地位坚固,因为那儿没有领地政府或统一的领地法律来约束近乎自治的贵族和僧侣统治。这儿的当权者不是远在因斯布鲁克或维也纳的诸侯,而是当地的贵族或高级教士。

概言之,1525 年提出的、替代近代早期国家的方案都具有某种一致性,展现于表 2 之中,并且都可以归因于这样的事实,即它们都是建立在统一的、有着等级会议的二元领地的基础之上。尽管由于这个带有等级会议的领地只配备了一个制度性框架,而依据某一次合法等级会议规定的政治权利及义务的现存的社会条件却遭到了否决,因此我们仍可称这些方案具革命性。大会这一概念,到那时为止指在领地议会中被代表的那些特权等级,被严格意义上的属民——即农民、市民和矿工所袭用。这就是他们用以颠覆社会和政治秩序的杠杆。其他所有事情都只是这第一步的必然结果:废除高级教士的经济和政治势力;以整个合作大会的部分合作组织形式将贵族和教士并入社区联盟,同时剥夺他们的政治特权;改变领地议会的组成成分。这些属民的政治期望是起义的重要因素,不论是在议会中已经拥有农民代表的地区(例如蒂罗尔),还是在正争取这样的代表席位的地区(如萨尔茨堡),还是在只想达到此目的的地区(如维腾堡),都可以得到反映。

这就是大领地邦中由起义到革命的一步。当初引发危机的怨情已经被远远抛在了后面,它们与带有一个大会并使教士和贵族丧失统治权的国家几乎不再有关。从农民的角度来看,是贵族统治本身的腐败引发了起义,因此去除贵族和僧侣的领主权,就意味着不仅消除个别的腐败,而且还消除了这些腐败的真正根源。但是,如果农民想长期保住革命成果,他们就不得不考虑和最高领地诸侯有关的实际问题。如果秋毫不犯地将领主纳入政府,那将意味着一种冒险,因为最终农民还是要请求他们修正民怨。人们认为革命的直接后果被编入了蒂罗尔、萨尔茨堡、维腾堡和班贝格领地宪法之内。这些土地上领地大会的政务委员会起到了制约诸侯权力的作用,因为这些委员代表着普通人的自治机构:乡村公社、城市公社、矿区公社;最后还有领地大会本身。通过一种联结诸侯和大会的政务委员会的方式创造出的那种最高的权力通常都是一种妥协的方案;尽管这样的安排

### 表 2 有大会制度的地区:
### 1524/25 年状况以及起义者提出的纲领

| | 萨尔茨堡<br>(Salzburg) | | 班贝格<br>(Bamberg) | |
|---|---|---|---|---|
| | 1524/1525 | 纲领 | 1524/1525 | 纲领 |
| 统治者 | 诸侯和牧师团 | 无统治者 | 诸侯和牧师团 | 诸侯和政务<br>管理委员会 |
| 政务管理<br>委员会 | 牧师团 | (贵族)<br>市民<br>农民<br>(矿工)<br>↑<br>选举<br>\| | 牧师团 | 主教[9]<br>贵族[3]<br>市民[3]<br>农民[3]<br>↑ |
| 议会 | 贵族<br>教士<br>市场<br>(公社) | (贵族)<br>城市<br>市场<br>社区<br>矿工<br>↑<br>选举<br>\| | 无议会 | \|<br>\|<br>\|<br>无议会 |
| 地方官员 | 由统治者任命 | 经地方公社同<br>意后由政务管<br>理委员会任命 | 由统治者任命 | 由公共大会<br>选举 |

注:圆括号里的只表示假设而非本文确定的结论。

表 2:一续表

| | 维尔茨堡 | | 蒂罗尔 | |
|---|---|---|---|---|
| | 1524/1525 | 纲 领 | 1524/1525 | 纲 领 |
| 统治者 | 诸侯和牧师团 | 诸侯和政务<br>管理委员会 | 诸侯和政务<br>管理委员会 | 诸侯和政务<br>管理委员会 |

| | 维尔茨堡 | | 蒂罗尔 | |
|---|---|---|---|---|
| 政务管理委员会 | 牧师团 | 贵族[6]<br>市民[6]<br>农民[6]<br>↑<br>选举<br>\| | 由诸侯任命 | （贵族）<br>（市民）<br>（农民） |
| 议会 | 贵族<br>教士<br>城市 | （贵族）<br>（城市）<br>（农民） | 贵族<br>城市<br>乡村地区<br>（矿工）<br>↑<br>选举<br>\| | |
| 地方官员 | 被任命 | 无议案 | 由诸侯任命 | 由公共大会选举 |

表2：一续表

| | 维腾堡 | | 马克格拉夫勒兰(巴登) | |
|---|---|---|---|---|
| | 1524/1525 | 纲领 | 1524/1525 | 纲领 |
| 统治者 | 诸侯和政务管理委员会 | 诸侯和政务管理委员会 | 诸侯及其代理执行官 | 诸侯和政务管理委员会 |
| 政务管理委员会 | 由诸侯任命 | 贵族[4]<br>市民[4]<br>农民[4]<br>↑<br>选举 | 由诸侯任命<br>（诸侯代理执行官） | 农民 |
| 议会 | 贵族<br>教士<br>各地区<br>城市可敬之士<br>（Ehrbarkeit） | 贵族<br>市民<br>农民<br>↑<br>选举 | 农民<br>城镇（1） | 无议案 |
| 地方官员 | 由诸侯任命 | 由政务管理委员会任命 | 任命或部分选举 | 无议案 |

承认了现有制度,但它使大会不再只对诸侯一人负责。只有在萨尔茨堡,由大会产生的政务委员会才是真正激进的,因为那儿的大主教被排斥在政府的一切事务之外。另一方面,在蒂罗尔,更多考虑贵族、市民和农民在诸侯的政务委员会的不太明确的方案是极其保守的,因为它甚至不怀疑现存的统治权。对蒂罗尔来说,这绝不是最后的声音,最后的声音是米夏埃尔·盖斯迈尔在他的领地宪法中发出的。

在政治结构的具体问题之外,普通人的要求中存在着一些基本的要素:在"公共利益"的口号下减轻普通人的经济负担;在"基督教和兄弟之爱"的口号下破除各等级之间的法律和社会的藩篱;在确保没有人为添加物的纯粹福音(通过民众选举教职人员来保障)的原则下谋求社区自治;以及以"神法"为依据建立一个崭新的社会联合体的政治和法律秩序。1525 年的空想家试图将这些要素纳入理论上可接受的、有内在连贯性的体系中。

## 乌托邦式的理想:彻底的基督教国家

1525 年引人注目的、始终如一的革命纲领的吸引力在图林根以外的地区都有着明显的局限性。计划超越实际生活状况如此之远,以至于他们废除一切社会和政治传统的要求没有得到普遍的接受,之所以如此不仅是因为各支农民军不能在"神法"的意义上达成共识,而且还因为革命政治思想常常被现存等级制度的具体细节所羁绊。少数几个非凡的设想——米夏埃尔·盖斯迈尔、巴尔塔扎·胡布迈尔(Balthasar Hubmaier)、托马斯·闵采尔以及汉斯·海尔高特(Hans Hergot)的方案通过表现一种对福音要求和"神法"内容的绝对确信,通过彻底拒绝调整革命目标以便与任何现存社会制度和政治制度相适应而克服了由以往经验所产生的局限性。

### 米夏埃尔·盖斯迈尔

蒂罗尔,由于选择了谈判和妥协的道路,使得斐迪南大公破灭了一个又一个愿望,甚至威胁说要恢复原来所有的政治依附形式。这样的复辟对于布雷萨诺内(Bressanone)和特伦特主教以前的属民来说尤其危险,因为他们在蒂罗尔议会上没有议席或发言权。《米夏埃尔·盖斯迈尔章程》(*Michael Gaismair's Constitution*)是对令人沮丧的议会结果的反应,这些结果使布雷萨诺内人的理想破灭了。从1525年夏天开始,盖斯迈尔以一个改革家的身份出现了,到1526春就逐步成了革命家;他的蒂罗尔新社会和政治秩序计划主张理智地、不妥协地实现从萨尔茨堡到阿尔萨斯,从图林根到特伦特整场革命的、最基本关切的问题,即纯粹的福音和公共利益。[①] 蒂罗尔"大会"通过"首先追求上帝的荣耀和公共福利"的誓言联结起来。这对于从根本上重铸一个社会和国家而言,是唯一必要的准则。那些"不信神的人,残害上帝永恒之言,压迫穷苦大众、妨碍公共福利"的人将必须被无情地铲除。[②] 一切特权均应被取消;一切法律地位上的差别均应被扫除。只有普通人的社会,一个最多根据职业的不同而区分为农民、矿工和工匠的大同社会被保留下来。这样完全平等的状况将通过以下途径产生:摧毁城墙、城堡和要塞,在政府的监督下将所有的手工业集中于特伦特,通过那些民政总长任命的得到薪水的零售商人分配工业和进口产品;这些方法将防止高利贷、不公正的价格以及在富人和穷人中产生的新的社会不公正。

跟别处方案不同,这里人们并不认为只要剥夺了贵族和教士财产就可以保证公共利益。[③] 盖斯迈尔的计划包括国家接管矿区、排干博尔扎诺和特伦特之间的沼泽、鼓励谷物种植和饲养牲畜、协调葡萄种植、取消所有国内交通税、对进口产品征收保护性关税、废除所有地租。[④] 在原来的税收

---

　　① 几乎所有的关于农民战争的文献都对盖斯迈尔的计划作出了描述并加以解释;参见 A. 瓦斯(A. Waas):《农民们》(*Bauern*),第253页;弗朗茨:《德国农民战争》,第1版,第261—264页。L. 楚克(L. Zuck)在《基督教和革命》(*Christianity and Revolution*),第20—24页把它节译成英文。现在我们只想提最近的,存在差异的,由马科克(Macek)、安格迈尔和塞布特(Seibt)(见参考文献)。但学者们却忽视了 H. 米夏埃利斯(H. Michaelis)那有趣的著作《〈圣经〉的意义》(*Bedeutung der Bibel*),该著作详细地考察了《盖斯迈尔宪章》之中上帝之义的概念,并且在盖斯迈尔的陈述中看出了一些《旧约》的倾向。

　　② 弗朗茨:《史料集》,第285页。

　　③ 这一结论除了因为以下理由之外,还因为其他被大家认可的原因而得出,教士的财产应当被用来照顾穷人,贵族的财产应当被用来支付司法开支。

　　④ 和 J. 马科克(J. Macek)的《蒂罗尔的农民战争》(*Der Tiroler Bauernkrieg*)第371页的记述相反,第13条款似乎应当解释为,地租将被废除,或者最多是一年多才能收一次,并且只能用来防御。对于其他条款的内容,马克在370—375页作出了准确的叙述,并对它们做出了令人信服的解释。

中，只保留"什一税"以维持牧师和穷人的生活，倘若矿区收入不充足，再添加一项税收用来从财政上支持国家的计划工程。这个政治上人人平等的章程，这个"封闭的社会"还只是个草图性的东西。乡村社区和教区根据经济的标准来重建，但仍被赋予了传统司法和行政的职责，这些职责是由选举产生的 8 名陪审员和一名法官来处理的。政府①将由矿工和蒂罗尔各独立的"地区"选举产生，作为根据地理特征为基础的军事和税收专区，各地区在 15 世纪之内得到了很大的发展。政府承担了各地区法庭的上诉法庭的功能，在 4 个首长和 1 个总指挥统领下组织领地防御，监督制造业、矿业和穷人求济。政府的这种基督教性质通过吸纳神学院——当地唯一的大学，的三位教授而得到保证。

盖斯迈尔原来只打算勾勒出一个草图。将其充实、将其扩展为一套可行的制度，仍然是每一个人的任务，正如增添上帝荣耀和公共福利以及铲除不敬神者的要求所言："你们都须以产生完全的基督教法令为宗旨，这些法令将在所有事情上都以上帝的神圣之言为依据，而且你们所有的都应渴望为那一目标而生活。"②萨尔茨堡人在 1526 年第二次起义中企图以领地宪法的形式实现这种"基督教法令"时，也许要归功于盖斯迈尔，但士瓦本联盟在征服了萨尔茨堡农民时使这一愿望埋葬在血泪之中。

## 巴尔塔扎·胡布迈尔

上莱茵在所谓的《宪章草案》(*Draft of a Constitution*)中发展出了最有条理的方案，只有在未被采纳这一点上，它同盖斯迈尔的领地宪章才相似。它保存在一封尚有争议的致萨克森乔治公爵的公开信的译文中。这封信是斐迪南的顾问、康斯坦茨的主教约翰·法布里（Johann Fabri）写的，

---

① "管理委员会"和"政府"在《盖斯迈尔宪章》中似乎是两个可以互换的概念。然而在第 11 条款中，在"管理委员会"中的统治者是从所有地区中选举产生的。F. 塞布特（F. Seibt）在《乌托邦》(*Utopica*)的第 85 页（原文为"Utopica"，但译者查阅德语、英语、法语词典之后，均不能发现"Utopica"一词，便疑为将"Utopia"印刷为"Utopica"之误。——译者注）将"管理委员会"解释为"领地议会"。然而，根据我的估计，盖斯迈尔根本就没有考虑到那个合作性政府之中各部门的分类问题。他的政体中既没有国会（diet），也没有议会（parliament）。

② 弗朗茨：《史料集》，第 285 页。

他想让巴尔塔扎·胡布迈尔分担 1525 年革命的责任，从而使自己的处决有理有据。

根据《宪章草案》，政治秩序应建立在"每个地区的民众"都参加的联盟基础上。协会、兄弟会、联盟、大会（所有的词都是同义复用），抱着一次性消除所有"世俗领主的诈取、掠夺、装腔作势、滥用、扭曲及勒索行为"的目的①发布一个"依据上帝之言的法令"。为达到这个目标，草案要求领主加入联盟，如果他们拒绝，就毁坏他们手中的剑，因为他们是暴君，他们是希律王（Herod）。现存的诸侯政权（可能是哈布斯堡政府）将转到一个选举的君主手中，而这位君主将从 12 个提名者中产生。他将受控于大会或联盟，后者不但可以制裁他，而且在三次制裁后还可以废黜他。如果他反抗，或者如果原来的贵族反对剥夺自己的职位，他们将遭到世俗的流放，如果有必要，还会遭到军事暴力的镇压，以便"根除那些嗜血成性的暴君"。

《宪章草案》无疑是不完备的；甚至比盖斯迈尔的计划还要不完备，它依靠基督教联盟按基督教的方式制定出宪章的细则，而且它只确定了选举和罢黜统治者方面的基本问题。② 但宪章所作的恰恰回答了《黑森农民和黑部人条款书》（*the Letter of Articles of the Black Forest peasants and the men of Hegau*）留下来的问题。它是，也应当是，一种正如由伊拉斯谟·格贝尔所领导、在被洛林公爵挫败之前的阿尔萨斯的政治情形那样的政治局面的理论根据。假如人们以前用这个宪章草案来扩充德国西南部基督教联盟的不完善的纲领并导出正确的结论，③那它将建立一个基于乡村、领地和城市社区之上的政府；作为"基督教联盟"，它将为自己产生一套完全自

---

① 弗朗茨：《史料集》，第 231—234 页。

② 先前的贵族，现在已经成为联盟的一部分，他们是否失去自己的政治权力，仍然不太清楚。宪章草案在这个问题上是相互矛盾的，但也许宪章草案的原稿并不矛盾，因为原稿已经被带有明显偏见的法布里歪曲了。

③ 据我看来，几个特点表明了这样一个事实，《宪章草案》明确地反映了上莱茵的一些情况：它们包括强调开除教籍、频繁地使用"榨取、掠夺"等用语，到目前为止较为异常但又没有引起别人注意的和马克格拉夫勒兰（巴登）农民宪章草案相似之处。见本章第 6—10 页。没有人能够证明胡布迈尔和马克格拉夫勒兰有过密切联系，但众所周知的是巴登的恩斯特侯爵却试图充当瓦尔茨胡特（Waldshut，胡布迈尔活动的地方）和哈布斯堡中间调停人。但是，这些努力却在宪章草案起草之前就已经出现了。

治的领地制度以及充当这个联盟首领的、由选举产生的统治者。

我们始终无法确定是否是由胡布迈尔制订了这个《宪章草案》,尤其是因为它大量地借用了托马斯·闵采尔的话。尽管如此,它同胡布迈尔的权力和抵抗的思想并不矛盾。胡布迈尔本来就赞成瓦尔茨胡特(Waldshut)城市和农民结盟,并认为这样会带来和平、宁静、基督教式的生活。在他后来的一部重要著作《论剑》(On the Sword)(1527)中,他表达了和《宪章草案》完全一致的观点,因为他赞成废黜"幼稚而愚蠢"的当权者,尽管不主张使用武力。如果说在 1527 年,人们对当权者权利的强调要比起人们从《宪章草案》的作者那里所期望的多得多的话,那别忘了 1527 年胡布迈尔有意使自己同再洗礼派对政府的激进的敌视态度拉开距离。

如果假定胡布迈尔确实起草了《宪章草案》,而法布里也正确地传述了这一草案,那么我们可以得出结论,这是一个仓促拟定出来的宣言,虽然它至少从上莱茵地区的革命中得出了合乎逻辑的结论,但是未能将其转化为一种明确的、切实可行的宪章。

## 托马斯·闵采尔

"万物公有",这句托马斯·闵采尔在严刑拷打下的供词[1],表明了他的纲领,他将它更详细地表述为"每个人都应当得到他所需要的,任何,甚至在受到严重警告的情况下仍然拒绝这样做的诸侯、伯爵和领主,都应当被绞死或被杀头"[2]。在某种意义上,这是这一革命硬币的世俗面,这枚硬币的精神面上的刻字则要求"众基督徒皆平等",反对福音的领主应当遭到放逐或被处死。[3]

托马斯·闵采尔比别的革命者更果断、更合乎逻辑地表明了从 1525 年革命中所得出的结论,而即使远在萨尔茨堡和蒂罗尔、黑森和阿尔萨斯,这一结论仍然建议:为了进一步推动公共利益,领主要么接受加入基督教

---

① 关于如何看待这句话的分量还存有争议,并且争议仍然还没有结束。对此最新的评价见 W. 埃利格尔(W. Elliger):《闵采尔》(Müntzer),第 797 页。

② G. 弗朗茨:《闵采尔》(Müntzer),第 548 页。

③ 弗朗茨:《闵采尔》。

TOMAS MVNCER PREDIGER ZV ALSTET IN DVRINGEN.

斯蒂赫(Stich von Christoph Sichem)所作的《托马斯·闵采尔像》,作于 1608 年。这可能是小汉斯·霍拜因(Hans Holbein d. J.)展示的一个供复制用的样本。

联盟的要求,要么被驱逐。表述在盖斯迈尔的《领地章程》和《宪章草案》中一贯的、激进的 1525 年革命目标完全可以与闵采尔的观点相提并论。

闵采尔的目标在他的"基督教联盟"中获得一个组织上的或说制度上的框架,这个联盟于 1520—1521 年在茨维考(Zwickau)经历了早期摇摆不定的开端之后,1525 年在米尔豪森有了自己的中心并经历了自己最为强健的发展。它"包括并代表了大多数人民群众",[1]因而和盖斯迈尔的《领地章程》和《宪章草案》很不相同。闵采尔使基督教联盟打上自己见解和信仰的烙印:人们只有通过十字架的经历才能回到基督那里,而这一点是任何教会组织和《圣经》学者无法提供的。这种痛苦的十字架经历,一种精神上的虔诚,将人从对财富、荣誉及名望的物欲中摆脱出来,从而使他们成为上帝的选民。只要物欲(本质上消极的)没有被信仰征服,人就要一直受物质权力的奴役;由于尘世的堕落,这只能意味着罪恶的盛行。世俗权威应当对"穷人为糊口而挣扎以致无法追求学问"这一事实负责。牧师甚至也告诉穷人"应忍受暴君对他进行的诈取和剥削"。[2] 因此,统治者利用自私的、非基督的政权阻碍了人们接近上帝,因而他们成了上帝的敌人。

确实,尘世被分为信仰(基督)者和不信仰(基督)者,有追求信仰体验的人和那些他们的信仰是矫揉造作的人。只有敬神的信徒才能体察得出上帝的意志,看清现存世俗秩序的非基督本质;只有他们才能"从一切暴君统治下得以自保"。[3] 对神的敬畏不仅通过产生一种免受外部世界之害的内向信仰,而且通过毁灭暴政来征服苛政;暴政必须被根除,因为闵采尔的末世论展望说坚信赎罪的历程业已走到穷途末路,必须尽快带来末世以迎接基督的回归。这是一个从忍受苦难的神学到真正的革命神学的转变。不信神者必将毁灭;他们将被神的力量用"类似于生活手段的食物和饮料一样"[4]的剑所毁灭。

选民们将用这把剑对付那些不愿意屈尊自己,不愿意摒弃自私自利,

---

① M. 本辛(M. Bensing):《思想和实践》(*Idee und Praxis*),第 469 页。
② G. 弗朗茨:《闵采尔》,第 275、463 页。
③ 同上,第 411 页。
④ 弗朗茨:《闵采尔》,第 261 页。

不愿意为人们开辟通往神的道路的那些领主和诸侯。他们的使命，即革命，成了普通人的使命。到目前为止，闵采尔排他性的神学论断在这里显出了它的脆弱，通过把人们现实中的贫困和"精神的贫困"联系起来，通过统治阶级的财富和自私的鲜明对比，他创立了一个非常不牢靠的神学支架。然而，无疑他把自己献给了人民，献给了革命，献给了将政权转给人民的活动。教士和领主必须被消灭，因为他们像"鳝鱼和毒蛇一样沆瀣一气"，①在非基督的、荒淫的、损公自肥的逐利中互相包庇提携。

显然闵采尔受到了胡布迈尔的《宪章草案》的影响。如果 1525 年革命真的成为德国诸侯的红海，他就不得不采用这个草案，因为革命的军事成功不该只是对所有物质性力量的暂时胜利。可是，说到底，闵采尔是根据上帝的救赎计划为了最后的世界而奋斗，这个世界的实在形态可能是共产主义的、社区－民主的，或者共和的和神权的。

## 汉斯·海尔高特(Hans Hergot)

共产的、社区的、民主的、共和的以及神权政治的诸要素都融合在一本名叫《向基督徒新生活的转化》(*On the New Transformation of a Christian Life*)(以下简称《新转化》)的乌托邦式的小册子之中，该书展示了一个与现世相对的，由上帝自己缔造的模式。它的作者写道："世界上有三张桌子：第一张桌子上面满满地摆着食物，以致桌面上都摆不下；第二张桌子上的食物不多也不少；而第三张桌子上什么东西都很缺乏。而桌上满是食物的人还过来抢夺桌上东西少得可怜的人的面包，这样战斗爆发了。上帝要把满是食物的桌子和东西极少的桌子一齐打倒而保留东西不多也不少的桌子。"②抑制社会不公，消除贫富差别在这儿被视为根据上帝的意志建立的新秩序的目标。换句话说，"上帝之荣"和"公共利益"成为新的社会政治法令的基本原则。《新转化》作者在他简短的乌托邦式的改良计划中不下十次使用了这对概念。由于使用这套语言，作者采用了在 1525 年起义

---

　　①　弗朗茨：《闵采尔》，第 256 页。
　　②　这和以下的话语都引自"新转化"的正文，该正文在劳贝和塞费特(Seiffert)的《传单》(*Flugschriften*)，第 547—557 页。

中成为口头禅的术语,尽管我们无法像很多学者假定的那样确定其作者就是汉斯·海尔高特,但不管他是谁,我们有理由认为他的《新转化》不但在内容上,甚至在时间上也和 1525 年革命有着必不可少的联系。

《新转化》是 1527 年在莱比锡首次出版的,但这几乎没有告诉我们它的创作时间,尤其是这本小册子分为两个截然不同的部分。第一部分阐述了同当时社会政治现实对立的模式,而另一部分包含着一个对当时政治和教会权力集团雄辩的抨击。第二部分无疑是 1525 年革命失败后理想破灭的产物,因而它的成书是在 1525 年之后。"起义……来自……上帝的威力";是"上帝的愤怒"在 1525 年将诸侯和贵族逐出城堡,因为"即使皇帝和他全部王公一起驾临,在整个一年中使贵族惧惮的程度也比不上上帝在十个星期里所带来的程度"。不过这些上帝的伟力的证据"是毫无意义的",作者抱怨道,"因为人们说那是农民干的"。他甘心坦白,"我相信上帝绝不会再唤起农民起义反抗他们的领主";相反,上帝将唤醒土耳其人和所有不信神的人,因为他的审判即将到来,"而且他要拔除杂草"。

值得注意的是,雄辩而悲观的第二部分甚至从没提到乌托邦式的、乐观的第一部分。这也许会帮助我们理解两部分之间的关系,甚至它们写作的不同时间。《新转化》乌托邦部分的勾画没有借助启示录的幻想,因此当乌托邦没能到来时,第二部分的启示录幻想似乎很可能是展望受挫的产物。这位满怀希望的幻想家在最后的日子里成了忏悔的末世论牧师。

《新转化》的乌托邦草案是用清楚的、大胆的手法写成的。"公共利益"的基本思想是要通过消除贫穷,取缔尊卑地位关系来实现的。在这新的、人人平等的社会政治秩序里,没有人会说,"这是我的";"任何想要维护自己的财产的举动都是毫无意义的"。使修道院世俗化,使贵族服从①社区联盟的管辖,以及消灭城乡间在法律上和经济上的差别,这都将促成财富和社会平等的共有原则转化为现实。另一后果是废除所有租税和劳役,即使是新政府的租税和劳役都不例外,至于政府的基本供养,则由社区提供。经济秩序包括农业和手工业基本生产部门,它们全部应从属于经济上自治

---

① 服从意思是使从属于某个上级权力机关。

的社区理念。在社区中，每个人在事业追求中都完全贡献出自己的知识和能力。作者用"费尔德"（英语中的"field"，德语中的"Flur"）来描述这种自治村庄。以法律和社会平等为根本，旨在单纯的自给自足的经济秩序在一个既是共和的又是神权的政体中有其政治上的反映。（见图 2）

《新转化》所设想的最小的政治单位是"费尔德"，或说村庄，每一村庄都有一个"上帝之家"，或称教堂；居教会之首的叫做"上帝之家的监护人"，他充当村庄的首脑或城市市长。几个"费尔德"并在一起组成一个"兰德"（Land），它的"长官"（lord）也就是统治者从上帝之家的监护人中选举产生。这名"长官"反过来又任命上帝之家监护人的职位——很可能由村庄选举产生。在乡村，"长官"还通过动员包含在"乡村智者"及"乡村文化智者"[①]之内的各个机构来实施公共利益的伦理和宗教原则。此外，"长官"还有一个"高级学校"（a high school），在那里，将传授"上帝之荣和公共利益"；在那里，"一切有用之书均可找到"。十二个这样的"兰德"一起组成一种部族领地式的机构，即"阔特"（quarter），它受"阔特长"的管辖。与"兰德"颇为相似的是，"阔特长"由自己任命的十二个"兰德长官"选举产生。最后，设立十二个"阔特"，每种语言有四个"阔特"（拉丁语的，希腊语的和希伯来语的）。这十二个"阔特"选出一个"总长"，然后由他任命"阔特长"的职位。对于"总长"而言，他自己从上帝那儿得到认可。这儿可以见到议会制度的影子，例如，当每一级的统治者和他们的下属监护人、长官以及阔特长商讨问题的时候。

《新转化》中的阐述的制度表达的是一种世界性的政治秩序。在作者《圣经》般的语言中，它是建立在"一个牧羊人和一群羊"的理论模式上的。那种两个王国和世俗与精神两个权威的思想，那种皇帝和教皇的思想没有了；《罗马书》的 13 条（"那些存在的权威都是由上帝任命的"）和马太 22（"将恺撒的东西还给恺撒"）的话没有了。在他们那里有的是基督教徒的人性原则，有的是基于选举之上的政治秩序的原则，而这种政治秩序是通过上帝批准那位"总长"而得到认可的。

---

① 这两个官员大致相当于负责经济和精神事务的村吏，即分别为村长和村牧师。

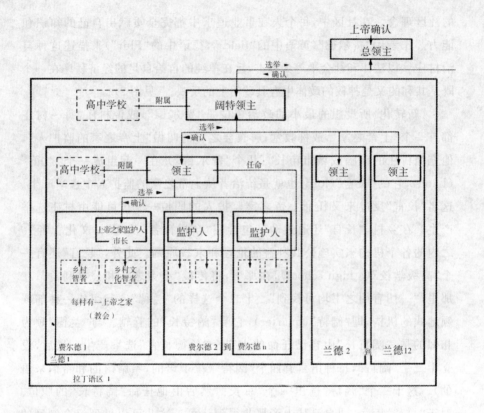

图 2　汉斯·海尔高特提出的政府模式

　　《新转化》将 1525 年革命期间发展出的政治观点导引出理论上最为有力的结论。其乌托邦方案的基础与胡布迈尔、盖斯迈尔所制定的是同一种宪政思想。这就解释了《新转化》与南部德国宪政方案之间存在明显相似的原因；作者并不需要得到这些方案的实际文本，因为为了使所有的政府官职都称职，所有这三种方案都将政治秩序奠基于社区和由选举的基础之上。并且，《新转化》也表现出了与托马斯·闵采尔的思想的惊人相似。国家各级政府应由"普通人中的虔诚者"填充，他们将"减轻村庄和城镇的一切负担"。"总长"应该祈祷说，"我信仰圣灵"，整个秩序将由圣灵所感，以至于它"充满奇迹和神奇的征兆"。闵采尔革命神学的基调明白地体现如下：政府之剑掌握在人民手中，结束领主的各种压迫，信仰圣灵，由神迹来

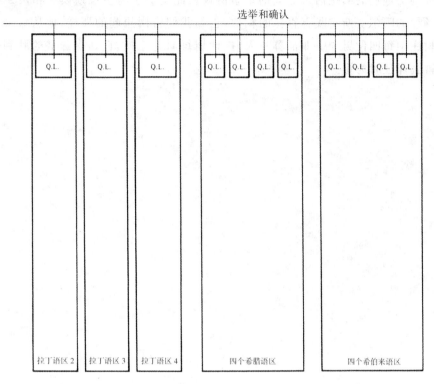

注："Q. L"是"Quarter lord"的缩写,指"阔特领主"。

证明。

　　从以上这些与胡布迈尔、盖斯迈尔和闵采尔的相似中,我们可以看出,《新转化》非常接近于1525年的事件和基调。还有一个巩固和证实这一结论的最后论据。正如我们所见,《新转化》所设想的政治制度明显地是一个世界范围的制度,但其中有一句话却与这一思想直接矛盾:"如果这是为上帝的荣耀和公共利益而战,如果一个'长官'('兰德'的统治者)需要打战,每个'费尔德'中,每三个人中需要出一人"。这是这份乌托邦式的小册子中唯一的明确提到战争的地方。在与"兰德"类似的其他各级政府,都没有提到战争。不管是"阔特长"还是"总长",都没有招募军对作战的义务。由此,我们可以认为从事战争及从道德上证明它(为了上帝的荣耀和公共利益），已经不知不觉地进入正文。这一用语本身源于 1525 年基督教联盟或大会与他们的旧统治者之间的军事协议。此文似乎与伊拉斯谟·格贝尔领导的阿尔萨斯实践有直接的相似，正如我们将回想起的那样，他从每个村庄中每四位男子中即征募一人，按计划每周轮流换，直到福音书的胜利得到保证时为止。

# 第九章　宗教改革神学和革命实践

"神法"，正如农民所理解的《圣经》那样，使旧法和习惯法趋于瘫痪，从而给了起义者第一个实在的机会，截断中世纪法律和知识传统的连续性。就"神法"来源于福音布道和宗教改革的小册子而言，宗教改革神学为1525年革命运动承担了极其重要的角色。确实，他们将"神法"应用于实际情况时，对"神法"提出了非常急切的要求，这一点是具有创新意义的。但我们却知道，宗教改革也为农民的要求提供了合法性。于是，问题自然就是宗教改革神学和伦理的因素是否和在多大程度上成了起义者的革命目标。

1525年起义者使用的名称和旗号、组织形式和合法性思想，可以用两种不同的方式描述：一方面，它们代表了一种与在他们看来是邪恶传统的决裂；但另一方面它们又是朝着从根本上实现符合上帝意志的政治和社会秩序前进的新起点。这两种突破在胡布迈尔、盖斯迈尔、闵采尔、海尔高特的设计方案和上士瓦本、黑森、阿尔萨斯、法兰克尼亚的基督教联盟确实推行的制度性试验中皆有体现。简言之，所有的这些都表明封建体系的政府被共和模式所取代。这种新模式具有以下的具体特征：（1）城市和农村公社被作为所有政治结构的基础，不管这个国家是调整自己以适应现实情况，如领地政府中的等级会议制度，还是借用瑞士的结构，以许多公社为基础创建一个新联邦;(2)所有政府组织机构都应当通过选举来填充,而这样的选举已经有了公社选举这样的基础;(3)领地法的框架要反映出"神法"的要求。

最后一点将很快由起义者所采用的用语和概念得以证明:"基督教"联盟、"基督教""兄弟会"、"基督教"团体。这些用语表明其伦理基础和权力的合法性,它将基督教兄弟之爱和公共利益作为旨在实现"神法"这一革命目标的核心。

这些由许多事例推导出的关于起义目标的概括,再次证明不能将农民的实际计划与乌托邦方案分开来看,因为二者都是同样的、基本关注的问题的反映。当然,它们也有不同,这就是:被我称为乌托邦的宪政方案在成功阐述 1525 年革命所关注的各种问题时,比源于政治实践的《联盟条例》和领地敕令更合乎逻辑,更富连续性。比如:由于在阿尔萨斯,由伊拉斯谟·格贝尔提出的、用于反驳斯特拉斯堡非难的宪章为当时仍不明晰的政治局势所累,它自然地就不如由海尔高特提出的《新转化》那样有较强的"理论"特征。

1525 年政治方案的基本轮廓使人们清楚地看到,起义渐渐地超越了政治、经济、社会差别的结构限制。公社原则、选举、"神法"、公共利益和基督教兄弟之爱取消并彻底湮没了任何一个集团或等级的特殊利益。吸取这些目标,将它们付诸实现,对农民、市民和矿工等是可能做到的事。如果我们接受宗教改革是以一场普通人的运动而开始的这一无可争辩的思想,那么,1525 年革命运动如此广泛的基础就几乎不能使我们吃惊了。然而,这些方案的目标最终是完全根据上帝之意改造世界,实现耶稣在《新约圣经》里的启示,由此确保永恒得救。现世和即将到来的世界在 1525 年更为紧密地交织在一起,二者都停泊在上帝的超越世俗和精神之国的愿望中。这种和谐感与普通人的心理特征相符合,普通人是不可能想象自己居住在两个王国之内的,因为他认为自己不可分的。对他而言,解除压迫和悲苦生活是得救和蒙恩的一部分。

在 1525 年,毫无疑问,普通人的经济、社会和政治关注问题与进行宗教改革的各种论据和要素是密切相关的。减轻经济负担的法律代号就是公共利益;要求正义的口号是基督教兄弟之爱;要求最佳法律制度的法律用语是"神法";要求好的政治制度的口号是依靠社区和选举。然而,还需要进一步探明所有这一切与宗教改革是怎样联系在一起的,以及宗教改革对这些目标的表述究竟有多么重要。

虽然存在着这样一个事实,即新教改革者在许多的问题上有争议,但仍有一种共同的、与旧教会对立的"宗教改革神学"。当路德摒弃旧教会的专制的权威时,神学就从对教会提出的信条和传统的天经地义的依附中解放出来,并自然而然地重新将《圣经》作为基督教教义的准则。求助于《圣经》使得开始建立一个反对罗马教会的全新的神学,即"宗教改革神学"成为可能。然而,回到《圣经》又孕育了多种神学体系的兴起,这些体系是因为每个人对《圣经》的理解,每个人的宗教体验以及每个改革家的社会背景的不同而产生的。因此,宗教改革神学就表现出了统一和差别的双重结构。统一性表现在所有的改革者都认同路德的基本信条:因上帝的恩赐得救,因信仰而得救和《圣经》是唯一权威。差异性则源于对路德神学的各种不同的领悟方式。毕竟,路德的神学结构是辩证的,其神学思想也是保持发展的。我们可以通过这几组正好相反的概念中看到路德神学的辩证结构,如"正义的和罪恶的并存","恩宠和审判","法律和福音书","《圣经》之言和《圣经》之灵"。他的学生和朋友放弃这些对立的概念,常通过选择天平的这一端或那一端来使事情简化。这种因神学分歧而产生的机会又由于路德神学的渐渐涌出而得到加强,在没有体现一个封闭体系的情况下得以展现。于是,尽管路德的思想也许在完全创新的路上继续发展,一个改革者还是将在他突然遭遇路德的特殊时刻将决定自己的发展方向。

除了路德无可争议的并且是毫无疑问的重要性以外,其他宗教改革家的神学地位是由他们自己对中世纪神学传统和具体的社会政治环境的理解所决定的。对此作一个最简单的归纳,就可发现,宗教改革神学可分为三大集团:以路德为中心的维腾堡神学家,以茨温格利、厄科兰帕迪乌斯(Oecolampadius)、布策尔(Bucer)为中心的"基督教人文主义者"及以闵采尔为中心的"圣灵神学家"(再洗礼派和圣灵派)。以茨温格利和布策尔派的神学家在路德的法律和福音书的辩证组合中倾向于法律,而受神秘主义的影响的闵采尔派的神学家在路德的《圣经》之言和《圣经》之灵的辩证组合中则看重其灵。

如果回想一下 1525 年的乌托邦和实际方案,一眼就可看出宗教改革的维腾堡派与这些方案本来应该是没有任何关系的。另一方面,依靠福音书获得成文法和使福音书对政治秩序产生影响的目标与德意志南部的基督教人文主义者的目标紧密相关。如果我们能表明 1525 年目标与某个特定的南德意志宗教改革家的神学和伦理有特殊的亲缘关系,我们就可以看出在这些改革家中哪一个对 1525 年革命有决定性影响。我们必须以十二条款和《上士瓦本军队联盟条例》为研究的起点。它们在 1525 年 3 月和 4 月曾频频重印,很明显地影响了所有起义地区内起义者的宣言和政治纲领。现在我们知道这两个文件的作者和编辑几乎肯定是克里斯托弗·夏普勒和塞巴斯蒂安·洛茨。并且,我们还知道洛茨是前者的学生,前者又毫无疑问是茨温格利的信徒。[①] 那么,在多大程度上革命运动要求助于茨温格利的帮助呢?

在许多神学基本领域内,茨温格利和路德都是一致的。比如,他们的"称义说"通过"恩宠"和"信仰",将人们的得教定位于人与上帝直接面对,从而断然摒弃了教会作为一个中间人和"恩宠"管理者的作用。在此基础上,他们发展了一种新的对于(某种宗教的)"全体教众"的理解,即一个人

---

① 但是 M. 布雷希特(M. Brecht)在《神学背景》(Der theologische Hintergrund)中第 44 页坚持认为:"夏普勒对于上士瓦本农民战争的贡献似乎由路德教的主要成分构成。"这个结论是建立在这样一个怀疑的基础之上,即夏普勒主要受到纽伦堡的拉扎鲁斯·施彭格勒(Lazarus Spengler),一个非常有名的路德的信徒的影响。布雷希特的论据主要是将十二条款(由夏普勒所著)和《对几个假定的论据的回答和解决方法》(Reply and Solution to Several Supposed Arguments)(由施宾格勒所著)进行的相同点的比较。这种对比的说服力可能会遭到质疑。G. 福格勒(G. Vogler)在《十二条款》(Zwölf Artikel)的第 213 页中,以内容为根据得出结论,路德对十二条款的出现的影响很小。要找寻得到确认的事实根据,请参阅 G. 洛赫(G. Locher)的《茨温格利的宗教改革》(Die Zwinglische Reformation),第 33,132,501 页。能够证明梅明根是以茨温格利为中心的有力证据就是任命希姆普雷希特·申克(Simprecht Schenck)为圣母玛利亚教堂的牧师(1525 年 1 月 11 日)。到那时为止,申克还一直都是苏黎世湖的迈伦(Meilen on the Lake of Zurich)的牧师,苏黎世参议院试图通过直接干涉梅明根的方式使申克留在迈伦。参见 E. 申克(E. Schenck):《希姆普雷希特·申克》(Simprecht Schenck),第 9—10,12—13 页。夏普勒和茨温格利的关系又通过 J. 毛雷尔(J. Maurer)的《农民战争中的牧师》(Prediger im Bauernkrieg)第 386 页之后上的新证据而得到证明。

一旦成年即可成为基督徒。这种新的对于"全体教众"的理解通过宣讲纯粹福音，由每种"教众"自行决定新的教义及选举自己的牧师而得到体现；在感到受到了威胁的时候逃向世俗当局，至少在这一点上，两位改革家是一致的。这是一项即使在教区一级也有助于国家教会结构成长的举动。

路德和茨温格利确实在"基督论"上有分歧。"路德强调通过耶稣所体现的上帝的启示，而茨温格利则强调上帝的启示"，或换一种表达方式，"路德的基督论是圣诞节之一，而茨温格利则是复活节或升天节之一"。① 对茨温格利而言，耶稣的"神性"先于人性。此说具有伦理上的含义，尤其对于茨温格利的国家和统治权力思想而言更是如此。他认为福音书中的信仰意味着"支持整个社会生活和政治生活一个彻底变革的决定"。② 为代替旧的、非基督教秩序，茨温格利建立了一个新概念：

| 人的教义 | | 福音书 | |
|---|---|---|---|
| 和 | 被 | 和 | 所取代 |
| 自私 | | 公共利益 | |

福音和公共利益是两个相互依赖的范畴。为实现它们，需要政府。换言之，惩罚恶人、保护虔诚者是"上帝的意愿"和国家的任务。③ "因此"，茨温格利得出结论，"所有（政府）的法律均应遵从上帝的意愿。"为证明这点，他引用《使徒行传》(the Acts of the Apostles)上的话语来证明这一点："我们应服从上帝而不是人"（《使徒行传》5：29）。从这一条可以看出，路德所维护的仅仅是在内心深处对国家进行消极的抵抗，而茨温格利则从中得出完全不同的结论。因为他直接下结论说，"因此，基督教亲王们需要一种不与上帝对抗的法律；否则就没有人会服从他们，从而产生混乱。"这些法律是内部和平的唯一保证，它们将必须符合"上帝赐予的法律"。这种一致性

---

① G.洛赫：《茨温格利神学的基本要点》(Grundzüge der Theologie Zwinglis)，第 209、213 页。

② 同上，第 180 页。

③ 这和以下的引用都出自于茨温格利《结论的阐释》中的第 39 条款。我支持关于茨温格利的原文，《文件汇编》(Hauptschriften)，第 4 卷，第 2 部分，第 112－123 页。

的本质可以通过如下解释而得以说明："现在注意,所有关于我们邻人的法律均植根于自然法。就像你要求别人对你那样去对待别人(《马太福音》7:12)。耶稣在(《马太福音》22:39-4)甚至更为清楚地阐述了这一点,'爱邻如爱己',如果有法律不遵从上帝的这句话,那么它就是反对上帝的法律。"自然法和福音书因此就相互连接在一起了。茨温格利认为它们最终是同出一源:"自然法只不过是圣灵的领导和向导而已。"当然,经验告诉每个人,自然法并未得到遵守。比如说,"爱邻"又意味着尊重自己的附从。这是为什么? 因为"只有信者才能正确理解自然法"。实际上,对基督的信仰是理解自然法的前提;自然法,作为'被创秩序'的一部分,也是源于上帝意愿的。但是如果对自然法的了解与对上帝的了解有密切的关系的话,那么,就可以顺理成章地得出:世俗的法律和权力必须是合乎基督的,即新教的。现在,基督教政府不仅像路德所认为的那样是人类渴望的,而且也是必不可少的。仅仅只有当政府具有基督的特征以后,才能遵循自然法和完成上帝所期待的工作:保护善者,尽管其实他们自身并不需要政府;惩罚恶人,使他们了解自然法。

如果茨温格利认为当时各种形式的领主权力从根本上说都是基督的,那么,他也就根本算不上是改革者了。因此,一旦世俗法与他理解的自然法不一致时,他必将面临该怎么办的难题。他的回答是引人注目的:需要对"旧法律"加以全面的检查,看看它"是否与上帝的邻里和自然之法相一致,因为其实它们都是法律的"。这表明了一个可能的——事实上是完全必要的,重新修订领地法。而这一举动的具体形式就需要起草新的法令,这是一个教士在其中扮演识别"圣灵领导和向导作用"的最合格人选的过程。茨温格利将这点表述得相当的清楚:"最和平、最敬神的制度将在上帝之言宣讲得最为纯粹的地方发现。"由此,他得出结论:"如果统治者不允许向人们宣讲基督的福音,他们就只能是暴君。"这样教士的职位和统治者的职位就可以互相补充,互相完善了。教会对国家负责,国家对教会负责。因此,在茨温格利讨论各种政府形式的时候,他支持代议民主制方式的贵族政体,这在苏黎世、伯尔尼、巴塞尔、圣·加仑和康斯坦茨的元老院政体中比较普遍,也就不让人吃惊了。这种对共和制的喜好意味着君主制和民主制的相应衰落。君主制的衰落是因为它总是蜕变为暴君统治,而民主政体则可能是因为瑞士中部的农业州不接受茨温格利的宗教改革。总之,茨温格利认为将教会和政治团体融为一体的制度是最理想的政体。

尽管在一系列论证中有差距,尽管茨温格利并未构筑出一个完善而连贯的思想体系,然而,如果我们增添一些更为重要之点,我们就能得出一个令人震惊的结论。通过致力于国家的基督教化,通过以"神法"的形式使自然法规范化,通过将社区制度作为国家的组织或者是外部的原则,茨温格利创造出了与 1525 年普通人的革命目标广泛一致的一套完整思想体系。为了使这种一致更为完美,只需指明几个细节。路德肯定没有通过基督教美德使国家合法化的意图。他并未触动世俗法令和它们的历史法学基础。另一方面,闵采尔在认为他必须为上帝的到来作准备的时候,这种世俗法律便消失不见了。在经过末日审判之后,就不再需要世俗法律了。闵采尔和茨温格利的"复世"思想之间的密切关系似乎很明显,因为如果一个人通过茨温格利的政治概念想到其结论,它们同样也会导致政治秩序的消亡:一个基督教政府,在教士的帮助下,让邪恶者从善;而善者(比如正确信仰者)是不需要任何国家的。

茨温格利在他的《六十七条结论》和《结论的阐释》中发展了他的伦理学尤其是他关于政府的思想。此二书都写于 1523 年,"1523 年 10 月第二次苏黎世辩论会"(1523)之前,这次会议由克里斯托弗·夏普勒及两名分别来自圣·加仑和沙夫豪森的神学家主持。作为茨温格利的朋友,夏普勒被邀请作为会议主持,因此,那种认为他了解茨温格利的作品和论点的假设就不难理解了。茨温格利的国家理论和 1525 年革命的宪政思想之间内在的一致可以由这两个历史人物之间明显的联系而得到解释。这些结论并非完全都是惊人之语,因为它们完全符合城市历史学家所描绘的情形,他们已经表明在南德意志,宗教改革更多的是得到了茨温格利,而不是路德的鼓舞。

总之,我们可以认为茨温格利从根本上是使自己适应于现世的延续,也是说,他并未像闵采尔和路德那样受到对末日的期待的强烈影响。这或许可以帮助我们理解茨温格利对这个世界和政治秩序的强烈兴趣。也正是因为这个原因,他对于那些通过自己的实用主义将自己的注意力放到了由新教教义所带来的具体变化和结果之上的普通人而言,不但有用而且有趣。毕竟,从上士瓦本到阿尔萨斯,从北方到法兰克尼亚的 1525 年起义者感兴趣的是实用的政治学。由胡布迈尔、盖斯迈尔和海尔高特描绘的计划也是被用于实际改革的。然而,闵采尔和图林根的起义,由于他们只是其中的一类,一种可能性,因此,他们并未在多大程度上成为 1525 年革命的终结和高潮。只是 1525 年之后,在再洗礼派运动中,他们才取得了较广泛的基础。

带着这些思考,我们或许希望澄清一些问题:1525 年革命是否是一次错误的宗教改革? 农民是否按一种"世俗"意义错误地理解了宗教改革的中心论点? 他们是否只是以福音为借口,谋改善经济和社会地位之利? 这种解释,自宗教改革以来就很流行,它没有任何根据就认为:与高贵的改革者相反,普通人怀有一种不体面的、令人厌恶的思想动机。唯一能使其自圆其说的方法就是将路德改革视为唯一合法的改革。一旦人们确定茨温格利和南德意志的"基督教人文主义者"是独立的宗教改革者——这是毫无疑问的——那么就必须承认 1525 年革命本身也是宗教改革的一种表现。仅仅因为宗教改革家能够从神学前提中得出他们的伦理观,并告诉国家将必须怎样变化,就认为他们的推理比农民的思想更高贵是毫无道理的。相反,如果人们想到,相同的神学起点与现世生活状况的辩证接触将产生完全不同的伦理和政治思想时,宗教改革思想的松散和主观特征就明晰可见了。尽管路德、茨温格利和闵采尔在刚开始的时候是同伴,但到1525 年时,他们之间还有什么共同之处呢? 至少从他们大量的关于世事的评论中,人们很难找出其共同的原则了。

# 第三部分
## 革命的结果:恢复和合作

因为你的行为如此高贵,如此勇敢,如此得体,因为当那些法律受到攻击,几乎被取消的时候,你帮助恢复和维护了我们神圣罗马帝国和整个德意志民族的上帝的、基督的、值得称道的法律、法令、正义和公平。因此,我们向你致以最衷心的最高贵的谢意。

——查理五世致瓦德堡的
乔治·特鲁赫泽斯

# 第十章 安定帝国的措施：
# 在 1526 年施佩耶尔帝国会议之上普通人的怨情陈述

　　每本记载发生在从萨维纳到弗兰肯豪森，从洛伊巴斯到湖畔的策尔 (Zell am See) 的屠杀农民的报告和书信集都给复仇的统治者描绘出了一幅如此狰狞的画像，以至于人们从这些材料中得出的最好的期望就是能够恢复到 1524 年的状况。尽管当时的记载说，死于战场和绞刑架的人是 10 万，但这与农民的相对而言的非暴力行动（除了绞杀魏恩斯贝格贵族驻军以外），形成了异常鲜明的对比。烧毁的村庄远比被毁坏的城堡和被洗劫的修道院要多得多。这种反差给当时的一位观察家留下了深刻的印象，他写道：“他们，受苦的农民，从二轮车的挽具下解放出来，却又被套在了四轮车的横木之上。”①更为沉重的奴役——这就是 1525 年革命的果实？②

---

　　① 根据安斯赫尔姆 (Anshelm)，伯纳泽的《编年史家》(the Bernese chronicler) 的记录，被弗朗茨转印于《史料集》，第 202 期，第 582 页。

　　② 最近一段时间，弗朗茨和瓦斯就这个政治上的弱势问题展开了更为详细的争论，但是探询支持他们各自论点的论据的努力却一无所获。弗朗茨将几乎不到 1/10 起义地区的事例连接起来，并坚持认为它们具有代表性（弗朗茨：《德国农民战争》，第 9 版，第 297 页）；瓦斯的独创性只是局限于莱茵中部地区（参见瓦斯[Wass]：《伟大的变化》[Die grosse Wendung]，第 458—469 页）。

尽管封建主取得了毋庸置疑的军事胜利,但 1526 年施佩耶尔帝国会议所成立的大委员会,在服从皇帝指示的前提下,仍致力于解决农民的抱怨。委员会试图在以这样人员构成的状况下尽自己最大的能力来答复其臣民的抱怨。由此产生的《关于臣民受虐待及其负担的大委员提案》(*Memorial of the Large Committee concerning the Abuses and Burdens of Subjects*)(下简称《提案》)毫无疑问是具有更多改革思想的那几个等级的产物。它的主要议题就是教会改革,关于农民怨情的内容仅占次要地位,因为至少一半的篇幅是用来讨论教会司法弊病及灵魂拯救问题的。委员会为改善普通人的命运所设计的改革方案,就它们超出地方意义而言,确实表明它试图将帝国所有部分的要求都考虑在内。十二条款成了委员会讨论的基础,[①]但为委员会成员所熟悉的地区性抱怨似乎也被纳入了考虑的范围。委员会以六点意见(将个人的观点合并成较大的一点)作为十二条款的序言,六点意见在某种程度上与帝国各地区臣民的抱怨是一致的。

委员会提议,今后"年金"不再上缴罗马,因为它们主要由普通人所缴纳,并且成为"叛乱及其他不安宁因素的动因。"[②]"圣职税"(在这里把它归入年金)的确是许多主教管区和大主教管区重要的危机诱发因素。15 世纪的萨尔茨堡和巴塞尔的主教管区就是这样的,16 世纪的其他地区——维尔茨堡、班贝格、美因兹——也是如此。通过极力敦促无偿取消上缴罗马的"圣职税"及其他税金,委员会的目的是要减轻农民和市民的负担,因为是他们(农民和市民)平均分担了此项税收。

被强行送到教会法庭接受审判并因此而负债是农民广泛抱怨的一个

---

① 记载日期为 1526 年 8 月 18 日的《关于臣民受虐待及其负担的大委员提案》(*Memorial of the Large Committee concerning the Abuses and Burdens of Subjects*),是由兰克(Ranke)编辑在《德国历史》(*Deutsche Geschichte*),第 6 卷,第 32—54 页中的一份法兰克福抄本;这份提案的摘录出现在弗朗茨的《史料集》第 593—598 页中。我已经将兰克版本和纽伦堡德国国家档案馆内的一份当时的抄本进行了对照。提案本身从来就没有提到过十二条款,但议题的顺序却表明,在预备过程中,确实用到了十二条款。提案的议题(兰克编,第 49—51 页)顺序和十二条款中的第二到第九条款是一致的。条款一被作为提案的开头(第 34 页),是和任命牧师(的条款)联系在一起的;在十二条款中并没有起到逻辑上或体系上的作用的条款十一是关于废除死亡税的,被处理在了第 50 页;要求归还草地和公地的条款十,只是被间接地放到了公共权力的内容中。

② "关于年金",《提案》(兰克编,第 34 页)。

目标，这主要流行于 15 世纪、16 世纪的上莱茵地区，最主要的有巴塞尔、康斯坦茨、斯特拉斯堡等主教管区，1525 年时的萨尔茨堡也是如此。为了平息这种抱怨，委员会提出禁止犹太人作为原告出现在教会和世俗法庭之上、禁止教会法庭以革除教籍来处罚民事犯罪的提案。

向教区居民征收"圣礼执行金"在不同程度上成为 1525 年愤恨之源。委员会认为这一弊端源于教区"合并"。合并制改变了原来的教会财产制度，将教区收入分配给牧师会、修道院或福利团，使得乡村牧师的薪水不足以糊口，这或多或少地会迫使他们靠收取"圣礼执行金"来补充收入。帝国议会委员会提议断然取消"圣礼执行金"，敦促合并教区的在职者付给乡村牧师及助理人员以充足之薪水。委员会还把"半教士阶层"应服从世俗司法机构管理这一 1525 年的普遍要求作为重点问题来对待。为了反对某些地区葡萄农不经"什一税"持有者的同意就不能摘葡萄的习惯，委员会建议当地长官确定葡萄收获的日期，以保障葡萄农不得不任凭葡萄烂在藤上的情况发生。

帝国议会委员会关注的范围不仅超出了这些事务[①]，而且直接达到了普通人的怨情条款的地步，它直接答复了十二条款。它不同意农民选举牧师的要求。相反以此为契机，将以前属于罗马的教职任命和薪俸发放的权力转给了帝国的教俗诸侯。为此，它宣称这有助于拯救灵魂。罗马应受到指责，主要是因为"许多牧师如此无知，如此没教养，宣讲上帝之言如此地不合格，以至于激怒了广大人民。"因此，委员会希望限制罗马的影响；然而，它并非没有一点允许"全体教众"参与牧师的任命的意图。[②]

委员会在关于十二条款的经济和社会要求方面的回答要清楚得多。它提议，在那些"从人们记事起就没有缴纳"的地区废除"小什一税"。对于农民并不打算废除的、准备用于不同地方的"大什一税"，则应该根据法律和好的习惯继续缴纳。可以肯定的是，委员会提案确实不同意取消农奴

---

①　提案处理了几个看起来是边缘的、或者根本就不在怨情陈述范围之内的问题，如乡村中过多地充斥着犹太人和雇佣兵、臣民们参加本地司法自助行动的义务、什一税大院的开支等问题。在蒂罗尔，我们发现了要求那些得到统治者免税权授予的仆人在他们享有公共使用权时应当缴税的要求。无论如何，备忘录都提出了改革的建议（兰克编，第 52 页）。

②　"罗马向教区和牧师区任命了一些不合格的人"（《提案》，兰克编，第 34 页）。

制,但它提议立即禁止任何进一步限制自由迁移的举动,并建议帝国议会讨论属民能否赎买自己自由的问题。会议各等级也承认农奴制造成了经济负担。如果——这是委员会要求改革的动因——领主在征收死亡税的同时也征收转手税,这就可能威胁到农民最基本的生计。作为一项具体的措施,委员会提议要么取消死亡税,要么减少死亡税和转手税。鉴于地区之间在劳役和转手税上的巨大差异,委员会将制定相应法令的工作留给各"行政区",从而大大扩充了这些帝国行政区的权势。由于强制性劳动仍是领主赋税的一部分,委员会的提案同意十二条款的要求,即如果这种勒索的征收还不到一代人的时间,那就可以自愿取消;在收割季节,领主应尽可能少地征派劳役。

在十二条款指明抱怨领主权的地方,委员会建议应满足农民的下列要求:领主死时,不能再征收转手税;实物和货币税的数额应该降低,"以便农地可以生产出更多的东西"。更多细则表明,只有在佃农死的时候(而不是地主死的时候)才能征收转手税,并且其数额应当限制在那块租地估计价的 3.3%～5%。反过来,稍稍提高了年租,或捐税被定在习惯数额上,但在佃农死时(不是地主死的时候),应当缴纳 15%—20% 的转手税。①

委员会也清楚地谈到了公地和森林的问题。那些曾被领主霸占作为捕猎或其他用途的水泽、小林地、牧场和田野,应归还给村庄;然而,村庄防卫开支不应当像十二条款所说的那样由领主负担,而应由乡村来负担。当局对公地仍然维持着控制权,主要是保护森林免遭滥砍滥伐,而十二条款却认为公地应由选举产生的乡村官吏来控制。为了消除围猎损害庄稼的抱怨,委员会提议减少围猎人数,允许农民在自己农地周围围上栅栏或养狗,或者通过减少租金和捐税的方式来补偿农民。

最后,委员会的提案还提出一些改进措施来解决司法管理的问题。这些措施比上士瓦本农民怨情陈述条款中的要具体得多。任何人都不能被阻止自己上诉于法庭的权力;诉讼法庭的等级制应予以维持,这就意味着

---

① 参见兰克编《提案》第 50 页。提案认为,租地应当以有一定租期同时又是可继承的方式进行,它还打算将继承权扩展到没有结婚的孩子身上。与十二条款一样,提案指望明确劳役的数量。但这种明确不是由民众,而是由统治者来确定。

地方和乡村法庭不应被忽略,①处罚要减轻。

由于帝国各地的法律习惯千差万别到让人不知所措的地步,这就不可能制定出一套通行于各领地的、关于领主和臣民各种关系的准则。大委员会并没有提议立法,而是满足于强烈呼吁领主应用一种无愧于他们的"良心"、"自然法和上帝之法"、"公正"的态度来对待其臣民。为确保农民从他们的政府那里得到更大的保护,委员会提案还提议:在农民和起中间作用的领地贵族和修道院的诉讼中,诸侯的领地法庭中的特权法庭有直接的裁判权;然而,在具有帝国自由身份的领主和臣民之间的诉讼中,帝国枢密院法庭或政务理事会具有裁判权。

这些提案几乎没有成了帝国会议的最后决议。除了一些温和的、要求领主采取和解姿态的套话之外,帝国议会什么都没有做。士瓦本联盟确实是几经努力,试图在休会时期提出一份更为持久的讨论提案,强烈要求其成员遵循文件总则。然而,帝国议会更关注的主要问题是找出办法,以压制将来的动乱,而不是从根本上消除动乱的根源。由于帝国会议的决议是妥协的产物,因此,取得更为积极的变化是不可能的。但是,施佩耶尔帝国会议的大委员会提案表明,1525 年革命的根源已经得到了清楚的认识。这些提案目的是要,至少是部分地,减轻普通人的痛苦和为权利提供更大的保障。由帝国等级会议提出的补救措施是相当值得注意的,如果它们在 1524 年前得以实施,那么这场革命本来是可以避免的。其中简单提到的"神法"和自然法、公正、古老的传统和公正的工资使委员会站到了支持一种更加公正的社会秩序的一边,但帝国议会委员会除了提议之外根本没有采取任何的行动。这些提案能否和在多大程度上成为现实完全取决于帝国等级会议。

尽管帝国各等级分别享有无可争辩的自由和自治的权力,我们不能忽略这样一个事实:即帝国议会委员会的投票表决和会议提案本身为解决领主和臣民之间的分歧提供了一个标准的讨论范围,尽管这个范围是非常模

---

① 提案还特别提出,臣民不能一开始就被传讯到洛特维尔的高等法院或者其他帝国法院。这与上莱茵的抱怨之间的联系是十分明显的,因此这一条款也许是因为斯特拉斯堡特使影响的结果。

糊的。将冲突转移到司法调解的范围之内产生了更为持久的影响。领地诸侯政府在以后几十年到几个世纪发起了一场大规模的运动,"使其臣民陷入复杂的行政和法律体系中,由此从根本上杜绝革命暴动,使其根本不可能成为社会行动的求助手段。"[①]但在 17 世纪、18 世纪整个帝国内发生的不计其数的起义表明,这种做法并没有取得完全的成功。

---

① 舒尔策(Schulze):《变化了的社会冲突的意义》(*Die veränderte Bedeutung sozialer Konflikte*),第 298 页。V. 普雷斯(V. Press)也在《作为德国历史问题的农民战争》(*Der Bauernkrieg als Problem der deutschen Geschichte*)中也支持了这个观点。

# 第十一章　帝国之内各邦国对冲突的决议

　　1526 年施佩耶尔大委员会提案勾勒出了解决冲突的可能性。在政治和社会结构上进行改变现在是不可能了。最有可能达成的是减轻经济负担,缓和社会紧张,适度地实现政治期望。革命被推回到它的起点:普通人的冷漠或者说是固执与统治者对胜利的陶醉或者说是妥协意愿将共同来决定将来能否完全恢复现状,或者出现一种解决或者至少限制冲突的新的合作。[①]

## 城　邦

　　城邦中的内部稳定相对容易恢复。在帝国城市中,尽管一些城镇通过士瓦本联盟残暴的军事行动已经恢复了秩序,将叛乱的因素驱逐到城市之

---

　　①　关于农民战争失败的毫无争议本身就意味着,人们只是用一种总的、综合的方式来对待这个结果。鉴于材料情况的复杂性,只有通过具体的例子才能全面地说明这一问题。这需要一个简单的说明。只有审视 1525 年之后的情况,也就是说,只有我们考察农奴制是如何进一步发展,并且这些发展是否和 1525 年相联系的具体案例,我们才能对农民战争的后果作出评价。换句话说,我们需要仔细考察 16 世纪的政治史和农业史,特别是上莱茵和中莱茵地区的历史。

外,但由于农民的军事失败,政府与市民之间的争吵就普遍失去了超地区的意义。城市领地比较容易恢复稳定,因为农民的怨情陈述在这里比在其他领地限制得更严,同时城市政权本身也已认识到了现状的缺点。例如,纽伦堡的卡斯帕·尼策尔(Caspar Nützel)在致普鲁士的阿尔布雷希特(Albrecht)公爵的一封信中就指明了这一点:的确,"那帮贫穷的、盲目的、愚蠢的农民在这场不堪一击的反叛中太桀骜不驯了",但是"有理智的人都不能否认统治者不适当地、非基督地、过度地拔光了这帮本来应该给予关心、监督、统治,而不是进行压榨的臣民的头发。"①更为重要的城邦,如纽伦堡、苏黎世、巴塞尔和梅明根,甚至准备向其属民作出大的让步;而在如海尔布隆、罗腾堡和斯特拉斯堡等那些不愿让步的地方,决定全面恢复旧状的一个邻近的帝国等级通常应负其咎。

拿巴塞尔和梅明根的例子来看,城市似乎对农民呈递给他们的要求相对随和些。甚至鹿特丹的伊拉斯谟也注意到,城市比诸侯更为理智地对农民的挑战作出反应。巴塞尔在 1525 年 5 月和 6 月间为利斯塔尔(Liestal)、瓦尔登堡(Waldenburg)、法恩斯堡(Farnsburg)、洪堡(Hombourg)、门兴施太因(Münchenstein)和穆腾茨(Muttenz)等区拟定了自由特许状。通过清除农奴制、废除小什一税、减少奴役性劳役和间接税、给予部分狩猎权以及提高伐木权,这些法案对各区的怨情准确地作出了反应。然而,在 1532 年3 月 10 日至 4 月 3 日之间,各村社却派代表到巴塞尔"自愿地"(城市当局是这样强调的)将特许状送还给了他们。不知道农民为什么这样做,或者来自城市当局的政治压力在多大程度上促使农民采取了这样的行动。到1532 年时,在 1525 年达成的让步协议中,农民只是保留了免除"边界什一税"、城市领地内自由结婚和减少奴役性劳役这几项了。

梅明根市曾经相当积极地对农民的怨情陈述作了答复,这份怨情陈述书几乎同十二条款一模一样,只是为了与士瓦本联盟谈判而保留了关于

---

① G. 弗朗茨:《德国农民战争:文件汇编》,第 196 期,第 384 页。

"什一税"的条款。废除农奴制(的条款)在 1525 年之后没有被撤销,[①]农民显然保留了狩猎和捕鱼的自由;而且,在 16 世纪和 17 世纪期间,地主的捐税再也没有增加。然而,当(地主)将终生租佃的可继承租地转变为每年一租的租地时,农民没有利用政府所作的让步来废除继承入境税。毕竟,最先考虑的应当是生存问题,而不是减轻经济负担的问题。

梅明根的例子把我们带回到革命起因问题之上了。农民对梅明根当局所作的反应表明,造成社会不安的原因是能够减轻的。减少农民的经济负担确实是可能的,在这一意义上,农民战争至少在有些地方是取得成功的。但是这些城市当局也拒绝在社会和政治结构中作更为深远的变革,这就意味着,在更广泛的意义上这场革命是悲惨地失败了。另一方面,在整个梅明根内地,各种乡村政权和自治政府的领域在此后的几年甚至是几个世纪中都未受到触动。在这里,没有在政治上剥夺农民的公民权。尽管如此,梅明根史料的普遍意义仍有待揭示。

## 小　邦

"小邦"的概念有助于我们将那些帝国的自由身份就是准则、那些其结构仍然保持着更封建的特征的地区(上莱茵、上士瓦本、和法兰克尼亚)与那些具有诸侯和等级会议的制度二元性的近代早期国家形成鲜明的对比。对"小邦"来说,在领主与农民之间的裂缝上架起沟通的桥梁要比帝国城市困难得多。对教士和贵族来说,他们念念不忘的是自己逃向帝国城市、被迫与起义者结盟,城堡和修道院被摧毁的耻辱;对农民而言,他们难以忘却的是洛林和士瓦本联盟的雇佣军兽行,来自士瓦本联盟、斐迪南大公、事实上是所有贵族的欺诈性的保证。双方的紧张关系使得即使在统治者与被统治者之间恢复最小的一致都困难重重。

首先看一下十二条款的发源地,人们发现农民在上士瓦本叛乱地区

---

① 无论如何,农奴制在该帝国城市的领地中没有起到什么作用了。参见 P·布瑞克:《梅明根》(*Memmingen*),第 411 页。18 世纪的福利团花名册上那几个为数不多的农奴可能是 1525 年之后获得的。

《农民军在韦塞瑙修道院里宣誓》,为雅各布·穆勒《1525 年的韦塞瑙纪事》一书的插图。

的温和行为与士瓦本联盟严酷的镇压措施形成了奇怪的对比。应当承认，农民阶层中到处扩散着一种令人灰心丧气的倦怠情绪。然而，在许多领地，农民仍在顽强地拒绝妥协并继续不缴纳赋税、税收和劳役。他们不想为自己的军事失败再增添政治上的失败。"他们同以前一样坏，"舒森利特修道院院长抱怨他的农民说，"他们让我大喊大叫，但什么也不给我。"①

封建统治阶级不能彻底而无情地恢复1525年前的统治形式。当瓦德堡的乔治·特鲁赫泽斯（他被称作"农民乔治"，并且被斐迪南国王当做士瓦本联盟的军队英雄来颂扬）在1526年初填补他的领地法庭的空缺时，他利用这个时机要求他的属民向他提交他们的怨情陈述书。非常有趣的是，他们的怨情陈述书是以十二条款为基础的，尽管并没有明确要求废除农奴制，但他们恰恰把农奴制列在陈述书之首。农民要求"根据神法和皇帝之法"进行关系重组。② 劳役应当（根据古代传统）减少到15世纪习惯的水平；什一税（主要意指小什一税）如果不废除就应当重新估定③；除非已被租出，小溪与河流应当还给乡村；被孤立的农地应当有通向小树林的自由通道；木材的配额应当予以增加；应当拥有部分狩猎权；最近颁布的法律要么废除要么在使用中加以限制。除了降低消费税、租约准备金的要求外，怨情陈述的全部内容及其论据都取自十二条款。

农奴制是首先要处理的问题，瓦德堡的农民将其列在怨情陈述之首，它也是上士瓦本起义的核心要求。死亡税的传统形式，即要求男子缴纳其最好的马匹和最好的衣服，妇女交纳她最好的奶牛和最好的衣服，现在折算为根据支付能力而累进的现金形式支付④。随着农奴的死亡税转变为财产税，农奴制不再具有降低社会地位的特征，因为这一类农奴制的标记已不复存在了。婚姻税和禁止与领主司法管辖之外的人结婚的禁令也被废

---

① H. 贡德(H. Günter)：《格维希·布拉勒》(Gerwig Blarer)，第95期，第67页。

② 提到上帝之法就意味着废除农奴制。

③ 怨情条款提到以下的作为小什一税的物品：蜜蜂、小马、小牛、小鸡、鹅、鸭、猪、洋葱、甜菜、草料、豌豆、菜豆、亚麻、大麻。

④ 根据土地（无论是份地还是租地）的面积用现金评估死亡税的价格在《瓦德堡－蔡尔的蔡尔皇家档案总馆·乌尔察赫档案部分196》(Waldburg-Zeil'sches Gesamtarchiv Schloss Zeil, Archivkörper Wurzach 196)中得到详细的说明，该档案表明，男的死亡税额是女的的两倍。

除了,但有一个例外,即如果一个男子从其他地方娶一个农奴并且继续居住在瓦德堡领地之内,他必须要明白自己所娶的农奴要么在一年内成为瓦德堡的农奴,要么就离开瓦德堡领地。尽管如此,解除农奴制的束缚还是以书面形式在原则上作了阐述,并且花相对较少的费用就可以获得解放。这一法案既给了瓦德堡的农民自由迁移的可能,又给了他们以自由男女的身份居住在瓦德堡土地上的可能。①

虽然瓦德堡关于农奴制的让步没有时间限制,而有关徭役和其他抱怨的让步却被限定为十年,但这些时间限制经常被延续的,有些甚至到了 18 世纪。劳役被折合为以支付能力为基础(或者更好地说,以具体某块农地为领主生产东西的产量为基础)的现金支付。然而,既没有废除也没有折算为现金的是农奴的狩猎役和在领主城堡的强制性劳动。为满足瓦德堡的特鲁赫泽斯家族(Truchsess von Waldburg)的家庭需要,明确地保留了较为苛刻的沃尔费格领主特别条例,它规定为伐木、捕鱼、收割谷物每项保留一天的劳务。

瓦德堡人统治着上士瓦本最大的领地,因此,对上士瓦本很大一部分的农民来说,农奴制和劳役问题得到了相当满意地解决。正是瓦德堡的这种解决方式使我们不能说农民战争完全失败了。当我们注意到教会领地上的农民也取得了非常积极的结果时,就更不能这样认为了②。肯普腾郡

①　那份相当模糊的文件似乎是说,那些拥有自己的土地的农奴(瓦德堡的领地上有许多这样的农奴)、或者那些想迁移到该领地上别的庄园去的农奴,才可以购买自己的自由。在瓦德堡自己的直属领地之上,农奴解放显然是不可能的。对于移居外地的男性农奴,赎身费为 3 古尔盾,女性农奴的赎身费为 4 古尔盾。如果以前的农奴想继续留在该领地上,赎身费加倍。对于动产,虽然不用征收"退出费",但无论如何,不动产仍然是要征税的。

②　瓦德堡的例子似乎已经成了上士瓦本的模式,虽然可以参见京特的《格维希·布拉勒》第 144 期,第 77 页,第 119 页之后;第 91 页之后,但还是需要更为具体的研究。在雷腾堡-松托芬的提根(Tigen)(即奥格斯堡诸侯主教管区),农奴制的问题就像瓦德堡领地上的那样得到解决。缴纳最好牲畜的死亡税被折算为现金:对于 50—100 镑赫勒的财产,缴纳 1.5 古尔盾的税收;100—300 镑赫勒的,缴纳 3 古尔盾;300—500 镑赫勒的,缴纳 4 古尔盾;500—800 镑赫勒的,缴纳 5 古尔盾;800—1000 镑赫勒的,缴纳 6 古尔盾;1000 镑赫勒以上的,缴纳 10 古尔盾。对于最好的衣服,不管它财产的价值,一律要缴纳 1 镑赫勒的税收(日期为 1525 年 9 月 1 日的奥格斯堡主教教堂议事会第 173 号文件,《慕尼黑国家档案总馆》)。弗朗茨在《德国农民战争:文件汇编》,第 28 期,第 163 页翻印了 5 条奥格斯堡属民的要求(1525 年 2 月):废除死亡税;废除农奴制(结婚和迁徙的自由);废除为外地领主的服役;打猎和捕鱼的自由;重新调整什一税。

是这类解决方案的代表。

1526 年 1 月在梅明根举行的会议上，士瓦本联盟对肯普腾的农奴和佃农迫使其诸侯修道院院长接受他们自 1492 年以来就一直坚持提出的怨情解决方案的争议进行了仲裁。怨情的中心问题是农奴制。农民想解除对农奴和自由佃农之间通婚的禁令，停止通过勒索性的扣押权合法地剥夺自由佃户的财产的行为，还有他们继承权的恶化和税收与军役摊派的增加。这项一直延续到 1806 年该领地被世俗化时的《梅明根条约》，授予农奴与自由佃户之间不受限制的通婚权，他们的孩子将根据旧士瓦本法律享有母亲的社会地位而不是（像最近所实行的那样）自由受到一定限制的自由农民的地位。这一条约稳定了某个属民集团的法律地位，因为自由佃农再也不会被逼入农奴制之中了。在继承权方面也有明显的改善，或者更为确切地说是减少了农奴制和租佃制的经济影响：农奴所缴纳的死亡税由遗产的一半减少为基于财产价值之上的适当数额的现金①；交付最好的牲畜折算为缴纳该牲畜价格的 75％现金；退出费由缴纳从领地移走动产的 33％降到10％。最后，税务负担被固定为农奴发誓保证后自我财产估价的 0.5％。但是农奴制并没有废除。这是肯普腾农民与其他阿尔郜农民在他们卷入1525 年的革命浪潮之后共同发出的一个要求。他们在 1526 年的要求与其在 1525 年 1 月所提出（仍未发展的）巧妙地相一致。尽管如此，农奴制的经济、社会和法律含义得到了彻底的改进，以至于我们可以说《梅明根条约》全面满足了肯普腾农民的要求。②

我们还不能以这些仅仅涵盖上士瓦本一半地区的情况为基础进行概括，因为还需要其他详细的分析对这些情况加以确认。尽管如此，但一份总的的调查却允许我们断言，1525 年之后上士瓦本没有出现经济条件变坏、乡村内部冲突加剧或者农民政治权利丧失。事实上，由于 16 世纪农业市场发展加快，农民的经济地位反而得到了改善；通过给予农奴更大的自

---

① 每 100 镑赫勒的财产缴纳 1.5 古尔盾的死亡税。

② 在总体上和《梅明根条约》相似，但在细节上不如《梅明根条约》那样对其属民有利的是《马丁斯策尔条约草案》(*the draft of the Treaty of Martinszell*)，该草案只是涉及了肯普腾的马丁斯策尔这个狭小领地上的属民（印刷在 A. 韦特瑙：《1525—1526 年肯普腾修道院的农民》，第 9—20页）。

由迁移权——这种迁移权源于对领地控制农奴的普遍接受，内部冲突已不再尖锐；公社的权利也被保留下来，以至于在 17 世纪农民仍"用他们粗鲁的、愚笨的农民法庭"①处理除死罪以外的所有案件。

在上莱茵，也有一些地区达成了对农民来说较为积极的协议。在罗特恩－萨奥森贝格和巴登维尔贵族领地，经斯特拉斯堡、巴塞尔、奥芬堡（Offenburg）和布赖萨赫（Breisach）等城市的调停，在十二条款的基础上达成了一项妥协性协议。该条约的效力持续了几个世纪，并成为马克格拉夫勒兰农业秩序和政治宪章的一部分。② 仍然为世俗的捐资人保留着牧师的职位，但现在其候选人必须"为属民和教区居民所喜爱和接受"。属民的抱怨现在能够导致牧师被免职，新牧师的任命由"捐资人同属民和教区居民协商"来决定。③ 牧师现在得居住在他们的教区，并且除非有病在身，他们不能指派教区牧师或随行牧师代替其行事。僧侣不再是牧师。虽然为其购买提供证明的不合理的"小什一税持有者"可以获得补偿，但"小什一税"还是被废除了。④ 现在供应牧师所需的是"什一税"，从而将这一负担转到什一税持有人头上。出于尊重邻近领地的状况，农奴制在名义上仍然保留着，但是对于侯爵的属民来说，由于废除了通婚限制和死亡税，农奴制已十分虚弱以至于几乎不能被视为一种负担。只有对自由迁移的限制作为农奴制的遗物在 1525 年之后仍继续保留。

农民得到了不受限制地猎取熊、狼，和狐狸等有害猎物的权利，他们也可以在自己的田地上猎取兔子以及成年的公鹿、母鹿和野猪。被夺走的河流和其他水泽将归还给乡村。

"在人们记忆之中"新近引入的农奴义务被废除了，新的农奴劳役也被禁止，领主对惯例服务给予回报的义务被确定下来。佃农的义务也得以确定："在为其他人工作之前，如果被要求的话，属民必须为他们的统治者和领主工作，但因此获得适当的工资。"

---

① P. 格林（P. Gehring）：《上士瓦本北部地区》（Nördliches Oberschwaben），第 547 页。

② K. 哈特菲尔德（K. Hartfelder）：《文件原稿》（Urkundliche Beiträger），第 419—435 页。

③ 这些引用的话语意味着它们很容易和十二条款进行比较。

④ 文件也把它称之为"厨房－菜园什一税"；这种什一税关系到：大麻、亚麻、菜豆、豌豆、扁豆、木柴、甜菜、白菜、水果和牲畜（马、小牛、猪、小鸡、鹅、绵羊、山羊）。

　　佃农仍然得按原来的习惯水平缴纳租金，但是在财产遭受损害的情况下，将根据农民与地主之间的友好协议或者"根据双方提名的正直人士的决定"为基础予以减少。因货币贷款而由佃农交付的所谓"永久租金"被宣布可以赎回。在马克格拉夫勒兰以实物缴纳的入境费折算为现金缴纳，并且仅仅成为一种象征性的转让费，因为它只按财产价值的 0.5% 征收。[①]

　　关于司法管理，条约规定"属民将保留同过去一样的旧的处罚方式，审判应当始终依据（使用不偏不倚陪审员的）法庭的依法作出而不受嫉妒、仇恨和偏袒的影响"。条约也明确确认了法庭在解释法律时的创造性作用并对高等审判的重罪案件使用监禁作了限制。

　　马克格拉夫勒兰的解决方案因此满足了十二条款所提出的要求，并借此消除了起义之源。只有在正式废除农奴制和扩大公社的权利的要求方面仍然没有达成一致，但这些是远远超出地方怨情的要求。《伦兴条约》也为巴登的菲利普侯爵（Margrave Philipp）、斯特拉斯堡主教、茨韦布吕肯（Zweibrücken）、菲尔斯腾贝格和哈瑙－利希腾贝格（Hanau-Lichtenberg）的伯爵们以及奥特瑙的几个贵族和城镇的属民提供了相同的解决方案（有几个小的变动）。对该条约的分析将只是重复前面所述。有人对该条约的约束力提出疑问，但是应当注意，直至 18 世纪，帝国宫廷委员会还审理了一起要求执行该条约的诉讼。这一事实证明了该条约的规定在 1525 年之后很长时间都还持续的影响，也反驳了那些称之为形同虚设的规定的观点。

　　对瑞士的一瞥将使这幅图画更为圆满。在苏黎世和伯尔尼，农奴制被彻底废除了。在圣·加仑，尽管农奴制没有被根除，但在依法管理、适度减税以及一些乡村选举其首领的权利方面已经得到了一些改善。在其他方面，修道院院长的权利在古代传统的基础上得以明确。然而，有一点值得特别注意：根据州的决定，当时已约 50 年历史的《圣·加仑领地宪章》被大大扩充了，并且通过一切革新都应获得该州四个区一致同意的决定而被赋予了真正的"宪法"性质。这意味着对诸侯修道院院长统治权的部分制约，

---

　　① 财产少于 20 古尔盾的免交入境费，财产达到 100 古尔盾的最多缴纳 0.5 古尔盾；财产越多，所缴纳的入境费也就越高。

保证了旧的习惯法以《判例汇编》(Weistümer)①的形式持久存在,同时为农民提供了发挥政治影响的机会;修道院和属民之间的纠纷现在得由州的四个区来解决。

即使我们确实发现其他地区也达成了令人满意的解决方案,我们也不能在那些条约协定的基础上过多地加以概括总结。法兰克尼亚和图林根的小邦几乎根本没有达成那样的妥协。② 尽管如此,小邦中这些实际的解决方案的例子确实表明,并非在所有的地方都恢复了 1525 年前的状况。实际上,减轻农民的一些负担是可行的,而这正是最初怨情的目的。

## 大 邦

"大邦",或者更准确地说是"由诸侯和等级会议统治的国家",在其领地议会中拥有一种解决许多内部冲突机构。领地等级会议于 1525 年在各地(如近奥地利,维尔茨堡、安斯巴赫、萨尔茨堡、维腾堡和蒂罗尔)突然采取行动,这证明,领主们认为议会是通过谈判停止叛乱和如果必要以妥协来拔掉其利齿的经受住考验的工具。议会只有在两种条件下才能发挥这一作用:叛乱局限于领地之内;议会仍具有为普通人所信任的足够的信誉。只有蒂罗尔和萨尔茨堡符合这些条件,那里的起义的温和派向议会派出了代表。在法兰克尼亚,农民军的超领地特征破坏了与领地议会的谈判;在维腾堡,在 1514 年的"穷康拉德"起义期间议会用尽了它最后一盎司的信誉;在近奥地利,当贵族、教士和城镇大力支持诸侯的利益并决定反对瓦尔茨胡特城(Waldshut)和巴尔塔扎·胡布迈尔时,普通人立即停止了对领地

---

① 在 1500 年,建立了六个帝国行政区,到 1512 年,扩大到了 10 个。最初它们仅为选区而已,在 16 世纪、17 世纪期间,它们发展成为比较重要的行政和军事专区。

② 在上巴拉丁的瓦尔德萨森(Waldsassen)修道院是例外。1525 年 5 月,领地的行政权被转移到领地大会政府的手中,领地大会政府由高贵的总督、蒂尔申罗伊特(Tirschenreuth)镇的两名代表、大会的两名特使(农民)组成。同时也有一个协作机构——"大会总会委员会",领地的每个地区都派两名代表参加。出身于政治动乱的这个机构,却成了 1529 年一次新动乱的牺牲品。1525 年所作出的让步——小什一税的废除、自由使用领地森林的权力、死亡税的废除、在自己土地上打猎的自由、农奴税的减轻——是否得到保持仍然还不太清楚(H. 施图尔姆[H. Sturm]《蒂尔申罗伊特》[Tirschenreuth],第 96—101 页)。

议会的信任。

蒂罗尔议会于 1525 年 6 月召开会议。议会完全为乡村和城镇地区的代表所支配，他们能够排除教士并因而获得对贵族的多数。接着，他们不顾斐迪南大公的反对，促使议会通过了对约 100 条款的怨情陈述书的谅解（《梅拉诺条款》通过来自因斯布鲁克的增补而得到扩充）。这些艰苦谈判的成果是第一部伟大的《蒂罗尔宪章》，它于 1526 年以印刷本的形式出现。该宪章确实是一份妥协书。它是在来自遥远的法兰克尼亚和附近的阿尔部血腥战场的夏季闪电的背景下形成；从其巨大的权力来说，斐迪南大公可以在不严重威胁议会的条件下断然拒绝所有激进的要求。因此，革命要求在雪片般的提议、反提议、反对反提议的提议中被一条条地埋葬了。简而言之，简述在《梅拉诺条款》中的革命纲领，如果在政治上剥夺牧师与贵族的特权、经济上摧毁主教管区和修道院方面就像它所主张的那样，那么它是无法实现的。如果帝国的摄政（斐迪南大公）按激进者要求的那样将特伦特主教管区世俗化、收走弗莱辛（Freising）主教的财产，并剥夺贵族财产，那么这样一个《蒂罗尔宪章》就可以宣告神圣罗马帝国灭亡的。

《蒂罗尔宪章》确实答复了《梅拉诺—因斯布鲁克条款》中的一些要求，要么全部地（30 项条款）要么部分地（19 项条款）向普通人作出让步。实际上，《1526 年宪章》直接从怨情陈述书的措辞中受惠不少，统治当局未在其内容上作何改动而只是通过引入一些系统的规范加以继承。

在蒂罗尔，通过改善财产权，将 10% 的转让费转变为更具象征性的"认可"费，废除至少 50 年之久的已无据可凭的农奴劳役、根除某些种类的"什一税"，从而确保了农民经济负担的大大减轻。有些形式的地租被宣布为可以赎回的，收获葡萄期间禁止征派奴役性的劳役，农民还获得了广泛的捕鱼权和有限的狩猎权。减轻农民和城镇居民（或至少对下层城镇居民）的经济负担使行会受到削弱，同时意味着对商贩和商业公司的控制加强。前者被禁止在交易会和市场之外从事经营，而后者丧失了自治司法权而受价格的控制。为了使食物更便宜，还制定了控制出口和进口的措施。

《蒂罗尔宪章》也为改善司法管理作了规定，它简化了上诉法庭的等级制度，为法官设立了政府薪金，废除了诸侯的官僚和贵族侍从特殊的司法豁免权,并限制了圣所为罪犯提供庇护的权利。

即使这一陈述书不够完美,但它至少在 1525 年为蒂罗尔的普通人带来了巨大的改善,这是不容怀疑的。在此所概述的这部宪章的所有积极方面都可以在《梅拉诺—因斯布鲁克条款》中找到。特别是另一部《1532 年宪章》明确宣布《1526 年宪章》无效以后,1526 年的领地宪章自然被怀疑为只不过是一个暂时的成功,但通过对这两部宪章加以比较,就可以发现,这种怀疑是毫无根据的。1526 年宪章的 71 项条款中有 50 条被《1532 年宪章》基本上不作任何变化地接受,15 条在作了或大或小的改动后被接受,只有 6 条被完全废止了。不可否认,城镇和各地区没有能够完全保住 1526 年所获,但总的说来,所作的改变都是些不太重要的方面。要得出支持这一论点的证据,并不需要对被修改条款进行详细而彻底的分析,斐迪南大公自己的行为就是很好的例证。当议会委员会和他的顾问们把 1532 年《宪章草案》呈放到他面前时,斐迪南公爵对批准这一法案犹豫不决。1533 年他曾考虑取消这一宪法,但因为 200 份宪法已经印刷并被售出,他才改变了主意。当局甚至鼓励库夫施泰因(Kufstein)、拉腾贝格(Rattenberg)和基茨比尔地区保留其原来地巴伐利亚法,因为该法比新宪章为诸侯提供了更多的收入。当局也禁止没有领地法的福拉尔贝格和近奥地利的哈布斯堡领地在疑难案件中援引新的《蒂罗尔宪章》作补充法。不管何时即便允许部分地将《1532 年宪章》介绍到其他哈布斯堡领地,因斯布鲁克当局都视其为一种特权。例如,哈布斯堡的士瓦本省通过接受消费税才"购买"到蒂罗尔宪章中的刑事规定。

在几乎没有受起义影响的黑森伯爵领地,与蒂罗尔的相似之处令人吃惊。当起义在战场上被粉碎后,城镇和乡村的怨情被收集起来,要么直接解决,要么在 1526 年的一项条例中给予关照。特别值得注意的是,"在农民战争之后不久",菲利普伯爵(landgrave)和他的"属民"达成了一项不幸现在已无保存的条约。① 我们确实了解到这项条约明显地保护农民免受(贵族所施加的)更为沉重负担,并止住了正席卷帝国的已经加重了的压迫

---

① E. 弗朗茨(E. Franz):《1525 年革命中的黑森和库尔美因茨》(*Hessen und Kurmainz in der Revolution* 1525),第 631—632 页。

浪潮。

尽管其解决内部冲突的方案受到巴伐利亚和奥地利将领地世俗化希望的强烈影响和干扰,萨尔茨堡大主教管区的结果也可以同蒂罗尔的情况相比较。大主教并没有因为自己在巴伐利亚人、哈布斯堡人、士瓦本联盟和起义军手中蒙受的羞辱而增加和谈的主动性。1525 年夏起义军与同盟军在萨尔茨堡的军事对峙导致了一项休战协定,规定大主教与其属民之间的分歧将通过一部领地宪法来解决。1525 年 10 月,萨尔茨堡的怨情首次在城镇、集市乡村、农村公社和矿区公社的一个特别议会中进行处理,一些怨情在这里得到了修正并被记录在领地议会的一项法令中。大部分怨情将在次议会(1526 年 3 月召开)的领地宪法中加以考虑。尽管还设立了宪章起草委员会,但直到 11 月(下次议会的预定时间)委员会仍没有同大主教的顾问们就全部要点达成一致。等级会议遂决定以大主教法令的形式而不是以宪章的形式公布目前的谈判结果。这项法令替代萨尔茨堡宪章达几十年之久。

1525 年 10 月 30 日的领地议会法令和 1526 年 11 月的法令使我们能够探测在萨尔茨堡的革命成果。禁止教士为主持圣事而收取费用;议会在其他宗教事务上听命于帝国议会或总理事会的决定。至少与蒂罗尔的情况相比,经济改善的幅度较为适中:固定的税收目录取代了随意征收的税收和费用;终身地租的费用减少了;消费税被废除了;食物的定价是在政府的严格监督之下进行的。但是,农民必须到法庭对不公正的要求为自己辩护,并且如果他的权利遭到其领主的侵害,他应承担举证责任。因此,农民比较孤立。司法管理方面的改善无疑比经济领域的改善更为重要。这些改善抑制了地区官员对农村公社司法权的干涉,对不同类型法庭互相重叠的权力要求加以整理,恢复了上诉法庭的等级制度,将法庭官员的薪金固定下来,并减轻了地区公社的一些费用。

萨尔茨堡人倾向于强调古老的传统,因此,尽管让普通人去尽其所能解释这些法令在这里也是被承认的,但萨尔茨堡人还是比蒂罗尔人更强烈地关注恢复旧貌。1525 年的领地议会法令和 1526 年的大主教法令再三敦促普通人向诸侯控诉监狱官员、法官和地主的专制行为,甚至向枢密院上诉诸侯本人以维护他们的正当要求。在 1525 年革命成功或失败的两极之间，萨尔茨堡因此取得了一种可能应当被看做是对农民有利的平衡。

格劳宾登（Graubünden）①在 1525 年革命以后提供了一个特别深层次的结构变化的例子。②尽管它们的制度独一无二，与传统的世袭的小邦相比，它更类似于诸侯－等级会议形式的制度，因而格劳宾登可以放在这里加以考虑。基于来自库尔（Chur）主教的起义的属民的巨大压力，十法庭同盟，格雷同盟和上帝之家同盟批准了要求减少什一税与地租和免去主教及所有其他神职人员在政府中职位的《伊兰茨条款》（the Ilanz articles）（1526）。这一要求的法律基础确实很脆弱，因为主教和"主教座堂的牧师团"已被排除在考虑之外了，并且也从没有出现过由地区来进行的日常批准。按照雷蒂亚（Rhaetian）同盟的规章，像《伊兰茨条款》这样的文件为完全合法起见要求有主教的大印，因为主教既是"上帝之家同盟"的首领，又是"格雷同盟"首领中的一员。当然，主教和主教座堂牧师都不承认这一条款，但是他们无法阻止对主教权利的严重损害和限制。例如，农民战争之后，主教法庭丧失了其作为最高上诉法庭的作用。自 1526 年之后，上英加丁（Upper Engadine）一直在没有任何政府干预的情况下独立地选举出了它的行政长官。在每个地方，乡村和城镇都接管了基本的司法权，只是当他们发现司法管理的支出高于其收入时才又将它归还给主教诸侯。1537 年发生了英加丁放弃旧教和库尔市的修道院被解散的事件。受一个流亡的合法主教和主教座堂牧师团拒绝交出其政治权利所困扰的"上帝之家"努力在当局和属民之间建立一种永久的、法律上安全保护的关系。因而在 1537—1538 年，主教的统治权在以一种极为荒谬的低廉补偿价格被出售：格赖芬施泰因（Greifenstein）的属民以 2300 古尔盾从主教的掌权者手中买回他们的自由；普施拉夫（Puschlav）的属民为此仅支付了 1200 古尔盾；鲁格内茨（Lugnez），伊兰茨、格鲁布（Grub）和弗林斯（Flims）等地区也仿效行事。主教的统治因此被削减成了其前身的一个影子。1541 年"上帝之家同

---

① 格劳宾登即格里松州（the Grisons），是三个高地同盟的联合：上帝之家同盟、格雷同盟和十法庭同盟，这些同盟由公社和封建领主组成，自 1496 年起就和瑞士联邦有联系。

② 《判例汇编》（Weistüme）是地方当局对具体案例中地方习惯法是什么所作出的反应。

盟"在极为安全的情况下同意选举流亡主教齐格勒(Ziegler)的天主教继承人。同盟的农民(而不是主教座堂牧师团)宣读了以前任职前必须宣誓的条款。新主教必须承认所有现存的政治的和教会的关系不可改变,并要批准最近出售的主教权利。尽管领地诸侯的大部分统治权都遭到了破坏,但确实还保留一丝痕迹,因为在主教和主教座堂牧师团对选举协议宣誓之后,同盟的农民慷慨地给予了他们在"上帝之家同盟"的大会中拥有席位并再次投票的权利。人文主义者法布里丘斯(Fabricius)断言:"当今世界没有像我们雷蒂亚这样的共和国",此话一点不假。①

高地地区1525年之后在司法管理、经济稳定和公社与地区自治方面所获的结果显然在法兰克尼亚和图林根没有相似之处。但是那里的统治者确实在试图为他们与其属民之间的紧张关系带来某种持久的缓和。我们只需看一个例子——1525年在莱茵部(Rheingau)的发展情况,很明显农民被士瓦本联盟完全击败,但因此出现的搁置所有的权利并不是永久性的。② 通过来自莱茵部的一个大使而从美因茨选举人那里获得的1527年领地法令,只是在废除那些支持与诸侯的意见相合作的地方议员的选举和促使市长们对选举产生的副总督更加负责方面改变了1525年前的状况。1545年士瓦本联盟正式宣布解除对权利的搁置。

---

① 引自 O. 瓦则拉(O. Vasella):《格劳宾登的农民战争和宗教改革》(*Bauernkrieg und Reformation in Graubünden*),第1页。

② 我特别提到莱茵部,是因为在以前的作品中被用作支持如下论点的决定性证据:农民的政治权力在革命之后被剥夺了。Cf. A. 瓦斯:《农民》,第243—244页;G. 弗朗茨:《德国农民战争》,第1版,第385—386、477页。

# 第十二章 革命的结果:领地制度

1526 年 7 月,恰好是在上士瓦本最后一次战斗后的一年,韦塞瑙的农民来到他们修道院院长面前要求与他谈判以达成一份协议,否则他们将"既不向他交纳地租、罚款、各种费用,也不履行任何劳役(labor service)"。"因为这一情况",这名高级教士向魏恩加腾修道院院长诉苦说,"我们正再一次考虑把所有的农奴召集到一起,告诉他们我们愿意通过谈判来解决他们的怨情。这是我们的愿望。"①无论他们怎样去解决怨情,如果谈判达成一份协议,这种谈判在政治上都是爆炸性的,因为统治者的政治对手不再是农村公社,而是全体属民——即领地大会。谈判所达成的一项协议是,并不仅仅是提高领地一级的联合会议,它把这类会议以领地大会的形式制度化,领地大会作为一个合法的团体,必要时可以上法庭使这些协议得以执行。

领地大会——全体属民的政治团体,是 1525 年革命的产物,肯普腾为这一论点提供了实际证明。两份《梅明根条约》(1526 年)被密封后分送给修道院院长和他的属民——领地大会。领地大会出于警惕和防范小心地

①　H.京特:《格维希·布拉勒》,第 144 期,第 91 页之后。

保存着这份文件，这份文件在 17 世纪和 18 世纪不计其数的诉讼中保护着肯普腾人在 1525－1526 年艰难赢得的权利。大会参与税收的评估和征收，（1526 年从修道院争取到的一项让步）成为属民团结合作在制度上不断强化的促进因素。在 19 世纪初巴伐利亚政府官员认为大会的权力可能包括"不仅是收税、修改税收的分配和维护税收的基本准则，还有立法、公共财务甚至政府制度"。[①]

肯普腾绝不是一项失败事业的最后掌旗人。肯普腾人以政治的警惕（en garde）来回应领主们的军事上的考验。上士瓦本的许多其他领地，如沃西森豪森、舒森利特、奥格斯堡的主教诸侯管区以及哈布斯堡的士瓦本省，也存在肯普腾式的领地大会。其他领地，如帝国城市洛特维尔和罗腾明斯特（Rottenmünster）修道院的领地，在 17 世纪也发展了这种模式。

而且，上士瓦本并不是服从于诸侯专制权力之海中农民政治权利的孤岛。马克格拉夫勒兰也保留着大会制度，甚至在 17 世纪还决定性地扩大了该制度，那时没有大会的同意不得征税，与大会协商之前新的法律再也不得付诸实施。在格劳宾登，公社仍享有自治权；"上帝之家同盟"原封不动地保存着它新的政治权利。蒂罗尔的农民继续在领地议会拥有席位并担任其委员会委员，该委员会表决和管理征税、起草领地法律及发布军事规定。在萨尔茨堡，农村地区的代表虽然不是连续获得领地议会中的席位，但至少持续到 16 世纪下半叶。甚至在 1525 年之后还出现了新的领地团体，如巴登的马克格拉夫勒兰和巴塞尔的主教诸侯管区。

16 世纪到 18 世纪由社团组成的政府以一种弱化了的方式实现了 1525 年的一个要求：即普通人应当同贵族、教士和城镇一起成为领地等级会议的一部分。在任何这项事业遭到失败的地方，我们都不能说领主以政治上的胜利使他们的军事征服达到圆满。在制度上实行等级大会的国家（至少在 16 世纪指帝国的南部各地）中，诸侯的权力并不是很大。诸侯在统治中仍然受到普通人的积极同意的约束。只是后来在专制主义国家的形成期间，诸侯才成功地从那种同意中解脱出来。完善领地政府的进程，随后是

---

① 《诺伊堡国家档案馆：政府 3065a.》（*Staatsarchiv Neuburg*, *Regierung* 3065a.）。

将普通人从公共生活中驱逐出去的模式,时而发生在 17 世纪,时而出现在 18 世纪。但在许多地方,特别是在德国西南部寂静主义者的、古老的小政府中,这种情况却从未发生。因此,上德意志的证据驳斥了这场失败的 1525 年革命与专制主义国家的结构因果相连的论点,这一论点使用于整个起义地区中的任何部分的看法也是值得怀疑的。

# 第十三章　政府对社区宗教改革的限制

　　因为正是宗教改革给 1525 年起义注入了革命的力量，所以宗教改革本身几乎不可能免受农民军事失败的影响。最引人注目的就是统治者对宗教纪律的新的关注。例如，在帝国的布克斯海姆（Buxheim）修道院（梅明根附近的一个加尔都西会修道院），院长在 1553 年颁布了一项新的基本法。它的前言部分强调了关于宗教的新规则，对那些在宗教集会时来回走动或者集会结束前就离开教堂的、集会时闲谈的、拿牧师开玩笑的、违反斋戒法管理的或者是拒绝圣餐礼的人，规定了各种各样的罚金。这些规则本身是对农民忽视宗教，或者至少是忽视教会所作出的直接反应，并不是多少有点不经意潜入领地法中的老生常谈。通过其不成比例地征收的高额罚金就可以很清楚地看到这一点：比如，拒缴"什一税"将被处以 10 古尔盾的罚款，这相当于两到三头牛的价钱。

　　1525 年以后颁布的许多新的法律和警察条例证实了这种印象，因为它们对宗教给予了大量的关注。许多现象都是布克斯海姆法令的预兆，并显示出大众对宗教兴趣的普遍缺乏。这些及类似的资料支持这样的观点，即

1525 年以后农民对宗教改革的态度"如果不是敌视就是漠不关心"。① 尽管这一假设经常受到攻击,但却从未被令人信服地驳倒过。② 相反,它最近得到了来自教会历史学家各阶层的支持,他们中的一位写道:"失败的不仅是农民起义,而且还有作为俗人和教士共同大业的整个宗教改革。"③乍一看,现存的最强有力的反对"1525 年标志着'人民宗教改革'的结束"这一论点论据似乎是德国北部城市改革运动的共同特性。④ 然而,这是一个缺乏说服力的论据,因为这些运动与革命的主要地区没有地理上的联系,它们对农民也没有造成任何影响。

因此,1525 年作为宗教改革史转折点的论点仍是一个令人着迷的见解,至少因为它已非常顽强地抵制了所有反驳它的努力。当然,这一论点本身并非极具独创,现在对它也没有激烈的争论。事实上,马克思主义的"1525 年使'人民的宗教改革'变成了一场'诸侯的宗教改革'的观点"与西方历史学家的"1525 年将'宗教改革运动'时代从'新教'时代中分离出来"的观点并驾齐驱。⑤ 托马斯·闵采尔在其《对维腾堡的行尸走肉者的道歉与回答》一书中表述了相似的观点。闵采尔宣称,路德和他的运动已经公开地成了诸侯的工具。因此我们需要质问 1525 年是否真正标志着德国的宗教改革转变为政府所控制和塑造的运动。

与这一问题相关的是下阿尔萨斯的一个事件,那里的帝国各等级在农民被击溃之后在哈格瑙(Hagenau)达成了一项协议。协议的第九条涉及宗教问题:

---

① G. 弗朗茨:《德国农民战争》,第 9 版,第 299 页。

② P. F. 巴顿(P. F. Barton)在《变化成了主题》(*Varition zum Thema*)的第 125 页上争辩说,弗朗茨和其他人主张的这个观点是"一个描述历史事件的陈腔滥调……弗朗茨·劳已经揭示其作为歪曲,甚至伪造历史的面目"。但是巴顿自己只能够提供一份并不充分的上奥地利的材料证明(同上,第 136—142 页)。

③ J. 毛雷尔(J. Maurer):《农民战争中的牧师》(*Prediger im Bauernkrieg*),第 246 页。

④ 这里涉及弗朗茨·劳非常著名的文稿《农民战争和所谓的"作为一场自发人民运动"的路德宗教改革》(*Der Bauernkrieg und das angebliche Ende der lutherischen Reformation als spontaner Volksbewegung*)。

⑤ B. 默勒(B. Moeller)在《宗教改革时代的德国》(*Deutschland im Zeitalter der Reformation*),第 101 页,迪根斯(A. G. Dickens)在《德意志民族和马丁·路德》(*The German nation and Martin Luther*),第 195 页中怀着同样的观点来进行论述,虽然他们这是涉及了城市的情况。

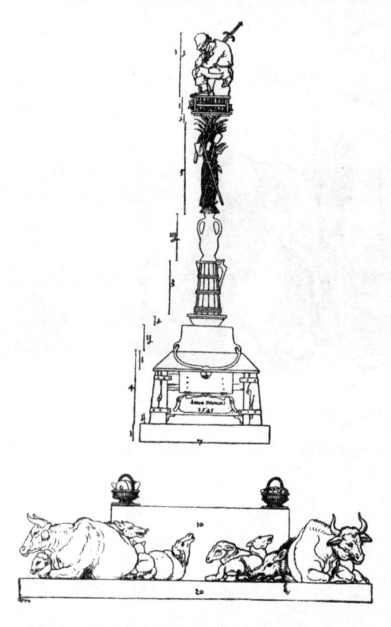

　　丢勒的木刻版画《农民战争纪念碑》，作于 1515—1525 年。纪念碑下的祭品为通常的农家物品：牛、猪、罐子、鸡蛋等。

丢勒的木刻版画《一位哭泣的农妇》,作于 1515—1525 年。

对于在斯特拉斯堡主教管区的牧师和教区居民来说,每一位统治者都应当关心并确保教区配备有虔诚可敬的牧师,他们只是清楚明了地传布神圣的福音书和使徒书,而不带有任何人为的添加,他们告诫属民应当以兄弟之爱行事,维护上帝之荣誉,并顺从世俗统治者。牧师都应当从什一税或者其他渠道得到足够的生活来源。统治者应当遣散任何行为不端之徒。①

斯特拉斯堡当局希望借助这一规定(后来被否决了)既合法地保护新教义,又让农民们安静下来,但是这一条款也显示了期望福音书未来应具备的功能:促进兄弟之爱、上帝的荣誉和"顺从世俗当局"。② 相应于这一变化,这些资料现在对公社选举牧师的权利只字未提,牧师由统治者来任免。同样,现在是由统治者,而不是公社来决定何为正确的教义。这一事例恰好支持这样的概括:"从早期路德主义重要的基督教信仰中,其最大特点为要求自由选举牧师,农民战争为现有领地教堂的一成不变铺平了道路。"③ 如果这是真的的话,在 1525 年革命的影响下,路德、梅兰希通、布伦茨(Brenz)及其他一些人要求世俗统治者颁布和执行新的教会规定。这种极为明显的"转向统治者的宗教改革"承担了将宗教改革的"政治化"任务。④ 这种发展的第一丝轻微迹象出现在 1526 年施佩耶尔帝国会议上凭着自己良心反对《沃尔姆斯饬令》的过程中。这种发展在 1529 年施佩耶尔的一些诸侯和帝国自由城市的"抗议"("抗议宗"由此而来)中壮大,并在 1530 年奥格斯堡的德意志教派分裂声明中达到顶点。

社区宗教改革与统治者的宗教改革是如此地深切相关以至于诸侯的宗教改革在某些方面就是人民宗教改革的对应物。首先,宗教改革是一场社区运动,我们可以通过用"社区宗教改革"来避免"人民宗教改革"这一术语的含糊性。新教的教义对城市和农村的公众具有同样的吸引力。世俗

---

① W. 贡策特(W. Gunzert):《两个哈格瑙人告别》(*Zwei Hagenauer Abschiede*),第 169 页。

② J. 毛勒在《农民战争中的牧师》第 263 页指出,1525 年之后,赞同宗教改革的牧师明显强调对统治者的服从。

③ G. 弗朗茨:《德国农民战争》,第 9 版,第 298 页。

④ G. 马龙(G. Maron):《农民战争》(*Bauernkrieg*),第 333 页;H. J. 希尔布兰德:《德国的宗教改革和农民战争》,第 107 页。

大众要求判决正确教义的权利,这一立场表现在内部的教派争论和对任免牧师权利的要求中。这场运动明显地从改革者对人的观点中获得了支持,该观点强调个人的自觉,并因此培育一个建立在社区原则基础上的社会。宗教改革的神学宣称基督教徒即将成年,因此建议人类的普遍平等,或者至少是在同上帝的关系上大家一律平等。因为神圣恩典的赐予变成上帝与个人之间的私事,作为得救和恩典中间人的教会将被废弃不用了。因此社区宗教改革在城市和乡村之间创造出一些共同利益领域。当教会团体转向政治时,它就具有革命性了,因为基督教徒在上帝面前的平等已经变成人们之间的平等。教会"理性存在"的丧失使得教士存在成了一种多余,并且至少在原则上使已经建立的社会等级制度瓦解了。因此,宗教改革对社区的依赖消除了城市与农村公社之间、市民与农民之间的障碍。

社区宗教改革纲领现在因具有革命思想而得到了充实。通过转向世俗领域,它开始涉及城镇中和农村中堆积了几十年的社会和经济要求。德国南部的基督教人道主义者务实心态的改革理论包含了世俗法律和世俗贵族,他们试图根据福音书的要求改善这个世界的生活。在这一点上,社区宗教改革完全具有革命性因素了。

现在诸侯不得不接管宗教改革了。只有他们将宗教改革置于政治控制之下,才能把叛乱斩草除根。他们通过拒绝将公社原则在理论上或实践中作为基督教的生活的标准模式,来剪除宗教改革中的革命因素。借助神学家们的帮助,统治者直截了当地用福音书来反对普通人,以便尽力恢复他们自己的正统性。他们说,《圣经》要求的不是新的世俗法律而是服从于现有的权威。因此,改革的中心转向了维腾堡,路德在那里一直坚持这样的立场。而南部的基督教人道主义者无法在神圣罗马帝国为他们的改革计划找到空间了。

社区的宗教改革与统治者的宗教改革不可能相容,或者甚至创造性地结合在一起也不可能。粗略回顾一下再洗礼派历史就可以证明这一点。他们寻求通过退出现实世界王国来保留一点公社宗教改革的遗迹,但统治者却残忍地消灭了它们。

# 结　论

## 普通人的革命

　　我们最终的任务是检验我们实证地把农民战争诠释为"一场普通人的革命"的概念的有效性。为此,我们必须一方面把我们的各种学说编织成一个总的论点,另一方面把我们的发现同革命的一般理论作一比较。

　　如果将我们的结论整合成一个拱形的、连贯的诠释,我们会得出下面的总论点:农民战争是通过社会政治关系的革命性转变来克服封建主义危机的一种努力。这场革命的推动力量不是农民一类的人物(他们在各种怨情和要求被系统陈述的最初阶段是这场革命的中心人物),而是普通人。革命的社会目标,消极地说是废除特殊社会群体独有的一切权利和特权;而积极地、用1525年的语言来说是"公共利益"和"基督教兄弟之爱"。从这些社会目标中产生了革命的政治目标:在小邦中,形成合作性的联邦政府;在大邦中,形成一种建立在领地大会基础上的制度。这两种政治形式的基本原理都完全取自福音书和公社的选举原则。尽管如此,革命的军事失败还是导致了1525年之前的社会政治体系的固定。这是通过几乎各地普遍减轻农业的经济负担、通过更强有力的司法保证以及通过将农民政治权力固定化和制度化来取得的,也是通过统治者对社区宗教改革的镇压而得来的。

依据革命本身在原因与影响方面的历史可以更加精确地定义革命的原因、目标和结果。农民战争的原因有其经济的、社会的、政治的和宗教法律的方面。

1. 由于几个尽管相互联系但又因地区而有所不同的因素,诸如人口迁移、奴役性劳役的恢复、对资源利用的限制以及提高税收等,一般的农业耕作在 1525 年前的几十年呈现相对的经济衰退,其最后影响是降低了一般农地的收入。

2. 这些经济趋势必然刺激了家庭和乡村中同时发生的社会危机。贫富差距增大,同时农村下层人民的规模也在增加。部分由于对通婚和不断迁移的自由的限制,许多基本需要无法得到满足。乡村自治权也被取消。

3. 农民的政治期望在从萨尔茨堡到阿尔萨斯、从巴拉丁(Palatinate)到蒂罗尔的许多地方都提高了,特别是由于 1525 年前的几十年中农民在领地议会组建了自己的一个院或者已经成了领地大会的一部分。

(相对的经济萧条,家庭和乡村中紧张关系的加剧以及高涨的政治期望,这些因素可能因地区不同而有所变化,但是在起义的每一个地区它们都一起产生了相似的结果。领主和农民之间关系十分紧张,农业封建制的堕落因其失去了道德内容而变得明显。① 另外)4. 起义的原因存在宗教——法律的一面。封建主义的一个如果说不是最强的也算强有力的支柱是合法性的力量,它迫使农民呈递的只能是那些能够用法律证明其正当性的怨情。只要农民感到自己受古老的传统的法律原则的束缚,他们就会

---

① 这里使用的封建制的概念包括了以土地贵族、农奴主、司法权持有者为一方,农民为另一方,二者之间经济的、社会的和政治的关系。当贵族的权力和土地所有权、对农奴的控制权和司法方面的权力相结合时(这在德国南部经常如此),那么我们也许就可以将这种状况为"封建的"。但是,当这些权力分开时,正如领地内设立了等级会议,那么这一概念就只适用于以上规定的情况而不适用于国家,因为新的公共财政形式(税收)和管理(官僚机构)使得领地国家超出了封建制度的限制。这一概念也不适用于皇帝和帝国在 15 世纪、16 世纪的那种联合,即所谓的"封建君主"。我对这个概念的使用非常接近法国人的"封建制"的概念。参见《封建制的废除》(L'Abolition de la féodalité),第 2 卷,巴黎,1971 年版。

将行动限于旧的领地范围之内,并限制他们攻击领主的"革新"。他们根本不能抱怨诸如人口过剩等外部因素造成的问题。然而,当古老的传统被"神法"的宗教——法律原则取代,其结果就是解放性的,甚至是革命的。根据"神法",农民的需要可以作为道德上的正当要求予以表达。

农民的一个既定的目标,就是贯彻"神法"及作为其具体表述的福音书,对现有社会政治秩序进行激进的改变。这一基本目标也将农民单独的革命要求扩大为全体普通人的革命要求;抗议现在可能从仅仅是要求扩展到了以武力来实现这些要求而扩大了,无政府的状况可以让位于一种用来替换的社会政治秩序的理想。

通过牧师,"神法"和福音书从城镇走进了农村,把农民战争变成一场普通人的革命。市民、农民和矿工已经存在一些事实上的共同利益,并且还有类似的农业问题(例如,在小城镇的农业工人和农村雇工阶层之间),类似的税务负担(如军事和主教献祭税)以及同样遭到统治者对城镇、乡村和矿区公社自治权的侵犯。不过,对一个更加公正和更加基督教的世界的共同渴望强化了这些共同利益。

统治者现在成了农民、市民和矿工的主要敌人,要么因为他们阻碍了通向福音之路,要么因为他们(新教会的统治者)反对普通人对"神法"和福音书的解释。这导致城堡和修道院被夺占。由于福音书及其推论("神法"、"公共利益"和"基督教兄弟之爱")被付诸实施,牧师被剥夺了经济地位和政治权力,而态度很不明确的贵族被更加严格地限制在新的公社联盟之中并被剥夺了政治特权。因此,无论是在理论上,还是在事实上,普通人都成为社会与政权的塑造力量。

在理论或实践领域都确实需要某种东西来填补革命造成的权力真空。这种东西就是建立在理论之上或产生于实践之中的纲领,它远远超越了简单的怨情陈述条款。随革命演变而来的政治纲领,在领地国家的现存制度的基础上灵活地朝两种选择移动。在小邦地区(士瓦本、上莱茵和法兰克尼亚)发展了联合式的联邦制的思想。其合作性基础是由自治的乡村和城市公社形成的,如今在"军队"中联合在一起了。而军队本身现在已经成了政治的、而不主要是军事的实体。这些军队在"不放弃他们个体'主权'"的情况下，自愿组成"基督教联盟"。这些联盟在规模上接近维腾堡公国或瑞士联邦。另一方面，大邦发展了建立在农民、市民和矿工大会基础上的制度。尽管新的秩序保留了地方公社、领地议会、领地议会常委会、中央政府当局和诸侯的旧制度框架，但大会的原则取代了各自分开的、合法的各等级的结构。在 1525 年，"大会"意味着一个领地的起义者的整体。自治的乡村、矿区、市场和城市公社选出参加议会的特使，随后与诸侯一起建立起联合政权。

农民战争的革命性质及其军事失败这两种方式共同塑造了其后果。军事失败使进一步的革命变革已不可能，但是它并没有破坏改革的机会。(1)德国南部统治者的不安（1526 年提交给施佩耶尔帝国会议的委员会报告证实了这一点）和农民坚决的反对，致使领主和农民在立宪大会内长期合作。贵族阶级并没有能够普遍地复辟。相反，现有体制通过农民更大程度地融入其中而获得了稳定，当然，这也进一步削减了旧的特权阶级的权利。(2)稳定也要求那些至少部分来自宗教改革的神学理论和被普通人进一步发展的革命因素的中立化。因此，必须消除宗教改革造成社会和政治瓦解的力量，统治者通过从公社中攫取宗教改革（主导权）并将它变成一项国家事务而达到了这一目的。

我已经在对 1525 年事件的实证的诠释中使用了"普通人的革命"的术语。这一术语表现了为历史上的某种状况找到一个恰当的现代语言的难题，而这又是历史学家与生俱来的任务。例如，"革命"和"普通人"这一对词将一个现代的学术概念和一个直接取自于 16 世纪材料的概念连接起来。当然，我把它们两个结合在一起意味着我认为它们形成了一个能够使用的定义。如果我们在起义之后把起义运动称为"资产阶级"或"无产阶级"的革命，那么"普通人"的革命对 1525 年来说是一个恰当的表述。我们也许可以恰当地称这场运动为"革命"，但这仍有待验证。即使是在其所处的岁月中，这场运动也从未获得一个普遍接受的名称，因为所有流行的表述（"农民战争"、"暴动"、"动乱"、"起义"）都来自统治者和统治阶级，因此都是引起争议、带有相对缺乏精确含义的术语。

什么是革命？汉娜·阿伦特（Hannah Arendt）用一个经常引用的定义

开头写到：

> 只有出现同情新事物并且这些新事物和自由的思想相关联，我们
> 才有权谈论革命……用暴力来描述革命现象是不恰当的，用变革来描
> 述同样也不充分；只有变革以一个新的开端的意义发生，暴力被用作
> 组建一个完全不同的政府形式，带来新政治实体的形成，解放压迫的
> 目的至少是建立自由的制度，我们才能称之为革命。①

　　萨缪尔·P.亨廷顿在将革命定义为"对现存政治制度迅速有力的摧
毁、新的社会群体的政治动员和新政治制度的产生"时，②他更多地强调政
治制度的变化。汉斯·瓦斯蒙德（Hans Wassmund）最近对目前革命定义
的调查作了如下总结：

> 只有在政治组织、社会经济结构、财产所有权和政治合法性原则
> 方面发生的变革符合下列条件：必须发生在国家传统的阶层（阶级、地
> 位或支配）一个或多个模式中出现激烈而长期的危机之后；应当受群
> 众运动的支持；应当通过武力来完成；应当在意识形态上朝向进步、解
> 放和自由的理想。最后，应当是既迅速又激进，我们才应恰当地称之
> 为"革命"。③

　　这三种定义中的共同因素就是群众基础、使用武力、未来国家和社会
的新思想。根据这些标准，1525年的起义很容易能够取得作为革命的资
格。然而，我们必须承认，虽然那些用实证的方式研究革命的学者之间存

---

　　①　H.阿伦特（H. Arendt）：《论革命》（*On Revolution*），第27—28页。
　　②　萨缪尔·P.亨廷顿（Samuel P. Huntington）：《通过革命来实现现代化》（*Modernisierung durch Revolution*），第94页。
　　③　汉斯·瓦斯蒙德（Hans Wassmund）：《关于革命的理论》（*Revolutionstheorien*），第42页。

在某些一致,"但对于革命的概念一点都没有取得一致"。① 但是,还是有一个共同之处的:"革命是社会政治变化的一种形式;它们对现存状况发动武力挑战;它们旨在打断发展的连续性。"②在这一定义中有些因素仍然不确定,我们必须寻求更大的精确性。也许我们可以通过将革命同其他建立在不满和反抗基础上的行动相对比,通过将革命理论的因素应用到革命的原因和目标来澄清这个问题。③

农民战争经常被说成是叛乱或起义。固然,造反是以使用武力为其特征,但其心态纯粹是一种反抗,它缺乏革新的能力。对当前的情况无法忍受的感觉,或多或少地在对被正确地或错误地认为应对现状负责的事物所爆发的愤怒中得以表达。④ 卡尔默·约翰逊(Chalmers Johnson)试图将叛乱和革命区分开来。他认为,叛乱是反对现状的"一般的人"自发的武力行动,而革命则是根据一个更加完美、更加公正的社会的计划或憧憬(一种意识)来重建遭受破坏的社会的行动。⑤ 根据约翰逊的标准,这场农民战争应该毫无疑问地被称作革命而不是叛乱,因为它创造了在意识形态上以福音书为基础的新的社会和政权的思想。

如果探讨一下各种革命理论如何处理原因和目标,我们就可以更精确地弄清革命这一概念对 1525 年情况的适用性。自从人们开始研究这场革命以来,对原因问题就一直存在争议。卡尔·马克思将生产力与生产关系之间的矛盾、剥削和阶级冲突的加剧解释为原因因素。他的分析与亚力克斯·德·托克维尔(Alexis de Tocqueville)的论点一争高下,亚力克斯·德·托克维尔认为大众运气的普遍提高和政府的相对虚弱易促成革命。克拉

---

① R. 唐特(R. Tanter)和 M. 米德拉斯基(M. Midlarsky):《革命:一个定量的分析》(*Revolution:Eine quantitative analyse*),第 135 页。在冯·拜梅(von Beyme)的《关于革命的经验主义研究》(*Empirische Revolutionsforschung*),第 20 页之后,特别是第 24 页和瓦斯蒙德的《关于革命的理论》第 16 页有着相同的论述。

② 汉斯·瓦斯蒙德:《关于革命的理论》,第 27 页。

③ 由于 1525 年的事件构成了一次失败的革命,我们就不在革命的理论问题上对其结果进行分类考虑了。

④ C. 约翰逊(C. Johnson):《革命的变化》(*Revolutionary Change*),第 135-143 页;也可以参见 M. N. 哈格骈(M. N. Hagopian):《革命的现象》(*Phenomenon of Revolution*),第 12 页。

⑤ C. 约翰逊:《对人民战争的剖析》(*Autopsy on People's War*),第 8 页。

内·布林顿（Crane Brinton）关于革命原因的册子将马克思的革命因素和托克维尔的其他观点结合在一起：阶级对抗、政权不能适应新的情况，经济繁荣和现有精英人物的安全降低。① 这里有意义的是布林顿提出的第五种范畴，即知识分子作用的变化，他们撤回对现存体制的效忠，精密地提出了新的替换方案。② 詹姆斯·C. 戴维斯（James C. Davies）认为马克思和托克维尔的观点实际上是一致的。他认为，革命"在经济和社会稳定增长一段时期之后出现短暂的、严重的衰退时可能性最大"。③ 革命释放了不满和失望，而这些不满和失望将通常由其客观经济地位将它们分隔开的社会群体召集到了一起。

这些理论很重要，由此引起的激烈辩论直到目前还在继续进行。这些理论也经常附带着低层次的概括。汉斯·瓦斯蒙德将这些命题分成革命的五类前提：

（1）经济的——长期增长被短期衰退打断，不断增加的贫穷和收入水平的巨大差异；

（2）社会的——社会阶级和群体的迅速升降，精英人物流通的加速或减慢；

（3）心理的——期望与实现之间的反差，不安全感；

（4）知识的——批判的社会哲学，知识分子的疏远；

（5）政治的——不能胜任的、分化的和压制的政权④

我们在此无法探讨这些关于革命的研究是否已经为一个更为概括的理论提供了充分的论据的问题。但是，他们关于原因的理论与1525年事件研究中提出的假说确实相类似。⑤

1525年的目标与纲领、替代性的制度方案和新的合法性思想都是在起

① 克拉内·布林顿（C. Brinton）:《革命的构造》（*The Anatomy of Revolution*），第27－64页。

② 同上，第39－49页。

③ J. C. 戴维斯（James C. Davies）:《一个关于革命的理论》（*Eine Theorie der Revolution*），第186页。

④ 汉斯·瓦斯蒙德:《关于革命的理论》，第51页。

⑤ 通过将这里的前三条与前文的在"原因"分类下的前三点加以比较而得出。

义自身过程中形成的,在起义开始时没有的。根据这一点,任何拒绝将 1525 年称作革命的企图都与对革命已作的最细致的分析相违背。雷克斯·D.霍佩尔(Rex D. Hopper)发展了革命四个阶段的模式,其中目标很清晰地在第二和第三阶段而不是在开始阶段得到阐明。[①] 关于革命的一般目标,伊撒克·克拉姆尼克(Isaac Kramnick)认为,它们旨在"根据源于对理想秩序的某种幻想(即意识形态)的理论原则来改造社会"。[②] 穆斯塔夫·雷加(Mostafa Rejai)更加精确地指出意识形态在革命中的功能时补充说,意识形态使起义者的要求和怨情合乎理性并证明了它们的正当性,它提供了可供选择的社会价值和社会观,使革命行动合法化。[③] 萨缪尔·P.亨廷顿把革命简单地定义为"爆炸性参与政治的事件",根据他的观点,替换的社会构想必然导致具有适应能力的、复杂的、自主的和连贯的制度创新的产生,精确地说是为了保证政治参与。[④] 因此,采纳拉尔夫·达伦多夫(Ralf Dahrendorf)对布林科曼(Brinkmann)的解释,革命使昨天的犯罪行为变成今天的合法举动。[⑤]

1525 年的政治计划,即合作性联邦的和以大会为基础的制度,保证了平民大众根据选举原则和福音书的"意识形态"所创造的合法性参与政治。因此,原来被统治阶级视为非法而拒绝的"神法",成为新的合法事物。

因此,学者们据以定义革命的那些标志在不歪曲也不持偏见的情况下,可以应用到 1525 年的农民战争。只有认为革命这个概念只是当它本身以全部的、现代的含义出现在历史中时才恰如其分的情况下,才可以否认 1525 年革命的性质。然而,如果我们把这些事件接受为一场普通人的革命,那么它的含义就远远超出 1525 年。将 1525 年与欧洲大革命之间联

---

① R. D. 霍佩尔(R. D. Hopper):《革命的过程》(*Der revolutionäre Prozess*),第 149—168 页。

② I. 克拉姆尼克(I. Kramnick):《对革命的反思》(*Reflections on Revolution*),第 31 页。

③ M. 雷加(M. Rejai):《政治革命的策略》(*The Strategy of Political Revolution*),第 33 页以后。

④ 萨缪尔·P. 亨廷顿:《变化社会中的政治秩序》(*Political Order in Changing Society*),第 266 页。

⑤ R. 达伦多夫(R. Dahrendorf):《关于革命的社会学理论中的几个问题》(*über einige Probleme der soziologischen Theorie der Revolution*),第 178 页。

系起来强调了,自相矛盾地,欧洲历史的革命进程。另一方面,强调宗教改革在意识形态上的意义提高了从维腾堡开始的运动的社会空间。它也使德国的宗教改革更接近社会上具有创造性、政治上具有积极性的加尔文主义运动。

　　我们显然需要对这些观念进行比这里多得多的讨论,但它们不是我们定义的主要任务。使用革命概念在这里所表达的是,1525 年的运动不仅仅是限于地区意义上的一系列无法解释的单个行动。相反,1525 年所发生的是为人类的自我实现而精心准备的、有着合理进程的、挑战道德准则的运动。

# 附录 I　十二条款

（所有农民和教俗当权者的佃农借以认为自己遭到压迫的公正而基本的条款）

通过耶稣基督,致信奉基督的读者以上帝的和平和神恩。

因为农民们现在正集结在一起,有许多敌基督者,抓住这个机会来嘲弄《福音书》,他们说:"这就是新的福音的结果:大量地集结在一起,秘密谋划改革甚至是倾覆教会和世俗当局——是的,他们甚至还密谋杀害当局人员?"以下条款就是对这些不敬神的、亵渎上帝的批评的回应。我们只需要两种东西:首先,让他们停止对上帝之言的嘲弄;第二,确立去除所有引起农民现在的不服从和起义的基督教的公正。

首先,福音书是不会引起起义和骚动的,因为它是讲述基督——作为约定的救世主的,基督的言行和生活只是传授爱、和平、顺从和团结。所有信仰基督的人都会变得充满友爱、爱好和平、有耐心和忠诚。正如我们以下将表明的那样,这就是农民们所有条款的基础:听从福音并根据它来生活。那么那些敌基督者又怎么能够将福音书称之为叛乱和不顺从的一个原因呢?不是福音书本身,使某些敌基督者和福音的敌人抵制和反对福音的要求，而是魔鬼这个最仇恨福音的敌人，通过他的信徒的无信仰来激起这种对福音的反对。他的目标就是镇压和废除教导友爱、和平和团结的上帝之言。

第二，对于那些自己条款要求以福音作为信条和生活准则的农民来说，他们是不能被称为"不服从的"或者是"叛乱的"。因为如果上帝能够屈尊垂听一下农民们最为急切的呼吁的话，他们也许能够得到上帝的批准而按照他的话语来生活，那么又有谁敢于否定他的意愿呢？那又有谁敢质疑他的决定呢？谁又敢反对他的威严呢？难道不是他听到了他以色列的孩子的呼声并把他们从法老的手中解放出来吗？难道他不能也挽救自己的现状吗？是的，他将挽救他们，并且马上就会采取行动了！因此，信奉基督的读者们啊！请仔细阅读这些条款，并为你们自己作出判断吧！

这就是我们的条款：

# 第一条款

首先，我们比较卑微地提出请求——我们在这一点上都是一致的——从今以后我们应当能够代表全体大众拥有挑选和任命自己牧师的权力和能力。我们也想得到免除行为不当的牧师的权力。这个被挑选出的牧师应当非常清楚地向我们宣讲纯粹的福音，而不带有任何人为的添加、教条或者训诫。因为持续不断地真正的信仰将有助于乞求上帝赐予我们神恩，他也许就会向我们一点点地灌输他真正的信仰，这同时又使我们更加坚持那种真正的信仰。除非我们能够得到他的恩宠，否则我们将仍然是微不足道的、无用的血肉之躯。因为《圣经》明确教导说，只有通过真正的信仰，我们才能接近上帝；只有通过他的恩典，我们才能够得救。这就是为什么我们需要这样的向导和牧师。因此我们的要求是建立在《圣经》的基础之上的。

# 第二条款

第二，虽然在《旧约》中规定的缴纳公正的"什一税"的义务在《新约》中得到了履行,但我们还是乐意用谷物缴纳"大什一税"——但必须使用一种公正的量具。由于"什一税"是呈送给上帝并分配给他的仆人中的,因此那些清楚地宣讲上帝之言的牧师才有领取"什一税"的资格。从现在起,我们想让由社区任命的教会守护人来收取和接受这种"什一税",经全体社区居民的同意,让我们被挑选出的牧师从中领取维持自己及其家人的适当而充足的生活费用。剩余的应当在得到全体社区居民的同意的情况之下,根据实际需要,分配给自己村里的穷人。还有的剩余应当保存起来以便在需要时动员起来保卫村庄;那么这些费用就可以从我们的储备中加以支付,从而不向穷苦大众征收领地防务税。

在一个或多个村庄为了应对紧急情况而已经廉价出售了"什一税"的任何地区,对于那些能够证明自己的购买是得到全村人同意的购买者,他们的财产是不会被简单地没收的。实际上,我们是希望根据具有令人信服的证据的实际情况,和这样的购买者达成公正的和解方案,我们将用分期付款的方式赎回"什一税"。不管他是教士还是俗人,对于那些不是从全体村民中购买,而是从他们的先人手中(而他们的先人又是简单地从村民手中掠夺了"什一税")得到"什一税"的持有权的地区,除非(正如我们前面所讲的那样)是为了供养我们挑选的牧师,否则我们将不,也应该不,并且确实不打算缴纳任何的"什一税"。我们将按《圣经》所要求的那样,将剩余的保存起来,或者分给穷人。至于"小什一税",我们不会再缴纳了,因为上帝创造牲畜是供人们免费使用的;它是一项由人们自己发明的、不公正的"什一税"。因此我们再也不会缴纳"小什一税"了。

## 第三条款

第三,直到现在为止,领主将我们自己作为他们的财产仍然还是一个习惯。这是非常可悲的,因为基督用他宝贵的鲜血,不加区别地为我们所有人,无论是最卑微的牧羊者还是最高贵的领主,赎罪了。因此,《圣经》证实了我们是自由的,并且也想得到自由。但这并不是说我们想得到完全的自由,不想服从任何的权威;上帝也并没有像这样教导我们。我们应当根据教导、而不是根据肉体的贪欲来生活。但是我们应当热爱上帝,把他当做我们身边的主,自愿地按照他在最后的晚餐时的命令来行事。这就意味着我们应当根据他的命令来生活。他并没有教导我们只服从统治者,而是在任何人面前都保持谦卑。因此,我们将在所有正当的、基督教事务上非常乐意地服从我们选举出的、正直的统治者,因为他们是由上帝安排的。你们,作为真正的、公正的基督徒,将愉快地把我们从各种束缚中解放出来,否则你们就根据福音来证明为什么我们必须是你们的财产。

## 第四条款

直到现在,任何一个平民都不能猎取猎物、野禽,或者在流动的水域中捕鱼仍然还是一个习惯,似乎打猎或捕鱼对于我们所有人来讲都是不妥当、不符合兄弟之爱、自私、违背上帝之言的。在一些地区,统治者用我们的悲伤和巨大损失来保护猎物,因为当那些蠢笨的野兽狼吞虎咽上帝赐予我们人类使用的庄稼时,尽管这样冒犯了上帝和邻人,但我们必须默默地忍受这一切。当上帝创造人类时,他给人类支配所有动物,支配天上的小鸟和水中的鱼儿的权力。因此,我们要求,如果有人拥有溪流、湖泊、池塘,他必须出示所有权的证明文件以表明那是在得到全体村民的同意后出售给他的。在那种情况下,我们是不会用武力夺取它的,为了兄弟之爱,我们将用一种合乎基督的方式重新审查那份材料。但是,任何不能提交充分的所有权和购买证据的人都应该将水域还给公社,因为那才是合理的。

## 第五条款

第五,我们对于伐木存在不满,因为我们的领主已经将森林独占了;当贫穷的老百姓需要一些木材的时候,他们就不得不支付两倍的价钱。我们认为,对于那些其主人——无论是教士还是俗人——不能证明是通过购买获得其所有权的森林,应当归还给全体社区居民。村社也应当能够用一种有序的方式免费让每一个人获取家庭和建筑用的木材,尽管这还须得到村社选举产生的官员的允许。如果所有的林地都被公正地买走了,那么就必须与它的主人达成一个关于林地使用的既友好又符合基督教精神的协议。在那些林地被彻底夺取并转卖给第三方的地区,应当根据实际情况和兄弟之爱以及《圣经》准则达成协议。

## 第六条款

第六,存在着我们难以忍受的劳役负担,领主每天都在数量和种类上增加劳役。我们要求,应当适当地考察和减轻这些负担。应当允许我们像我们的先人那样,只是根据上帝的指示来服务。

## 第七条款

第七,今后我们不会允许地主从我们身上压榨走更多的东西。我们将按照出租时的正当的条件(即地主和农民之间的协议)拥有租地。地主不应该强迫或者迫使他的佃户无偿提供劳动或者其他服务,以便让农民在没有任何负担的情况下和睦地使用和享用他的土地。然而,当地主需要劳役时,农民应当比别的任何人都乐意为他的地主服务,但只有在农民自己的事务没有受到影响和得到一份公正的工资的情况下才会提供服务的。

## 第八条款

第八,我们对如下情况不满,即我们中许多人因为租种地租高于土地本身产量的租地而背负了过重的负担。因此,农民失去了他的财产而破产。地主老爷们应当让一些诚实正直的人来视察这些农地,公正地调整地租,以避免农民劳动后什么都得不到。因为每个人的被雇用都是有价值的。

## 第九条款

第九,我们对惩罚"大捣乱"①的方式不满,因为他们不停地制定新的法律。我们并不是根据罪行的严重程度,有时候是根据邪恶的愿望,有时候根据个人的偏好而受到惩罚。我们认为,应当根据古代的成文法和案件本身的实际情况,而不是根据法官个人的偏见来对我们执行判决。

## 第十条款

我们对有些人侵夺属于村社的草场和田地的行为不满。我们将把它们还给村社,除非能够证明这些买卖是公正的。然而,即使这些都是被不公正地售出,我们也应当以事实为根据达成一个友好的、充满兄弟之爱的协议。

## 第十一条款

第十一,我们想彻底废除被称之为死亡税的习惯。我们再也不会容忍它了,我们再也不允许孤儿寡母被耻辱地夺走了本属于他们的财产,而这种抢夺是以各种不同的方式经常发生的。这种抢夺本身就是对抗上帝和所有可敬的人。正是那些应当守护和保卫我们财产的人榨走和骗取了我们的财产。只要有任何最微不足道的合法借口,他们就会夺走一切。上帝不会再容忍这种行为了,他将消除所有这一切。今后,没有人会被迫缴纳死亡税了,无论是大死亡税还是小死亡税。

## 结论

第十二,我们相信并且决定,如果这些条款中的任何一条或多条不符

---

① "大捣乱"是对严重罪行的专业术语。

合上帝之言（对此我们表示怀疑），并能够用《圣经》向我们证实这一点。只要能够用《圣经》证明（这个条款不符合上帝之言），那么我们将废除它。如果我们的条款得到批准，但后来又被发现为不合理，那么从那一刻起，这些条款将中止、无效和废弃不用。同样，如果《圣经》确实表明，某些怨情是违背上帝和给我们的邻居造成负担的，我们将为这些抱怨留有位置，我们将宣布将它们包含在我们的条款之中。对我们而言，我们将完全按照基督的教导生活和行事，我们将通过基督的教导向我们的主祈祷。因为只有他自己，别的任何人都不能，给予我们正义。基督的和平将与我们所有的人同在。

# 附录Ⅱ 上士瓦本的怨情条款及其评价

　　对1525年上士瓦本怨情的评价是建立在如下条款来源的基础之上的（地名之后括弧内的名称是那个地方所处的现在行政区的名字）：

　　(1) 巴尔特林根军中属于贵族的农民：阿赫施特腾（比伯拉赫）、阿尔特比尔林根（埃因根）、伊洛茨海姆、瓦尔佩尔斯霍芬、宾洛特（比伯拉赫）、普芬德尔斯（比伯拉赫？）、温特洛特（比伯拉赫）、厄普芬根－格利辛根（埃因根）、埃德尔勃伊伦（比伯拉赫）、布洛嫩（比伯拉赫）、埃尔曼斯维尔（比伯拉赫）、里斯提森（埃因根）、瓦尔特豪森（比伯拉赫）、巴赫（埃因根？）、布斯曼斯豪森（比伯拉赫）、温特舒尔梅廷根（比伯拉赫）、施达蒂恩的采邑（埃因根）。

　　(2) 巴尔特林根军中属于修道院的农民：斯梅尔贝格－阿尔特海姆（比伯拉赫）、罗德河畔的罗德修道院采邑（比伯拉赫）、苏尔民根－马塞尔海姆（比伯拉赫）、奥森豪森的采邑（比伯拉赫）、赫芬（比伯拉赫）、阿尔贝维尔（比伯拉赫）、罗腾阿克（埃因根）、阿腾维尔（比伯拉赫）、奥格尔斯豪森－提芬巴赫（藻尔郜）、温特洛特（比伯拉赫，或者是伊勒蒂森？）、奥博霍尔茨海姆（比伯拉赫）、弥廷根（比伯拉赫）、古腾策尔（比伯拉赫）、米特尔比伯拉赫（比伯拉赫）、厄普芬根（比伯拉赫）。

(3) 巴尔特林根军中属于福利团和城镇的农民：洛赫旺根（比伯拉赫）、朗根舍门（比伯拉赫）、布尔格里登比尔－施特腾（比伯拉赫）、巴尔特林根（比伯拉赫）、施特雷贝格（比伯拉赫?）、比伯拉赫的福利团采邑。

(4) 上士瓦本南部：舒森利特的采邑（拉文斯堡）、基斯勒格（旺根）、拉培特斯维尔（特特南）、康斯坦茨湖军的农民（特特南－林道）。

(5) 阿尔郜和巴伐利亚的士瓦本：处于梅明根的以下村庄沃林根、蒂肯莱斯豪森、西岑霍芬、哈尔特、布克斯海姆、施泰因海姆、梅明格贝格、温格尔豪森、霍尔茨昆茨、劳奔、弗里肯豪森、阿勒斯利特、当克斯利特、贝特岑豪森、达斯贝格、厄克海姆、哥特瑙、温特莱绍、维斯巴赫、布鲁嫩、阿蒙丁根、博斯、普雷斯、布克斯阿赫、佛克拉茨霍芬、普里蒙、维斯特哈特；肯普腾的采邑；马丁泽尔（肯普腾）；雷腾堡的"提根"（原文为"tigen"，不知何意，故只好音译为"提根"——译者注）（宗特霍芬）、马克拓贝多夫的"提根"；维希特（考夫博伊伦）、维德格尔廷根（明德海姆?）、朗格内林根（奥格斯堡?）。

这些怨情条款被弗朗茨印刷在《德国农民战争：文件汇编》，第 24,26a-e，g-i，k，m-r，28,30，31 号（Franz, Der deutsche Bauernkrieg：Aktenband, nos. 24, 26a-e, g-I, k, m-r, 28, 30, 31;）和弗朗茨的《史料集》，第 28，34b，h，35，36，40，56 条（Franz, Quellen, nos. 28,34b, h, 35, 36, 40,56,）；鲍曼的《文件集》，第 58,62,104,133 号（Baumann, Akten, nos. 58,62,104,133）；福格特的《通讯集》，第 34,47,55,59,67c,880,882,883, 885－887,890－92,895,898a,900,903 条（Vogt, Correspondenz Artzt, nos. 34,47,55,59,67c,880,882,883,885－887,890－92,895,898a,900, 903）。

以下概图是用来对每出现多次的要求和抱怨所进行的归类：

Ⅰ宗教

  A.《新福音书》

  B. 选举牧师

  C. 一般的教会和宗教

Ⅱ领主土地所有制

A. 农业歉收时削减租税

B. 地租

 1. 太高

 2. 增加了

 3. 其他

C. 合法的租期条件的恶化

D. 入境费

 1. 太高

 2. 增加了

 3. 其他

E. 劳役

 1. 废除

 2. 太高

 3. 增加了

F. 转让农地的权力

Ⅲ 奴隶

A. 摆脱农奴制

B. 限制农奴制

C. 认可税

D. 与外人结婚

E. 死亡税

F. 奴役性的税收

 1. 废除

 2. 太高

 3. 佃农合法地位的恶化

 4. 迁徙的自由

 5. 继承的权力

Ⅳ 地方司法权

A. 高级审判和低级审判

B. 对审判的拒绝

C. 司法管理

D. "外地"法庭

E. 罚款的增加

F. 执法活动

G. 公社发布命令的权力

H. 选举公社"官员"

I. 公社的"雇员"

J. 其他

V 什一税

A. 小什一税的废除

B. 大什一税的废除或者限制

Ⅵ 公地和森林

A. 伐木的权力

B. 村社的水域

C. 捕鱼的权力

1. 免费的

2. 免费但带有一些限制

D. 放牧的权力

E. 打猎的权力

F. 围猎的危害

G. 平民,将军

H. 其他

Ⅶ 其他不能分类的服役

Ⅷ 税收

A. 军事税

B. 没有明确的税收

C. 消费税

D. 其他

任何定量这些怨情的努力都会遇到方法论上的问题,其中的一些已经在第三章的注释中讨论过了。最根本的问题就是全部的材料——54条款包含有大约550条具体的怨情——这一点也不是大到难以进行统计分析。这些条款在上士瓦本内的分布是很不平均的:39条来自巴尔特林根军的村庄,但是只有15条来自上士瓦本的其他所有地区(包括阿尔部和现代的巴伐利亚士瓦本)。当我们将这些来自乡村的怨情根据领主的类型来进行分类时,这种统计上的困难就更大了。比如,在巴尔特林根地区,虽然属于修道院的村庄和属于贵族的村庄被涉及的程度基本相同(分别有15条和17条),但是我们只有7个属于城镇和福利团的村庄的情况得到表述。另外一个困难来自这样一个事实,一些条款代表着某个村庄的怨情,但是另外的一些条款中每一条都包含了整个庄园的多达20多个村庄的怨情。而且,条款的用语也会引起一定的困难。当某一条款说,地租太高了,而另一条款说地租已经增加了,这两项条款也许在描述同一种情况,也许没有。最后,提出的时期是最为关键的。日期越早,怨情条款反映本地情况的内容也就越多;那些在3月提出的条款就已经显示出别的怨情条款、甚至是十二条款的影响。这样的问题在很大程度上可以通过一个分类表将众多的怨情整理成尽可能多的、按地区和从属对象的种类。从而使回答不同种类的问题成为可能。

在处理士瓦本的材料时,这本书中的数据和百分比都是建立在可以得到的、来自上士瓦本的、成文的怨情条款的基础之上的。单个的怨情条款也被计算在内,但是由一个庄园的农民提交的怨情的数目乘以这块领地上已知村庄的数目(其中一些采邑的村庄的数目,如肯普腾伯爵领地的村庄数目,是假想的),其目的是为了抵消那些残缺的条款,这样的做法与其说有助于,还不如说是模糊了历史的真相。对这项调查更有用的是强调怨情的来源点。这可以通过一个例子来说明。巴尔特林根军地区内修道院属民的怨情构成了17项条款,其中的1条适用于沃西森豪森领地上所有26个村庄。如果沃西森豪森的怨情数乘以26(再加上另外的16条),总数将达到42条,然后单个某项条款出现的百分比基本保持不变,除非有人将它们组合成更大的单位。以17项条款计算(包括沃西森豪森的1项条款),

94.11％的条款对农奴制提出了抗议;以 42 条计算(包括沃西森豪森的 26 条),这一数据为 97.67％。只有将具体的条款分离出来,更大的差异才会显现出来:在第一次计算中,41.17％的条款包含有反对征收财产的一半的死亡税的抱怨;在第二次计算中,高达 74.42％的条款含有这样的抱怨——这一增加来源于沃西森豪森这个死亡税异常高的地区,在那里,除了最好的动物和最好的衣服外,还有高额的现金罚款,其数额达到了动产和不动产价值的 5％。

# 人名译名对照表

Abel,Wilhelm　威廉·阿贝尔

Albrecht（archbishop and elector of Mainz）　阿尔布雷希特（美因茨大主教兼选侯）

Albrecht（duke of Prussia）　阿尔布雷希特（普鲁士公爵）

Angermeier ,Heinz　海因茨·安格迈尔

Anshelm ,Valerius　瓦勒留斯·安斯赫尔姆

Antoine（duke of Lorraine）　安托万（洛林公爵）

Arendt,Hannah　汉娜·阿伦特

Artzt,Ulrich　乌尔里希·阿茨特


Baesch,Ambrosius　安布罗修斯·贝施

Barton,Peter　彼得·巴顿

Baumann,Franz Ludwig　弗朗茨·路德维希·鲍曼

Below,Georg von　乔治·范·贝洛

Benecke,Gerhard　格哈德·贝内克

Berlichingen,Götz von　格茨·冯·贝利欣根

Billican,Conrad　康拉德·比利肯

Ferdinand（archduke of Austria） 斐迪南（奥地利大公）

Feuerbacher,Marten 马特恩·费尔巴赫

Franck,Sebastian 塞巴斯蒂安·弗兰克

Franz,Günther 京特·弗朗茨

Fredrick（elector of Saxony） 弗里德里希（萨克森选侯）

Fuchs,Walter Peter 瓦尔特·彼得·富克斯


Gaismair,Michael 米夏埃尔·盖斯迈尔

Georg Truchsess von Waldbug 瓦德堡的乔治·特鲁赫泽斯

George（duke of Saxony） 乔治（萨克森公爵）

Gerber,Erasmus 伊拉斯谟·格贝尔

Gericke,Hans 汉斯·格里克

Geyer,Florian 弗洛里安·盖尔

Gothein,Eberhard 埃伯哈德·戈泰因

Gruber,Michael 米夏埃尔·格鲁贝尔


the Habsburg family 哈布斯堡家族

Harer,Peter 彼得·哈乐

Hassinger,Erich 埃里希·哈辛格

Heimpel,C. C.海姆佩尔

Hergot 海尔高特

Hipler,Wendel 文德尔·希普勒

the Hohenstaufen family 霍亨斯陶芬家族

Hölzlin,Hans 汉斯·赫尔茨林

Höpp,Paul 保罗·霍普

Hopper. Rex D. 雷克斯·D.霍佩尔

Hubmaier,Balthasar 巴尔塔扎·胡布迈尔

Huntington P. ,Samuel 萨缪尔·P.亨廷顿

Hutten,Ulrich von 乌尔里希·冯·胡腾

Müller, Hans of Bulgenbach　　布尔根巴赫的汉斯·米勒

Müller, Walter　瓦尔特·穆勒

Müntzer, Thomas　　托马斯·闵采尔


Nipperdey, Thomas　　托马斯·尼佩代

Nützel, Caspar　　卡斯帕·尼策尔


Heiko Oberman　　海科·A.奥伯曼

Johannes Oecolampadius　　约翰内斯·厄科兰帕迪乌斯

Oestreich, Gerhard　　格哈德·厄斯特赖希

Osiander, Andreas　　安德烈亚斯·奥斯伊安德尔


the family von Pappenheim　　帕彭海姆家族

Peutinger, Conrad　　康拉德·波伊廷格

Pfeiffer, Heinrich　　海因里希·普法伊费尔

Philipp（landgrave of Hesse）　　菲利普（黑塞伯爵）

Philipp（margrave of Baden）　　菲利普（巴登边境侯爵）

Philipp（margrave of Hochberg）　　菲利普（霍施贝格边境侯爵）

Pickl, Othmar　　奥特马尔·皮克尔

Pietsch, Friedrich　　弗里德里希·皮奇

Pollard A., F.　　F. A.波拉尔德


Rammstedt, Otthein　　奥特海因·拉姆斯泰特

Ranke, Leopold von　　列奥波德·冯·兰克

Rejai, Mostafa　　穆斯塔夫·雷加

Ritter, Gerhard　　格哈德·里特尔

Rohrbach, Jäcklein　　雅克莱茵·罗尔巴赫

Rosenberg　　汉斯·罗森贝格

Rössler, Helmuth　　赫尔穆特·勒斯勒尔

Ryhinger, Heinrich　　海因里希·里欣格尔

Vogler, Günther　京特·福格勒

the Vöhlin family　韦林家族

Waas, Adolf　阿道夫·瓦斯

the Waldburg family　瓦德堡家族

Waldburg, Georg Truchsess von　乔治·特鲁赫泽斯·冯·瓦德堡

Waldburg Georg, Truchsess von　特鲁赫泽斯·冯·瓦德堡

Wassmund, Hans　汉斯·瓦斯蒙德

Weigandt, Friedrich　弗里德里希·魏甘特

Wertheim, Georg von　格奥尔格·冯·韦特海姆

Wilhelm (king of Württemberg)　威廉（维腾堡国王）

Wohlfeil, Rainer　赖纳·沃尔法伊尔

Wopfner, Hermann　赫尔曼·沃博夫内尔

Wunder, Heide　海德·文德尔

Zell, Matthew　马修·泽尔

Ziegler, Nikolaus (lord of Barr)　尼古劳斯·齐格勒（巴尔的领主）

Ziegler, Paul (bishop of Chur)　保罗·齐格勒（库尔的主教）

Zimmermann, Wilhelm　威尔海姆·戚美尔曼

Zwingli, Ulrich　乌尔里希·茨温格利

# 地名译名对照表

Achstetten（Kr. Biberach） 阿赫施特腾（比伯拉赫）

Aitrach 埃特拉赫河

Alberweiller(Kr. Biberach) 阿尔贝维尔（比伯拉赫）

Allerheiligen（abbey） 阿勒海利根（修道院）

Alleshausen 阿勒绍森

Allgäu 阿尔郜

Allstedt 阿尔施泰特

the Alps 阿尔卑斯山

Alsace 阿尔萨斯

Altbierlingen（Kr. Ehingen） 阿尔特比尔林根（埃因根）

Altdorf 阿尔特道夫

Amendingen（Memmingen） 阿蒙丁（梅明根）

Annaberg（Saxony） 安娜贝格（萨克森）

Ansbach（territory） 安斯巴赫（领地）

Äpfingen（Kr. Biberach） 厄普芬根（比伯拉赫）

Apolda 阿波尔达

Argen（Montfort） 阿尔艮（蒙特佛特）

Arlesried（Memmingen）　阿勒斯利特（梅明根）

Attenhausen　阿腾豪森

Attenweiler(Kr. Biberach)　阿腾维尔（比伯拉赫）

Augsburg（bishopric）　奥格斯堡（主教管区）

Augsburg（imperial free city）　奥格斯堡（帝国自由城市）

Austria　奥地利

Austria Swabia　属于奥地利的士瓦本


Bach（Kr. Ehingen）　巴赫(埃因根)

Baden（margraviate）　巴登(边境侯爵管区)

Badenweiler（lordship）（Baden）　巴登维尔（贵族领地）（巴登）

Baltringen　巴尔特林根

Bamberg（bishopric）　班贝格（主教管区）

Basel（bishopric）　巴塞尔（主教管区）

Basel（city）　巴塞尔（城市）

Bavaria（duchy）　巴伐利亚（公国）

Bavaria Swabia　属于巴伐利亚的士瓦本

Beilstein（Württemberg）　贝尔施泰因（维腾堡）

Benningen（Ottobeuren）　贝宁根（奥托博伊伦）

Berchtesgaden　贝希特斯加登

Bern　伯尔尼（城市国家）

Betzenhausen（Memmingen）　贝特岑豪森（梅明根）

Biberach（hospital）　比伯拉赫（福利团）

Biberach（imperial free city）　比伯拉赫（帝国自由城市）

Bildhausen　比尔德豪森

Binnrot（Kr. Biberach）　宾洛特(比伯拉赫)

Black forest　黑森

Böblingen（Württemberg）　伯布林根(维腾堡)

Bohemia（kingdom）　波希米亚(王国)

Bolzano　博尔扎诺

Constance（imperial free city） 康斯坦茨（帝国自由城市）

Danube 多瑙河

Dassberg（Memmingen） 达斯贝格（梅明根）

Dickenreishaushaussen（Memmingen） 蒂肯莱斯豪森（梅明根）

Dinkelsbühl（imperial free city） 丁克尔斯比尔（帝国自由城市）

Döggingen（Fürstenberg） 多金根（菲尔斯腾贝格）

Dortmund（imperial free city） 多特蒙德（帝国自由城市）

Dresden 德雷斯顿

East Germany 民主德国

East Prussia 东普鲁士

Edelbeuren（Kr. Biberach） 埃德尔勃伊伦（比伯拉赫）

Ehingen（city） 埃因根（城市）

Eichstätt（bishopric） 艾希施塔特（主教管区）

Elbe 易北河

Elmannsweiler（Kr. Biberach） 埃尔曼斯维尔（比伯拉赫）

Ellwangen 埃尔旺根

Ensisheim 昂西海姆

Erfurt 埃尔福特

Erkheim（Memmingen） 厄克海姆（梅明根）

Erolzheim（Kr. Biberach） 伊洛茨海姆（比伯拉赫）

Ersingen 埃尔新根

Esslingen（imperial free city） 埃斯林根（帝国自由城市）

Farnsburg（Basel） 法恩斯堡（巴塞尔）

Flims（Graubünden） 弗林斯（格劳宾登）

Forest Cantons（Switzerland） 森林州（瑞士）

Franconia 法兰克尼亚

Freiberg（Saxony） 弗莱堡（萨克森）

Freiberg im Breisgau　布雷斯郜的弗莱堡

Frankenhausen（Thuringia）　弗兰肯豪森（图林根）

Frankfurt am Main（imperial city）　美因河畔的法兰克福（帝国城市）

Freising（bishopric）　弗莱辛（主教管区）

Frickenhausen（Upper Swabia）　弗里肯豪森（上士瓦本）

Fulda（abbey）　富尔达（修道院）

Fürstenberg（county）　菲尔斯腾贝格（伯爵领地）

Füssen　菲森

Gastein（Salzburg）　加斯泰因（萨尔茨堡）

Geneva（city-state）　日内瓦（城市国家）

Glurns（Vinschgau）　格路恩斯（温施郜）

Goslar（imperial free city）　戈斯拉尔（帝国自由城市）

Göschweiler　格施韦勒尔

Gottenau（Memmeingen）　哥特瑙（梅明根）

Graubünden　格劳宾登

Greifenstein（Graubünden）　格赖芬施泰因（格劳宾登）

Grub（Graubünden）　格鲁布（格劳宾登）

Gutenzell（abbey）　古腾策尔（修道院）

Hagenau（imperial free city）　哈格瑙（帝国自由城市）

Hagnau（Upper Swabia）　哈格瑙（上士瓦本）

Halle　哈勒

Hall im Tirol　蒂罗尔的霍尔

Hammereisenbach（Fürstenberg）　哈姆莱森巴赫（菲尔斯腾贝格）

Hanau-Lichtenberg（county）　哈瑙－利希腾贝格（伯爵领地）

Hart（Memmingen）　哈尔特（梅明根）

Haslach（Rot an der Rot）　哈斯拉赫（罗德河畔的罗德）

Hauenstein（lordship）　豪恩施泰因（贵族领地）

Hausen vor Wald　瓦尔特河畔的豪森

Hegau 黑部

Heggbach (lordship) (Upper Swabia) 黑格巴赫(贵族领地)(上士瓦本)

Heilbronn (imperial free city) 海尔布隆(帝国自由城市)

Hesse (landgraviate) 黑塞(伯爵领地)

Hitzenhofen (Memmingen) 西岑霍芬(梅明根)

Hochberg (lordship) (Baden) 霍施贝格(贵族领地)(巴登)

Höfen (Kr. Biberach) 赫芬(比伯拉赫)

Hohenberg (county) 霍亨贝格(伯爵领地)

Hohenlohe (county) 霍亨洛赫(伯爵领地)

Hohensalzburg (castle) 霍亨萨尔茨堡(城堡)

Hohentwiel (castle) (Hegau) 霍亨特维尔(城堡)(黑部)

Holzgünz (Memmingen) 霍尔茨昆茨(梅明根)

Hombourg (Basel) 洪堡(巴塞尔)

Hungary 匈牙利


Ilanz (Graubünden) 伊兰茨(格劳宾登)

Immenstadt 伊门施他特

Ingolstadt 因戈尔施塔特

Inn (river) 因河

Innsbruck 因斯布鲁克

Inn Valley 因河河谷

Isny (imperial free city) 伊斯尼(帝国自由城市)


Joachimstal (Saxony) 约阿希姆施塔尔(萨克森)

Jungingen (near Ulm) 扬金根(乌尔姆附近)


Kaisersberg (imperial free city) 恺撒斯堡(帝国自由城市)

Kaiserstuhl 恺撒斯图尔

Kaufbeuren (imperial free city) 考夫博伊伦(德国自由城市)

Kempten (abbey) 肯普腾(修道院)

Kempten（imperial free city） 肯普腾（帝国自由城市）

Kisslegg（lordship）（Kr. Wagen） 基斯勒格（贵族领地）（旺根）

Kitzbühl（Tyrol） 基茨比尔（蒂罗尔）

Klettgau 克莱特部

Kufstein（Tyrol） 库夫施泰因（蒂罗尔）

Landolzweiler（Upper Swabia） 兰多茨维勒（上士瓦本）

Langenbach（Fürstenberg） 琅根巴赫（菲尔斯腾贝格）

Langenerringen（Augsburg?） 朗格内林根（奥格斯堡?）

Langenschemmern（Kr. Biberach） 朗根舍门（比伯拉赫）

Langnau（UpperSwabia） 朗瑙（上士瓦本）

Lake Constance 康斯坦茨湖

Latin America 拉丁美洲

Lauben（Memmingen） 劳奔（梅明根）

Lech（river） 莱希河

Leipheim 莱普海姆

Leipzig 莱比锡

Lenzkirch（Fürstenberg） 伦茨基尔希（菲尔斯腾贝格）

Leubas（Allgäu） 洛伊巴斯（阿尔部）

Leutkirch（imperial free city） 罗伊特基尔希（帝国自由城市）

Lienz 利恩茨

Liestal（Basel） 利斯塔尔（巴塞尔）

Limpurg 林普格

Linach（Fürstenberg） 里那赫（菲尔斯腾贝格）

Lindau（abbey） 林道（修道院）

Lindau（imperial free city） 林道（帝国自由城市）

Löffingen（Fürstenberg） 洛芬根（菲尔斯腾贝格）

Lorraine（duchy） 洛林（公国）

Lower Alsace 下阿尔萨斯

Lower Austria 下奥地利

Lower Swabia　下士瓦本

Lugnez（Graubünden）　鲁格内茨（格劳宾登）

Lupfen（county）　鲁普芬（伯爵领地）


Magdeburg（city）　马格德堡（城市）

Mähringen　玛林根

Mainz（archbishopric and electorate）　美因茨（大主教管区/选侯领地）

Mals（Vinschgau）　马尔斯（温施部）

Mansfeld（county）　曼斯菲尔德（伯爵领地）

Marchtal（abbey）　马赫塔尔（修道院）

Markgräflerland（Baden）　马克格拉夫勒兰（巴登）

Marktoberdorf（Augsburg）　马尔克拓贝多弗（奥格斯堡）

Martinszell（Kr. Kempten）　马丁泽尔（肯普腾）

Matrei（Tyrol）　马特瑞（蒂罗尔）

Meilen（Zurich）　迈伦（苏黎世）

Memmingen（hospital）　梅明根（福利团）

Memmingen（imperial free city）　梅明根（帝国自由城市）

Memmingerberg（Memmingen）　梅明格贝格（梅明根）

Merano（Tyrol）　梅拉诺（蒂罗尔）

Messkirch　梅斯基希

Mietingen（Kr. Biberach）　弥廷根（比伯拉赫）

Miltenberg　米尔顿堡

Mindelheim　明德海姆

Mittelbiberach（Kr. Biberach）　米特尔比伯拉赫（比伯拉赫）

Molsheim（Lower Alsace）　莫尔斯海姆（下阿尔萨斯）

Mühlhausen（Thuringia）（imperial free city）　米尔豪森（图林根）（帝国自由城市）

Münchenstein（Basel）　门兴施太因（巴塞尔）

Munich　慕尼黑

Mürzzuschlag（Styria）　米尔触施拉克（斯蒂里亚）

Muttenz（Basel） 穆腾茨（巴塞尔）

Nearer Austria 近奥地利

Neckar Valley 内卡河谷

Nellenburg（county） 内伦堡（伯爵领地）

Neustadt（Fürstenberg） 瑙依施塔特（菲尔斯腾贝格）

Nördlingen（imperial free city） 诺德林根（帝国自由城市）

North Tyrol 北蒂罗尔

Nuremberg（imperial free city） 纽伦堡（帝国自由城市）

Oberstdorf 奥贝斯多夫

Ochsenhausen（abbey） 沃西森豪森（修道院）

Odenwald 奥登瓦尔德

Offenburg（imperial free city） 奥芬堡（帝国自由城市）

Oggelschaussen-Tiefenbach（Kr. Saulgau） 奥格尔斯豪森－提芬巴赫（藻尔部）

Old Land（St. Gallen） 老区（圣·加仑）

Öpfingen-Griesingen（Kr. Ehingen） 厄普芬根－格利辛根（埃因根）

Ortenau 奥特瑙

Ottobeuren（abbey） 奥托博伊伦（修道院）

Ottobeuren（village） 奥托博伊伦（村庄）

Palatinate（electorate） 巴拉丁（选侯管区）

PfändeKr. Biberach?） 普芬德尔斯（比伯拉赫?）

Pinzgau 平茨部

Pless（Memmingen） 普雷斯（梅明根）

Pongau 蓬部

Priemen（Memmingen） 普里蒙（梅明根）

Puschlav（Graubünden） 普施拉夫（格劳宾登）

Rappertsweiler (Kr. Tettnang)　拉培特斯维尔(特特南)

Rattenberg (Tyrol)　拉腾贝格(蒂罗尔)

Rauris (Salzburg)　劳里斯(萨尔茨堡)

Ravensburg (imperial free city)　拉文斯堡(帝国自由城市)

Reiböhringen (Fürstenberg)　莱柏林根(菲尔斯腾贝格)

Renchen　伦兴

Rettenberg-Sonthofen (Augsburg)　雷腾堡－松托芬(奥格斯堡)

Rheingau　莱茵部

Rhine River　莱茵河

Ries　里斯

Risstinssen (Kr. Ehingen)　里斯提森(埃因根)

Röhrwangen (Kr. Biberach)　洛赫旺根(比伯拉赫)

Rome　罗马

Rot an der Rot (abbey)　罗德河畔的罗德(修道院)

Rötenbach (Fürstenberg)　罗腾巴赫(菲尔斯腾贝格)

Rothenburg ob der Tauber　陶伯河畔的罗腾堡(帝国自由城市)

Rothenfels (abbey)　罗腾菲尔斯(修道院)

Röttelnberg-Sausenberg　罗滕贝格－萨奥森贝格(贵族领地)(巴登)

Rottenacker (Kr. Ehingen)　罗腾阿克(埃因根)

Rottenmünster (abbey)　罗腾明斯特(修道院)

Rottweil (imperial free city)　洛特维尔(帝国自由城市)

Rudenberg　鲁登贝格


Saarbrücken　萨尔布吕肯

Saarland　萨尔兰特

St. Blasien (abbey)　圣·布拉森(修道院)

St. Gallen (abbey)　圣·加仑(修道院)

St. Gallen (city)　圣·加仑(城市)

St. Georgen (abbey)　圣·格奥尔根(修道院)

St. Margarethen (abbey)　圣·马尔加勒腾(修道院)

St. Martin（abbey）（Upper Swabia）　圣·马丁（修道院）（上士瓦本）

St. Nikolaus（abbey）（Upper Swabia）　圣·尼克劳斯（修道院）（上士瓦本）

St. Peter（abbey）　圣·彼得（修道院）

Salem（abbey）（Upper Swabia）　萨勒姆（修道院）（上士瓦本）

Salzburg（archbishopric）　萨尔茨堡（大主教管区）

Salzburg（city）　萨尔茨堡（城市）

Samland　萨姆兰特

Sangershausen（Saxony）　桑格尔施豪森（萨克森）

Saverne（Lower Alsace）　萨维纳（下阿尔萨斯）

Saxony（duchy and electorate）　萨克森（公国和选侯管区）

Schaffhausen（city-state）　沙夫豪森镇（城市国家）

Schemmerberg-Altheim（Kr. Biberach）　斯梅尔贝格－阿尔特海姆（比伯拉赫）

Schlanders（Tyrol）　施兰德尔斯（蒂罗尔）

Schneeberg（Saxony）　施内贝格（萨克森）

Schollach（Fürstenberg）　朔拉赫（菲尔斯腾贝格）

Schönenbach（Fürstenberg）　朔能巴赫（菲尔斯腾贝格）

Schussen（river）　舒森（河）

Schussenried（abbey）　舒森利特（修道院）

Schwäbisch Hall（imperial free city）　士瓦本哈尔（帝国自由城市）

Schwarzburg（county）　施瓦茨堡（伯爵领地）

Schwarzenbach　施瓦岑巴赫

Schwaz（Tyrol）　施瓦茨（蒂罗尔）

Sélestat（imperial free city）　塞莱斯塔特（帝国自由城市）

Söflingen（abbey）（Upper Swabia）　索弗林根（修道院）（上士瓦本）

Solothurn（city-state）　索洛图恩（城市国家）

Sontheim（Ottobeuren）　松特海姆（奥托博伊伦）

Sonthofen　松托芬

South Tyrol　南蒂罗尔

Soviet Union　苏联

Speyer（bishopric） 施佩耶尔（主教管区）

Speyer（imperial free city） 施佩耶尔（帝国自由城市）

Stadion（lordship）（Upper Swabia） 施达蒂恩（贵族领地）（上士瓦本）

Staufen（lordship）（Allgäu） 斯陶芬（贵族领地）（阿尔邵）

Steinheim（Memmingen） 施泰因海姆（梅明根）

Streitberg（Kr. Biberach?） 施特雷贝格（比伯拉赫?）

Stühlingen（lordship） 施蒂林根（贵族领地）

Stuttgart 斯图加特

Styria（duchy） 斯蒂里亚（公国）

Sulmingen-Maselheim（Kr. Biberach） 苏尔民根－马塞尔海姆（比伯拉赫）

Sundgau 孙特邵

Swabian Jura（mountains） 士瓦本朱拉（山脉）

Switzerland 瑞士


Tauber Valley 陶伯河谷

Tettnang 特特南

Thun（lordship） 图恩地区（贵族领地）

Thurgau 图尔邵

Thuringia 图林根

Thuringia Forest 图林根森林

Tirschenreuth（Palatinate） 蒂尔申罗伊特（巴拉丁）

Toggenburg（county） 托根贝格（伯爵领地）

Trauchberg（lordship）（Waldburg） 特劳什贝格（贵族领地）（瓦德堡）

Trent（bishopric） 特伦特（主教管区）

Trent（city） 特伦特（城市）

Trier（archbishopric and electorate） 特里尔（大主教管区和选侯管区）

Tübingen 蒂宾根

Tyrol（county） 蒂罗尔（伯爵领地）


Ulm（imperial free city） 乌尔姆（帝国自由城市）

Ummendorf(Weissenau)　乌门多弗(韦塞瑙)

Unadingen (Fürstenberg)　乌纳丁根(菲尔斯腾贝格)

Ungershausen (Memmingen)　温格尔豪森(梅明根)

Unterreichau (Memmingen)　温特莱绍(梅明根)

Unterroth (Kr. Biberach)　温特洛特(比伯拉赫)

Untersulmetingen (Kr. Biberach)　温特舒尔梅廷根(比伯拉赫)

Upper Alsace　上阿尔萨斯

Upper Austria　上奥地利

Upper Danube　上多瑙河谷

Upper Engadine　上英加丁

Upper Neckar Valley　上内卡河谷

Upper Rhine Valley　上莱茵河谷

Upper Swabia　上士瓦本

Urach (Fürstenberg)　乌拉赫(菲尔斯腾贝格)


Vienna　维也纳

Viertäler (Fürstenberg)　费塔雷(菲尔斯腾贝格)

Vinschgau　温施郜

Vöhrenbach　弗伦巴赫

Volkatshofen (Memmingen)　佛克拉茨霍芬(梅明根)

Vorarlberg　福拉尔贝格


Waldau (Fürstenberg)　瓦尔道(菲尔斯腾贝格)

Waldburg lands　瓦德堡地区

Waldenburg (Basel)　瓦尔登堡(巴塞尔)

Waldsassen (abbey) (Upper Palatinate)　瓦尔德萨森(修道院)(上巴拉丁)

Waldshut　瓦尔茨胡特

Walpershofen (Kr. Biberach)　瓦尔佩尔斯霍芬(比伯拉赫)

Wangen (imperial free city)　旺根(帝国自由城市)

Warthausen (Kr. Biberach)　瓦尔特豪森(比伯拉赫)

Weicht（Kr. Kaufbeuren）　维希特(考夫博伊伦)

Weimar　魏玛

Weingarten（abbey）　魏恩加腾(修道院)

Weinsberg（castle）　魏恩斯贝格(城堡)

Weissenau(abbey)　韦塞瑙(修道院)

Weitenau（lordship）　韦特瑙(贵族领地)

Werra Valley　魏拉河谷

Wertach（river）　韦尔塔赫(河)

Wespach（Memmingen）　维斯巴赫(梅明根)

Westerhart（Memmingen）　维斯特哈特(梅明根)

West Germany　联邦德国

Westphalia　威斯特法利亚

Wiedergeltingen（Kr. Mindelheim?）　维德格尔廷根(明德海姆?)

Winterthur　温特图尔

Winzeln-Hochmössingen　文策恩—霍西莫新根

Wissembourg（imperial free city）　维桑堡(帝国自由城市)

Wittenberg　维腾贝格

Wolfegg（lordship）（Waldburg）　沃尔费格(贵族领地)(瓦德堡)

Württemberg（duchy）　符腾堡(公国)

Wurzach（lordship）（Waldburg）　乌尔察赫(贵族领地)(瓦德堡)

Würzburg（bishopric）　维尔茨堡(主教管区)

Würzburg（city）　维尔茨堡(城市)


Zeil（lordship）（Waldburg）　蔡尔(贵族领地)(瓦德堡)

Zell（Rot an der Rot）　策尔（罗德河畔的罗德）

Zell am See　湖畔的策尔

Zurich　苏黎世(城市国家)

Zweibrücken（county）　茨韦布吕肯(伯爵领地)

Zwickau　茨维考

# 专有名词译名对照表

Absolutism　专制主义

Agrarian order　农业秩序

Alien courts　境外法庭

Anabaptist　再洗礼派

Ancient tradition　"古老传统"

Antichrist　敌基督徒

Anticlericalism　反教权主义

Anti-semitism　反犹太人行动

Armies　军队

Assembly（Salzburg）　大会（萨尔茨堡）

Assembly（Württemberg）　大会（维腾堡）

Assembly and Honorable Christian Community　萨尔茨堡大会和荣誉基
　督徒共同体

Bavarian Law　巴伐利亚法

Bamberg program　班贝格计划

Beggars　乞丐

Begging laws　乞讨法

Bible，biblicism　《圣经》,《圣经》主义

Black Death　黑死病

Bond-chicken　契约鸡

Bond-shilling　契约先令

Brotherly love　兄弟之爱

Bundschuh　鞋会


Calvinism　加尔文教

Canon law　教会法

Capitalism　资本主义

Cause of the revolution　革命的原因

Christian Association and Assembly of Allgäu, Lake Constance, and Bal-
tringen　阿尔郜、康斯坦茨湖和巴尔特林根基督教联盟和大会

Christian Association　基督教联盟

Christian brotherly love　基督教兄弟之爱

Christian common good　基督徒公共利益

Circles　区（帝国行政区）

Common Assembly of Salzburg　萨尔茨堡普通人大会

Common good　公共利益

Common law　普通法

Common man　普通人

Communal institution　公社制度

Communal Reformation　普通人的宗教改革

Communal-self government　普通人自治政府

Commune (Gemeinde)　公社

Communism　公社主义

Complaints against communal administators　对公社管理员的抱怨

Confiscation of farms　没收农场

Consequence of the revolution　革命的后果

Consumption taxes　消费税

Corporative-federal state　合作性联邦政府

agarian crisis　农业危机

feudalism crisis　封建主义危机

Late Medieval Crisis　中世纪晚期的危机

Crop damage by wild game　由打猎所造成的庄稼损害

Customs duties　关税


Day laborers　计日短工

Death taxes　死亡税

Causes of the defeat of the revolution　革命失败的原因

Divine law　神法


Early bourgeois revolution　早期资产阶级革命

Early modern state　近代早期国家

Ecclesiastical abuses　教会腐败

Ecclesiastical court　教会法庭

Economic recovery of the late Middle Ages　中世纪晚期的经济恢复

Egalitarianism　人人平等的思想

Election of pastors　选举牧师

Emancipation of serfs　农奴解放

Entry fines　入境税

Eschatology　末世论

Excise taxes　消费税


Failure of the Peasants' War　农民战争的失败

Farm incomes　农场收入

Federal Ordinance (Upper Swabia)　联邦条例(上士瓦本)

Feudalism　封建制度

Feudal leases　封建地租

Financial burdens on farms　农地上的财务负担

Fishing rights　捕鱼权

importance of fishing rights　捕鱼权的重要性

Flax　亚麻

Forest conservation　森林保护

forest law and forest conservation　森林法和森林保护

peasant opposition to the forest conservation　农民反对森林保护

forest grazing　森林放牧

forest law　森林法

forest management　森林管理

forest rights　森林权力

Frankfurt Parliament（1848）　法兰克福议会（1848 年）

Free choice of lord　自由选择领主

Fustian　麻纱布


General theory of the revolution　革命的基本理论

Goals of the revolution　革命的目标

Godly law　神法

God's Word　上帝之言

Gospel　福音、福音书

Gray League（Graubünden）　格雷同盟（格劳宾登）

Great mischief　严重罪行

Grievance lists　怨情条款

Guilds　行会


Harvest failure　庄稼歉收

Head tax　人头税

Heilbronn Peasant Parliament　海尔布隆农民议会

Heritable tenancies　可以继承的租地

Honor of the God　上帝之荣

Hospitals　福利团

House of Austria　奥地利家族

Humanists　人文主义者

Hunting restriction　狩猎限制

Hunting rights　狩猎权


Ilanz articles　伊兰茨条款

Imperial Chamber Court　帝国的王室法庭

Imperial diets　帝国议会

Imperial Governing Council　帝国执政委员会

Imperial Hight Court at Rottweil　洛特维尔帝国高等法院

Imperial taxes　帝国税

Imperial Territorial Court of Kempten　肯普腾帝国领地法庭

Incorporation of parishes　教区合并

Inheritance rights　继承权


Justice Sovereignty　司法主权


Landlordship　领主土地所有权,领主土地所有制

Law and order　法律和秩序

League of God's House (Graubünden)　上帝之家同盟(格劳宾登)

League of Ten Jurisdictions (Graubünden)　十法庭同盟(格劳宾登)

Leases　地租

Life tenancies　终身租佃

Linen　亚麻布

Livestocks　家畜

Lutheranism　路德教

Luthern theology　路德的神学


Freedom of marriage　结婚自由

Restrictions of the marriage　结婚限制

Marxist-Leninist interpretations　马列主义学派的解释

Mercenary soldiers　雇佣兵

Merano-Innsbruck Articles　梅拉诺—因斯布鲁克条款

Military taxes　军事税

Miners　矿工

Mining and mines　开矿和矿山

Mobility freedom　迁徙自由

Mortmain　土地所有权


Natural law　自然法

New Switzerland　新瑞士


Ochsenfurt Field Ordinance　奥西森富特战地条例

Old Testament　旧约

Overpopulation　人口过剩


Passage from tenant to serf　从佃农向农奴的转化

Political consciousness of the peasantry　农民的政治意识

Concept of the Peasants' War　农民战争的概念

People's Reformation　人民的宗教改革

Perpetual rents　永久地租

Personal dependence　人身依附

Political emancipation of peasants　农民的政治解放

Poor Conrad　穷康拉德

Preconditions of revolution　革命的前提

Property rights of peasants　农民的财产权

Property taxes　财产税

Protestant reformers　新教改革家


Reception of Roman law　罗马法的接受

Reformation　宗教改革

Reformation and Peasants' War　宗教改革和农民战争

Reformation of the Emperor Sigismund　西格蒙德皇帝的宗教改革

Regalian rights　王权

Religious disputations　宗教争端

Rhine league　莱茵同盟

Roman law　罗马法


Fee for the administration of the Sacraments　圣礼执行金

Secularization of the monasteries　修道院的世俗化

Seigneurial taxes　领地税

Single succession　单一继承

Swabian League　士瓦本联盟


Territorial assemblies　领地会议

Territorial cities　领地城市

Teutonic Knights　条顿骑士团

Thirty Years' War　三十年战争

Twelve Articles of the Peasantry in Swabia　士瓦本农民的十二条款

Twenty-Four Articles of the Common Assembly of Salzburg　萨尔茨堡普
　　通人大会的二十四条款


University of Tübingen　蒂宾根大学

Urban diets　城市会议

Urban leagues　城市同盟


Weinsberg massacre　魏恩斯贝格大屠杀

Würzburg program　维尔茨堡计划

Wycliffism　威克里夫派


Zwinglianism　茨温格利派